基于工作过程导向的项目化创新系列教材
高等职业教育机电类"十四五"规划教材

机械制造工艺与夹具设计

Jixie Zhizao Gongyi yu Jiaju Sheji

▲主　编　张四新　关　丽

▲副主编　张绪祥　陈建武　罗　贤

U0303306

华中科技大学出版社
http://www.hustp.com
中国·武汉

内容简介

本书是在全面提高高职人才的培养质量的背景下,根据作者十几年的企业和教学工作的积累和沉淀,结合课程改革经验编写而成的。

本书主要包括机械制造工艺和机床夹具设计两个部分的内容,共分为9章,以实现产品质量为主线,融入了工件的装夹、夹具、尺寸链计算、机械加工误差分析、机械加工工艺规程设计方法、典型零件加工工艺设计及机械装配工艺规程设计方法等内容。本书坚持工学结合、知行合一的原则,注重教育与生产劳动和社会实践的结合,突出做中学、做中教,强化教育教学的实践性和职业性,促进学以致用、用以促学、用学相长,注重学生机械制造技术应用能力与工程素养两个方面的培养,旨在提高学生解决生产一线实际问题的能力。

本书可作为高等职业院校、高等专科院校、成人高校、民办高校及本科院校创办的二级职业技术学院机械制造与自动化专业、模具设计与制造专业、数控加工技术专业、机电一体化专业及其他相近专业的教材,也可作为机械类、机电类技术人员的参考书或机械制造企业人员的培训教材。

图书在版编目(CIP)数据

机械制造工艺与夹具设计/张四新,关丽主编.—武汉:华中科技大学出版社,2017.6(2024.7重印)
ISBN 978-7-5680-2938-4

Ⅰ.①机… Ⅱ.①张… ②关… Ⅲ.①机械制造工艺-高等职业教育-教材 ②机床夹具-设计-高等职业教育-教材 Ⅳ.①TH16 ②TG750.2

中国版本图书馆 CIP 数据核字(2017)第 124197 号

机械制造工艺与夹具设计
Jixie Zhizao Gongyi yu Jiaju Sheji

张四新 关 丽 主编

策划编辑:张 毅
责任编辑:舒 慧
封面设计:泡 子
责任监印:朱 玢
出版发行:华中科技大学出版社(中国·武汉)　　电话:(027)81321913
　　　　　武汉市东湖新技术开发区华工科技园　　邮编:430223
录　排:武汉楚海文化传播有限公司
印　刷:武汉邮科印务有限公司
开　本:787mm×1092mm　1/16
印　张:21
字　数:548千字
版　次:2024年7月第1版第4次印刷
定　价:59.80元

本书以《关于深化职业教育教学改革 全面提高人才培养质量的若干意见》（教职成〔2015〕6号）为主要依据，适应经济发展新常态和技术技能人才成长成才需求，充分体现了"理论够用，能力为本，重在应用"的高职高专教育特点，较好地体现了"工学结合，知行合一"的时代特色。

本书为培养高职高专机械制造类和近机械类专业的高技能型人才服务，为学生学习后续课程和毕业后能够具备机械制造工艺和夹具设计方面的专业素质和能力，成为在机械及其相关行业、企业中从事工艺设计、夹具设计、数控加工、装配、调试、机床维护、生产组织、技术管理等方面工作的高技能型人才打下坚实的基础。

本书针对高职高专学生的特点，对传统的教学内容进行重新整合，建立了新的教学内容体系，体现了教材的综合性；注重学生机械制造技术应用能力与工程素养两个方面的培养，体现了教材的实用性。

本书编者优势明显，能更准确地把握产教结合、工学结合的内涵，能更了解课程内容与企业需求之间的关系，课程整合力度大，内容体系合理，覆盖面广，突出了机械制造行业的特色，语言简练、通俗易懂、信息量大、实用性强、可读性好，易于讲授和自学。

本书符合教学和学生认知规律，做到了由浅入深、循序渐进、突出重点、点面结合，精简了有关理论，删减和调整了部分传统内容，将传统技术与现代机械制造技术相结合，适当增加了较成熟的新知识、新材料、新工艺、新技术及新方法。

本书是按照机械制造与自动化专业的教学需求进行编写的，内容丰富，涉及面广。不同的学校、专业在使用本书时，可按具体教学需求进行调整和取舍。

本书由武汉职业技术学院张四新、武汉工程大学关丽担任主编，武汉职业技术学院张绪祥、陈建武和武汉市仪表电子学校罗贤担任副主编，武汉华电工程装备有限公司张小方参编。其中，张四新编写了第1、2、3章，关丽编写了第6、7章，张绪祥编写了第9章及附录，陈建武编写了绪论及第4、5章，罗贤编写了第8章，张小方从企业对人才需求的角度对本书的修订提出了很多宝贵的意见，武汉职业技术学院郭享完成了部分文字的录入工作。

由于编者水平有限，书中难免存在不妥之处，恳请读者不吝指正。

编　者

绪　　论

一、制造、制造业、制造系统及制造技术

所谓制造，是一种将有关资源（如物料、能量、资金、人力资源、信息等）按照社会需求转变为新的、有更高应用价值的资源的行为和过程。随着社会的进步和制造活动的发展，制造的内涵也在不断地深化和扩展，因此制造的概念是一个不断发展进化的概念。机械制造是各种机械、机床、仪器、仪表制造过程的总称。制造业是进行制造活动，为人们提供使用或利用的工业品或生活消费品的行业。人类的生产工具、消费产品、科研设备、武器装备等，没有哪一样能离开制造业，没有哪一样的进步能离开制造业的进步，这些产品都是由制造业提供的。可以说，制造业是国民经济的装备部，是工业的心脏，是综合国力的支柱产业。

制造过程是制造业的基本行为，是将制造资源转变为有形财富或产品的过程。制造过程涉及国民经济的大量行业，如机械、电子、轻工、化工、食品、军工、航天等。因此，制造业对国民经济有较显著的带动作用。

制造系统是制造业的基本组成实体。制造系统是由制造过程及其所涉及的硬件、软件和制造信息等组成的一个具有特定功能的有机整体。其中，硬件包括人员、生产设备、材料、能源及各种辅助装置，软件包括制造理论和制造技术，而制造技术包括制造工艺和制造方法等。

广义而言，制造技术是按照人们所需的目的，运用主观掌握的知识和技能，操纵可以利用的客观物质工具及采用有效的方法，使原材料转化为物质产品的过程所施行的手段的总称，是生产力的主要体现。制造技术与投资和熟练劳动力结合，将创造新的企业、新的市场和新的就业。制造技术是制造业的支柱，而制造业又是工业的基石，因此，可以说制造技术是一个国家经济持续增长的根本动力。机械制造技术就是完成机械制造活动所施行的一切手段的总称。

二、机械制造业在国民经济中的地位

机械制造业是制造业最主要的组成部分，它的主要任务就是完成机械产品的决策、设计、制造、装配、销售、售后服务及后续处理等，其中包括半成品零件的加工技术、加工工艺的研究及其工艺装备的设计制造。机械制造业担负着为国民经济建设提供生产装备的重任，它为国民经济各行业提供各种生产手段，其带动性强，涉及面广，产业技术水平的高低直接决定着国民经济其他产业竞争力的强弱，以及其今后运行的质量和效益。机械制造业也是国防安全的重要基础，它为国防提供所需的武器装备。世界军事强国无一不是装备制造业的强国。机械制造业还是高科技产业的重要基础。作为基础的高科技有五大领域，即信息科技、先进制造科技、材料科技、生命科技及集成科技。机械制造业为高科技的发展提供各种研究和生产设备。世界高科技强国无一不是机械制造业的强国。世界机械制造业占工业的比重自 1980 年以来已超过 1/3。

机械制造业的发展不仅影响和制约着国民经济与各行业的发展,而且直接影响和制约着国防工业和高科技的发展,进而影响到国家的安全和综合国力,对此应有足够的认识。

然而,第二次世界大战后,美国却出现了"制造业是夕阳产业"的观点,忽视了对制造业的重视和投入,以致工业生产下滑,出口锐减,工业品进口陡增,第二产业和第三产业的比例严重失调,经济空前滑坡,物质生产基础遭到严重削弱。近几年,美国、日本、德国等工业发达国家都把先进制造技术列为工业、科技的重点发展技术。美国政府历来认为生产制造是工业界的事,政府不必介入。但经过10年反思,美国政府已经意识到政府不能不介入工业技术的发展。自20世纪80年代中期以来,美国制订了一系列民用技术开发计划并切实加以实施。由于给予了重视,近年来美国的机械制造业有所振兴,汽车、机床、微电子工业又获得了较大的发展。可见,机械制造业是国民经济赖以发展的基础,是国家经济实力和科技水平的综合体现,是每一个大国任何时候都不能掉以轻心的关键行业。

三、我国机械制造业的发展现状

改革开放三十年以来,我国的机械制造业已经具有了相当雄厚的实力,它为国民经济、国防及高科技提供了有力的支持。我国的机械制造业为汽车、火车、飞机、农业机械、火箭、宇宙飞船、电站、造船、计算机、家用电器、电子及通信设备等行业提供了生产装备。机械制造业是我国实现经济腾飞、提升高科技与国防实力的重要基础。据介绍,1980年,中国制造业增加值仅占全球的1.5%;1990年,中国制造业增加值超过巴西,位居发展中国家之首,占全球的2.7%,进入了世界制造业十强,位居第八;2000年,中国制造业增加值占全球的7.0%,仅次于美国、日本和德国,在世界十强中位居第四位;2004年,中国制造业增加值占全球的10%,排名超过德国,上升至世界第三位;2005年,我国机械工业生产、销售延续了前两年高速增长的势头,增速分别保持在20%以上。统计表明,我国机械制造业的主要经济指标在全国工业中的比重约为1/5～1/4,出口额占全国外贸总额的25.46%,从业人数占工业总人数的21.91%。从机床生产能力可以看出一个国家机械制造业的水平。我国能自主设计、生产各种普通机床、小型仪表机床、重型机床及各种精密的、高度自动化的、高效率的、数字控制的机床,机床品种较齐全,大部分机床达到了20世纪90年代的国际水平,部分机床达到了国际先进水平。

中国制造业有了显著的发展,无论是制造业总量还是制造业技术水平,都有了很大的提高。机械制造业在产品研发、技术装备及加工能力等方面都取得了很大的进步,但具有独立自主知识产权的品牌产品却不多。通过对我国机械制造业现状的分析和研究,业内人士普遍认为,中国的机械制造比欧美发达国家落后了将近30年。面对21世纪世界经济一体化的挑战,机械制造业主要存在以下几个方面的问题。

(1)合资带来的忧愁。

改革开放以来,我国大量引进技术和技术装备,使机械制造业有了长足的发展,但也给人们带来了许多担忧。自20世纪90年代以来,大型跨国公司纷纷进军国内机械工业市场,主要集中在汽车、电工电器、文化办公设备、仪器仪表、通用机械及工程机械等领域,这几个行业的投资金额约占机械工业外商直接投资金额的80%。外国投资者的经营策略是:基本前提是在对华投资活动中必须保持其控制权。当前跨国企业特别热衷于并购我国高成长性行业中的优势企业,例如目前已经能看到的工程机械行业、油嘴油泵行业、轴承行业等。

（2）存在着许多技术黑洞。

我国的机械制造业除了面临"外敌"之外，其自身也存在着诸多问题。业内人士认为，我国的机械制造业存在着一个巨大的技术"黑洞"，最突出的表现是对外技术依存度高。近几年来，在中国每年用于固定资产的上万亿元设备投资中，60％以上是用于引进设备的；作为窗口的国家高新技术产业开发区，也有57％的技术源自国外；整个工业制造设备的骨干都是外国产品。这暴露了我国工业化的虚弱性。机械制造业是一个国家的"脊椎"，中国今后如果不把腰杆锻炼硬了、挺直了，那么整个经济和国防都是虚弱的。

（3）机械制造业落后近30年。

有人在网上发起"中国的机械制造业落后欧美发达国家多少年"的讨论，很多人认为"至少30年的差距"。这种差距尤其表现在发动机上。发动机作为机械的"心脏"，怎么评价它在机械中的重要性都不为过。

为何市场没有换来必需的技术？专家认为，并不是拿来了车型就等于转让了技术，一些关键的地方还需要学习，需要有人点拨。但是相当多的企业只关注合资、引进等形式上的东西。仿制而不消化吸收会使机械工业步入歧途。除了消化不到位之外，技术壁垒也是中国引进技术的巨大障碍。目前，知识产权已经成为包括美国在内的发达国家保持与发展中国家之间的差距的一种武器。欧美发达国家在小心翼翼地保持着与中国技术水平几十年的差距。

（4）国家扶持的支点偏离。

业内人士普遍认为，技术黑洞的形成与国家的重视程度、投入密切相关。国家在过去的二十多年来一直忽视了发展机械行业，在政策、资金等方面都出现了偏差。

产权激励制度是创新和研发产品的重要保障。国有企业对创新人才的产权激励基本上没有实行。一方面，创新成果的知识产权没有得到有效的保护；另一方面，创新者的贡献没有得到产权确认。企业研发的技术和产品要么被国家无偿拿走，要么被其他企业无偿抄袭。

四、机械制造技术的发展过程及趋势

机械制造有着悠久的历史。我国秦朝时期的铜车马已有带锥度的铜轴和铜轴承，这说明在公元前210年就可能有了磨削加工。从1775年英国的J. Wilkinson为了加工瓦特蒸汽机的气缸而研制成功镗床开始，到1860年，经历了漫长的岁月后，车、铣、刨、插、齿轮加工等机床相继出现。1898年发明了高速钢，使切削速度提高了2～4倍；1927年德国首先研制出硬质合金刀具，使切削速度又提高了2～5倍。为了适应硬质合金刀具高速切削的需求，金属切削机床的结构发生了较明显的改进，由带传动改为齿轮传动，机床的速度、功率及刚度也随之提高。至今，仍然广泛使用着各种各样的齿轮传动的金属切削机床，这些金属切削机床在结构、传动方式等方面，尤其是在控制方面有了极大的改进。

加工精度可以反映机械制造技术的发展状况。1910年的加工精度大约是10 μm（一般加工），1930年的加工精度提高到1 μm（精密加工），1950年的加工精度提高到0.1 μm（超精密加工），1980年的加工精度提高到0.01 μm，而目前的加工精度已提高到0.001 μm（纳米加工）。

20世纪80年代末期，美国为了提高制造业的竞争力和促进国家的经济增长，首先提出了先进制造技术（advanced manufacturing technology，简称AMT）的概念，并得到了欧洲各国、日本及一些新兴工业化国家的响应。在AMT提出的初期，其主要发展集中在与计算机和信息技术直接相关的技术领域方面。该领域成为世界各国制造工业的研究热点,并取得了迅猛的发展和应用。这方面的主要成就如下。

(1)计算机辅助设计(computer aided design,简称CAD)技术:可完成产品设计、材料选择、制造要求分析、产品性能优化,以及通用零部件、工艺装备、机械设备的设计与仿真等工作。

(2)计算机辅助制造(computer aided manufacturing,简称CAM)技术:以计算机数控(computerized numerical control,简称CNC)、加工中心(machining center,简称MC)、柔性制造系统(flexible manufacturing system,简称FMS)为基础,借助计算机辅助工艺规程设计(computer aided process planning,简称CAPP)、成组技术(group technology,简称GT)及自动编程工具(automatically programmed tool,简称APT)而形成,可实现零件加工的柔性自动化。

(3)计算机集成制造系统(computer integrated manufacturing system,简称CIMS):将工厂生产的全部活动,包括市场信息、产品开发、生产准备、组织管理,以及产品的制造、装配、检验和销售等都用计算机系统有机地集成为一个整体。

在实践过程中,人们逐渐认识到制造技术各方面必须协调发展。如果仅仅局限于系统技术和软件设计,忽视对制造工艺等主体技术的研究,脱离实际地强调无人化生产,则必将导致制造技术各领域的发展严重失衡,以致制造技术不能充分发挥效益。1994年,美国联邦科学、工程和技术协调委员会(FCCSET)下属的工业和技术委员会先进制造技术工作组,系统地说明了AMT技术群的内容:①主体技术群,包括面向制造的设计技术群(包括产品设计、工艺过程设计和工厂设计等)和制造工艺技术群(主要涉及产品制造与装配工艺过程及其工艺装备);②支撑技术群,主要包括理论、标准、信息、机床、工具、检测、传感及控制等方面的技术;③制造基础设施,主要为管理上述技术群的开发并激励上述技术群的推广、应用而采取的各种方案与机制,其要素主要是工人、工程技术人员和管理人员的培训与教育。

近二十年来,随着科学技术的发展和社会环境因素的改变,世界制造业已进入了一个巨大的变革时期,这一变革的主要特点如下。

(1)先进制造技术的出现正急剧地改变着现代机械制造业的产业结构和生产过程。

(2)传统的相对稳定的市场已经变成动态的多变的市场,产品周期缩短、更新加快、品种增多、批量缩小。目前市场对产品的需求不仅是价廉物美,而且要求交货期短、售后服务好,甚至还要求具有深刻的文化内涵和良好的环境适应性。

(3)传统的管理、劳动方式,组织结构及决策准则都经历着新的变革。

(4)包括资本和信息在内的生产能力在世界范围内迅速提高和扩散,形成了全球性的激烈竞争的格局,市场经济化的潮流正在将越来越多的国家带入世界经济一体化中。随着生产力的国际扩散,产业间和产业内的国际分工已成为一股不可抗拒的发展潮流。

21世纪是知识经济来临的世纪。所谓知识经济,是一种以知识而不是物质资源作为主要支柱的经济。知识经济的发展在极大程度上依赖于知识的创造、传输和利用。近30年来,美国蓝领工人的人数在劳动人数中的比重由33%下降到17%,即产生了劳动力从工业向信息业和服务业的转移。世界各发达国家都在加速发展教育,尤其是高等教育和职业教育。在这样的大趋势下可以预见,机械制造业需要加以调整和改造。现代机械制造业的主要发展趋势如下。

1.现代机械制造业的信息化趋势

物质、能量和信息是构成制造系统的三大要素。前两个要素曾经在历史上占据着主导地位,受到过重视、研究、开发和利用。随着知识经济的到来,信息这一要素正在迅速发展成为制造系统的主导因素,并对制造业产生实质性的影响。现代产品是其制造过程中所投入的知识和信息的物化与集成的结果,这些知识和信息被物化在产品中,影响着产品的生产成本。产品信息的质(内容)规范该产品的使用价值,而产品信息的量则度量其交换价值。另外,信息技术水平对制造业的组织结构和运行模式有着决定性的影响。机械制造业从手工模式发展到泰勒模式,直到现代模式,而制约和促进这一发展的基本因素是信息技术水平。适应知识经济条件下的信息技术水平的制造业的组织结构和运行模式一定会在探索中形成。

2. 现代机械制造业的服务化趋势

今天的机械制造业正在演变为某种意义上的服务业。工业经济时代大批量生产条件下的"以产品为中心"正在转变为"以顾客为中心"。一种"顾客化大生产(mass customized manufacturing)"的模式正在确立。在这种模式下,借助于分布式、网络化的制造系统,在大批量生产条件下生产各个顾客的不同需求的产品,这样既可以满足顾客的个性化要求,又能实现高效率、高效益生产和高质量、低价格目标。今天,机械制造业所考虑和操作的不只是产品的设计与生产,而且还包括市场调查,产品开发或改进,生产制造,销售,售后服务,产品报废、解体和回收的全过程,涉及产品的整个生命周期,体现了制造业全方位地为顾客服务、为社会服务的宗旨。

3. 现代机械制造业的高技术化趋势

促进机械制造业发展的有信息技术、自动化技术、管理科学、计算机科学、系统科学、经济学、物理学、数学、生物学等。机械制造业的主要发展方向如下。

(1)切削加工技术的研究。切削加工是机械制造的基础方法。切削加工约占机械加工总量的 95% 左右,目前其水平是:陶瓷轴承主轴的转速已达 15 000~50 000 r/min,采用直流电动机的数控进给速度可达每分钟数十米,高速磨削的切削速度可达 100~150 m/s。要研究新的刀具材料、提高刀具的可靠性和切削效率、研制柔性自动化用的刀具系统和刀具在线监测系统等,还需要进行切(磨)削机理的研究。

(2)精密、超精密加工技术和纳米加工技术的研究。精密、超精密加工技术在高科技领域和现代武器制造中占有非常重要的地位。目前精密、超精密加工技术的情况是:日本大阪大学和美国 LLL 实验室合作研究超精密切削时,成功地实现了 1 nm 切削厚度的稳定切削;中小型超精密机床的发展已经比较成熟和稳定,美、英等国还研制出了几台具有代表性的大型超精密机床,可完成超精密车削、磨削和坐标测量等工作,机床的分辨率可达 0.7 nm,这是现代机床的最高水平。精密、超精密加工技术和纳米加工技术方面的研究工作主要有微细加工技术、电子束加工技术、纳米表面的加工技术(原子搬迁、去除和重组)、纳米级表面形貌和表层物理力学性能检测、纳米级微传感器和控制电路、纳米材料及超微型机械等的研究。

(3)先进制造技术的研究。先进制造技术是机械制造最重要的发展方向之一。目前,计算机辅助设计与制造(CAD/CAM)、柔性自动化制造技术(包括计算机数控、加工中心、柔性制造单元、柔性制造系统等)在各发达国家已经得到生产和应用,而计算机集成制造系统正处于研究和试用阶段。最近还提出了有关生产组织管理的指导性的"精益生产(lean production)"模式以及敏捷制造(agile manufacturing)技术。后者是基于 Internet 网络技术而实施的基层单位计算机管理和自动化、计算机仿真和制造过程的虚拟技术,以及异地设计、异地制造和异地装配等。先进制造技术的研究已经取得了显著的成效,今后它必将在原有基础上得到迅速发展和推广应用。

五、本课程的性质、特点、研究内容及学习目的

"机械制造工艺与夹具设计"是一门机械类专业的主干专业课,它以实现产品质量为主线,融入了工件的装夹、夹具、尺寸链计算、机械加工工艺规程设计方法、机械装配工艺规程设计方法、典型零件加工工艺设计等内容。本书强调学以致用、理论联系实际,注重学生机械制造技术应用能力与工程素养两个方面的培养,旨在提高学生解决生产一线实际问题的能力。

涉及面广,实践性、综合性强,灵活性大是本课程的最大特点。在学习本课程时,要重视实践性教学环节。金工实习、生产实习是学习本课程的实践基础,不能忽视。本课程的综合实验和课程设计是重要的实践性教学环节,它们不仅可以帮助学生牢固掌握知识,培养学生综合应用知识的能力,而且有利于学生将知识转化为技术应用能力。生产中的实际问题往往是千差万别的。生产的产品不同、批量不同、现场生产条件不同,则产品的制造方法也不同。

通过对本课程的学习,学生能够掌握工艺的基本理论,机械加工和装配工艺规程的制订原则、步骤和方法,并能结合具体条件制订出工艺上可行、经济上合理的工艺规程;了解影响加工质量的各种因素,学会分析研究加工质量的方法;掌握机床夹具的设计原理和方法;了解当前制造技术的发展,培养善于分析、总结实际生产中的先进经验,吸收国内外新技术、新工艺和新方法,并用于解决实际问题的能力;培养对具体工艺问题进行综合分析和试验的能力;处理质量、成本和生产效益这三者的辩证关系,以求在保证质量的前提下获得最好的经济效益。

第1章
机床夹具概述

◀ **知识目标**

(1)掌握工件的装夹方法。

(2)了解机床夹具的作用、组成及类型。

◀ **能力目标**

(1)能认识各类夹具。

(2)能讲述一副机床专用夹具的各个组成部分及其作用。

在机械制造过程中,为了保证加工质量、提高生产率、降低生产成本、实现生产过程自动化,除了金属切削机床外,还需要使用各种工艺装备(简称工装),如夹具、刀具、量检具及其他辅助工具等。

要固定工件,使工件相对于机床或刀具有确定的位置,以完成工件的加工和检验,则需要使用夹具。夹具广泛应用于机械加工、装配、检验、焊接、热处理及铸造等工艺中。金属切削机床上使用的夹具称为机床夹具,在装配中使用的夹具称为装配夹具。夹具还有检验夹具、焊接夹具等。工件在机床夹具中的位置精度直接影响着工件的加工精度。机床夹具在机械加工中占有十分重要的地位。

◀ 1.1 工件的装夹方法 ▶

1. 装夹的概念

为了达到图纸规定的加工要求,在加工前必须将工件装好、夹牢,这一过程称为工件的装夹。

把工件装好称为定位。加工时,为了使工件的加工表面获得规定的尺寸和位置精度,必须使工件在机床上或夹具中占有某一正确的位置,这一过程称为定位。位置正确与否要用能否满足加工要求来衡量。能满足加工要求的位置为正确位置,不能满足加工要求的位置为不正确位置。

把工件夹牢,将工件定位后的位置固定称为夹紧。在加工过程中,工件在各种力的作用下应能够保持正确位置且始终不变,这是夹紧的目的。

至于定位与夹紧的先后顺序,一般是先定位再夹紧,也有定位和夹紧同时完成的。

工件的装夹是指工件的定位和夹紧。工件的装夹过程就是工件在机床上或夹具中定位和夹紧的过程。工件在机床上装夹好后才能加工。装夹是否正确、稳固、迅速和方便对加工质量、生产率和经济性均有较大的影响。

2. 装夹的方法

在生产中常用的两种装夹方法是找正装夹和专用夹具装夹。

1)找正装夹

找正装夹可分为直接找正装夹和划线找正装夹。

(1)直接找正装夹。

工件定位时,用百分表、划针或采用目测法直接在机床上找正工件上的某一表面,使工件处于正确的位置,这种装夹方式称为直接找正装夹。图 1-1 所示为套筒零件。为了保证磨孔时的加工余量均匀,先将套筒预夹在四爪单动卡盘中,用百分表找正内孔表面,使内孔轴线与机床主轴回转中心同轴,然后夹紧工件,如图 1-2 所示。

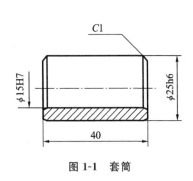

图 1-1　套筒

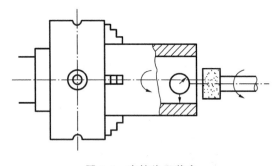

图 1-2　直接找正装夹

直接找正装夹的定位精度与所用量具的精度和操作者的技术水平有关,找正所需的时间长,结果也不稳定,故只适用于单件小批量生产。但是当工件的加工要求特别高,又没有专门的高精度设备时,可以采用这种装夹方式,此时必须由技术熟练的操作者使用高精度的量具仔细地操作。

（2）划线找正装夹。

划线找正装夹是先按加工表面的要求在工件上划出中心线、对称线或各待加工表面的加工线，然后加工时在机床上按线找正，以获得工件的正确位置。图1-3所示为在牛头刨床上按划线找正的方式装夹工件，操作方法是：首先将划针针尖对准工件某处的加工线，然后沿工件四周移动划针，查看划针针尖偏离划线的情况，在工件底面垫上适当厚度的纸片或铜片进行调整，直到加工线各处均对准针尖为止。对于较重的工件，也可将工件支承在四个千斤顶上，通过调整千斤顶的高度来获得工件的正确位置。

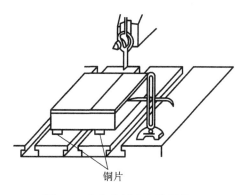

图1-3 在牛头刨床上按划线找正的方式装夹工件

图1-4（a）所示为过渡套钻孔工序图。先划好过渡套钻孔的位置线，然后按划线找正的方式将过渡套装夹在平口钳上，使麻花钻的轴线对准加工线，如图1-4（b）所示。

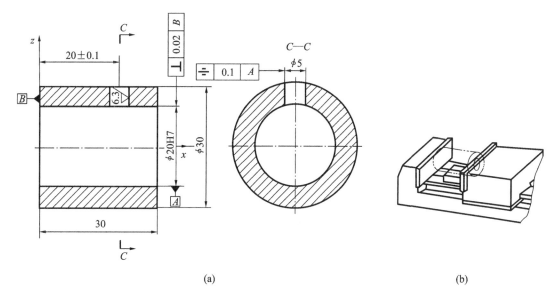

(a)

(b)

图1-4 在平口钳上按划线找正的方式装夹工件

划线找正装夹不需要专用设备，但受划线精度的限制，定位精度比较低，生产效率低，劳动强度大，操作者技术水平要求高，还需增加划线工序，多用于小批量、毛坯精度较低及大型零件的粗加工中。

2）专用夹具装夹

当工件生产批量较大时，若采用找正装夹，则效率低，强度大，精度不高，这显然是行不通的，因此必须采用专用夹具装夹工件。

图1-5所示为图1-4（a）所示的过渡套在钻孔时所使用的专用夹具。从图中可以看出：工件是通过内孔和左端面与定位轴2和支承板7保持接触来进行定位的，从而确定了工件在夹具中

的正确位置；夹具用螺母 6 和开口垫圈 5 夹紧工件；固定钻套 4 引导钻头在工件上钻孔。固定钻套 4 的轴线到支承板 7 的距离是根据工件上孔中心到左端面的距离来确定的，这样保证了由固定钻套 4 引导的钻头在工件上有一个正确的加工位置，并且在加工时又能防止钻头的轴线引偏。

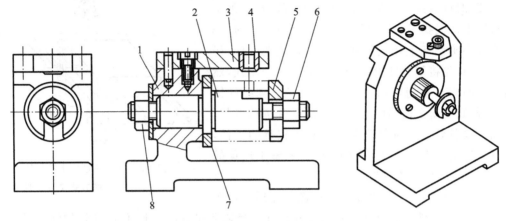

图 1-5　过渡套钻孔专用夹具

1—夹具体；2—定位轴；3—钻模板；4—固定钻套；

5—开口垫圈；6—螺母；7—支承板；8—锁紧螺母

图 1-6 所示为轴端铣槽的铣床专用夹具。从图中可以看出：工件是通过外圆和底面与 V 形块 1 和支承套 7 保持接触来进行定位的，从而确定了工件在夹具中的正确位置；夹具用 V 形块 2 和偏心轮 3 夹紧工件；对刀块 4 确定了刀具相对于工件的正确位置；两个定位键 6 确定了整副夹具相对于机床的正确位置。

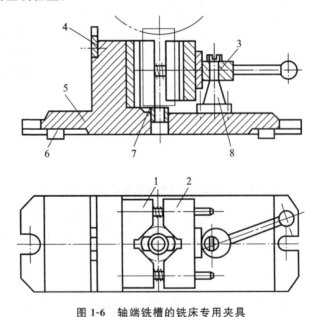

图 1-6　轴端铣槽的铣床专用夹具

1,2—V 形块；3—偏心轮；4—对刀块；5—夹具体；

6—定位键；7—支承套；8—支架

使用夹具装夹工件时,工件在夹具中能迅速而正确地定位与夹紧,不需要找正就能保证工件与刀具间的正确位置。专用夹具装夹生产率高、定位精度好,广泛用于成批以上的生产中。

1.2 机床夹具的组成

1. 基本组成部分

1)定位元件

定位元件的作用是使工件在夹具中占据正确的位置,以实现工件对准定位元件的目的。

图 1-5 所示的过渡套钻孔专用夹具中的定位轴 2 和支承板 7,图 1-6 所示的轴端铣槽的铣床专用夹具中的 V 形块 1 和支承套 7 都是定位元件,它们可使工件在夹具中占据正确的位置。

2)夹紧装置

夹紧装置的作用是将工件压紧、夹牢,保证工件在加工过程中受各种力作用时不离开已经占据的正确位置。

图 1-5 所示的过渡套钻孔专用夹具中的螺母 6 和开口垫圈 5,图 1-6 所示的轴端铣槽的铣床专用夹具中的 V 形块 2 和偏心轮 3 都是夹紧元件,它们构成了夹紧装置。

3)夹具体

夹具体是机床夹具的基础件,通过它将夹具的所有元件连接成一个整体。

2. 其他组成部分

1)对刀或导向装置

对刀或导向装置用于确定刀具相对于定位元件的正确位置,以实现刀具对准定位元件的目的。

图 1-5 所示的过渡套钻孔专用夹具中的固定钻套 4 和钻模板 3 组成了导向装置,它可确定钻头轴线相对于定位元件的正确位置。图 1-6 所示的轴端铣槽的铣床专用夹具中的对刀块 4 和塞尺组成了对刀装置,它可确定铣刀相对于定位元件的正确位置。

2)连接元件

连接元件是确定整副夹具在机床上的正确位置的元件,它主要用于使夹具对准机床。

图 1-5 所示的过渡套钻孔专用夹具中的夹具体 1 的底面为安装基面,它保证了固定钻套 4 的轴线垂直于钻床工作台,以及定位轴 2 的轴线平行于钻床工作台。因此,夹具体 1 可兼作连接元件。

图 1-6 所示的轴端铣槽的铣床专用夹具中,除了夹具体 5 的底面可作为安装基面外,还有两个定位键 6 可确定夹具在铣床工作台上的正确位置,此时夹具体 5 和定位键 6 均为连接元件。

此外,车床夹具上的过渡盘等也是连接元件。

3)其他装置或元件

其他装置或元件是夹具因特殊需要而设置的装置或元件。如果需要加工按一定规律分布的多个表面时,夹具常设置分度装置;为了能方便、准确地定位,夹具常设置预定位装置;对于大型夹具,常设置吊装元件等。

◀ 1.3　机床夹具的作用 ▶

1. 保证加工精度

用夹具装夹工件时,工件相对于刀具、机床的位置由夹具来保证,它基本不受操作者技术水平的影响,因此能较容易、较稳定地保证工件的加工精度。图 1-7 所示为钻斜孔专用夹具。

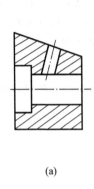　　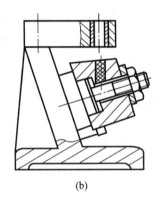

(a)　　　　　　　　　　　　　　　　　(b)

图 1-7　钻斜孔专用夹具

1)加工精度的概念

零件都是由一系列表面构成的,每一个表面都有多个确定表面形状的尺寸要求(定形尺寸和形状误差)和确定表面位置的尺寸要求(定位尺寸和位置误差)。在机械加工中,不但要保证加工表面自身的形状精度与定形尺寸精度要求,还必须保证加工表面与其他表面之间的相对位置精度和定位尺寸精度要求。加工精度是指图纸上规定的尺寸精度(定形尺寸精度和定位尺寸精度)、形状精度(形状误差)和位置精度(位置误差)。

2)获得尺寸精度的方法

(1)试切法。

试切法是反复进行试切—测量—调整—再试切,直到达到要求的尺寸精度的方法。图 1-8(a)所示的车削工件是通过反复试切和测量来保证其长度尺寸 l 的。试切法的生产率低,加工精度取决于操作者的技术水平,它不需要复杂的装置,主要用于单件小批量生产。

(2)调整法。

调整法如图 1-8(b)、图 1-8(c)所示。

图 1-8(b)采用了行程控制装置——挡铁来控制车刀相对于工件的纵向位置,并在同一批工件的加工过程中始终保持这一位置不变,以获得规定的加工尺寸 l 的精度。

图 1-8(c)所示为一副钻床专用夹具。通过该夹具确定了刀具相对于工件的正确位置,并在加工整批工件的过程中始终保持这一位置不变。所有的机床专用夹具都是采用调整法来获得工件的尺寸精度的。

调整法加工精度的一致性比试切法的好,且调整法具有较高的生产率,它对操作者的要求不高,在大批量生产中得到了广泛的应用。

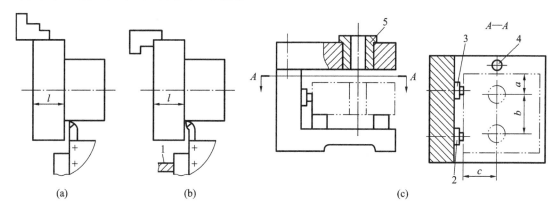

图 1-8 试切法与调整法

1—挡铁;2,3,4—定位元件;5—导向元件

(3)定尺寸刀具法。

定尺寸刀具法是采用具有一定尺寸精度的刀具,如麻花钻、扩孔钻、铰刀、拉刀、槽铣刀等来保证工件的尺寸精度的方法。这种方法的生产率较高,加工精度由刀具来保证。

(4)自动控制法。

自动控制法是将测量装置、进给装置和控制系统组成一个加工系统,在加工过程中测量装置测量工件的加工尺寸,并与要求的尺寸进行对比后反馈信号,信号通过转换、放大后控制机床或刀具做出相应的调整,直到达到规定的尺寸精度后自动停止的方法。这种方法的生产率高,加工尺寸的稳定性好,但它对自动加工系统的要求较高,适用于大批量生产。

3)获得形状精度的方法

(1)轨迹法。

轨迹法是利用刀尖运动的轨迹来形成工件加工表面的形状的方法。普通的车削、铣削、刨削及磨削均属于轨迹法。工件加工表面的形状精度取决于成形运动的精度。

(2)成形法。

成形法是利用刀具的几何形状来代替机床的某些成形运动而获得工件加工表面的形状的方法。成形车削、铣削、磨削等均属于成形法。工件加工表面的形状精度取决于刀刃的形状精度和成形运动的精度。

(3)展成法。

展成法是利用刀具和工件的展成运动所形成的包络面来获得工件加工表面的形状的方法。滚齿、插齿、磨齿等均属于展成法。工件加工表面的形状精度取决于刀刃的形状精度和展成运动的精度。

4)获得位置精度的方法

机械加工中,加工表面对其他表面的位置精度的获得主要取决于工件的装夹,即找正装夹和夹具装夹两种方法。

当批量生产采用调整法时,工件的定形尺寸精度和形状精度主要由刀具和成形运动的精度来保证,而定位尺寸精度和位置精度主要靠夹具来保证。

例如,图 1-4(a)所示的过渡套用图 1-5 所示的过渡套钻孔专用夹具装夹加工时,加工孔的定位尺寸(20±0.1) mm 及内孔 $\phi20$ 的对称度误差 0.1 mm 由钻模来保证,加工孔的定形尺寸 $\phi5$ 由麻花钻保证。

5)机床夹具保证加工精度的工作原理

从以上实例的分析中可归纳出下列机床夹具保证加工精度的"三准确"工作原理。

(1)工件在夹具中的准确定位。工件对准了定位元件。工件的定位使工件在夹具中占据准确的加工位置。

(2)夹具在机床上的准确位置。夹具对准了机床。夹具在机床上的相对定位使夹具体的连接表面与机床连接,必要时配合连接元件,以确定夹具在机床主轴或工作台上的准确位置。

(3)刀具的准确位置。刀具对准了定位元件。通过对刀元件使刀具与有关定位元件的工作面之间保持准确的位置关系,以保证刀具在工件上加工出的表面相对于定位元件的位置尺寸达到了加工精度要求。

夹具设计就是千方百计地满足以上"三准确"工作原理。该原理是夹具设计的精髓。

2. 提高劳动生产率

采用夹具装夹工件,工件不需要划线找正,工件装夹也方便、迅速,这样显著地减少了辅助时间,提高了劳动生产率。若采用图 1-7(b)所示的钻斜孔专用夹具,则可省去在工件加工位置划十字中心线、在交点位置打冲眼的时间,也可省去按工件角度要求找正冲眼位置的时间。

3. 扩大机床的使用范围

使用专用夹具可以改变机床的用途和扩大机床的使用范围,实现一机多能。例如,在车床安装镗床夹具后,就可对箱体孔系进行镗削加工。

4. 改善劳动条件、保证生产安全

使用专用夹具可减轻工人的劳动强度,改善劳动条件,降低对工人操作技术水平的要求,保证安全。

◀ 1.4　机床夹具的分类 ▶

机床夹具的种类有很多,可以从不同的角度对机床夹具进行分类。常用的分类方法有以下三种。

1. 按夹具的使用特点分类

1)通用夹具

已经标准化的可加工一定范围内的不同工件的夹具,称为通用夹具,如三爪自定心卡盘、机用平口钳、万能分度头、磁力工作台等。这些夹具已作为机床附件由专门的工厂制造供应,只需选购即可使用。

2)专用夹具

专为某一工件的某道工序加工而设计制造的夹具,称为专用夹具。专用夹具一般在批量生产中使用,常采用调整法来加工工件。设计专用夹具是本书的主要内容之一。

3）可调夹具

夹具的某些元件可调整或可更换，以适应多种工件加工的夹具，称为可调夹具。可调夹具分为通用可调夹具和成组夹具两类。

4）组合夹具

采用标准的组合夹具元件、部件，专为某一工件的某道工序而组装的夹具，称为组合夹具。

5）拼装夹具

由标准化、系列化的拼装夹具零部件拼装而成的夹具，称为拼装夹具。拼装夹具不仅具有组合夹具的优点，而且与组合夹具相比，其精度、效率更高，结构更紧凑，它的基础板和夹紧部件中常带有小型液压缸。拼装夹具更适合在数控机床上使用。

2. 按使用机床分类

夹具按使用机床可分为车床夹具(简称车夹具)、铣床夹具(简称铣夹具)、钻床夹具(简称钻夹具或钻模)、镗床夹具(简称镗夹具或镗模)、齿轮机床夹具、数控机床夹具、自动机床夹具、自动线随行夹具及其他机床夹具等。

3. 按夹紧的动力源分类

夹具按夹紧的动力源可分为手动夹具、气动夹具、液压夹具、气液增力夹具、电磁夹具及真空夹具等。

【习题】

1-1 常用的工件装夹方法有哪些?

1-2 机床夹具由哪些部分组成? 各有何作用?

1-3 简述夹具能够保证工件加工精度的原因。

1-4 简述通用夹具和专用夹具的特点和使用范围。

第2章
工件的定位

◀ **知识目标**

(1)理解定位基准及六点定则。

(2)掌握典型定位元件限制的自由度及其设计方法。

(3)掌握定位方式及消除过定位的方法。

(4)掌握定位误差的分析和计算方法。

(5)了解加工精度的影响因素。

◀ **能力目标**

(1)能分析一个现成的定位方案并判断其合理性。

(2)能根据工件的加工要求分析应该限制的自由度,确定定位方案,完成定位设计。

(3)会分析和计算定位误差。

工件在夹具中的定位就是使同一批工件在夹具静止状态下,依靠定位元件的作用使工件相对于机床、刀具占有一个一致的、正确的加工位置的过程,它是通过工件与定位元件的支承面接触或配合来实现的。

2.1　定位基准

1. 基准的概念及分类

工件(或零件)上任何一个面(或线、点)的位置,必须用它与另一个(或一些)面(或线、点)的相互关系来表示,则称后者为前者的基准。基准是确定要素间的几何关系的依据,根据几何特征可分别称为基准平面、基准直线(或基准轴线)及基准点。

如图 2-1 所示,孔 O 的位置是由它与面 A 的距离 a 和与面 B 的距离 b 来确定的,则面 A、B 称为该孔的基准,分别称为基准平面 A 和基准平面 B。

根据基准作用的不同,可将基准分为设计基准和工艺基准两类,其中工艺基准又可分为工序基准、定位基准、测量基准及装配基准。

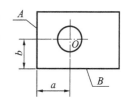

图 2-1　基准

1)设计基准

零件设计图上确定某些点、线、面的位置所依据的点、线、面,称为设计基准。设计基准是零件尺寸标注的起点,由产品设计人员选定。

如图 2-2 所示,在图 2-2(a)中,对于尺寸 20 mm 而言,面 A、B 互为设计基准;在图 2-2(b)中,外圆尺寸 $\phi30$ 和 $\phi50$ 的设计基准是轴线,对于同轴度而言,$\phi50$ 的轴线是 $\phi30$ 外圆同轴度的设计基准;在图 2-2(c)中,外圆素线 D 是槽 C 的设计基准;在图 2-2(d)中,孔 II 的设计基准是孔 III 和孔 IV 的轴线,孔 III 和孔 IV 的设计基准是面 D 和面 E。

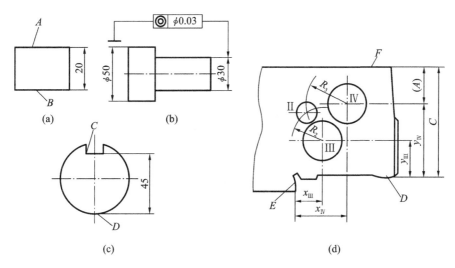

图 2-2　设计基准

2）工艺基准

工艺基准是零件加工与装配过程中所采用的基准,由工艺设计人员选定。工艺基准又可分为以下四种。

（1）工序基准。

在工序图上用来标定本工序加工表面位置的基准,称为工序基准。判断时可通过工序图上标注的加工尺寸与形位公差来确定工序基准,如图 2-3 所示。

（2）定位基准。

加工中使工件在机床上或夹具中占据正确位置的基准,称为定位基准。

（3）测量基准。

工件在加工中或加工后测量时所用的基准,称为测量基准。如图 2-4 所示,素线 A 是加工面 B 的测量基准。

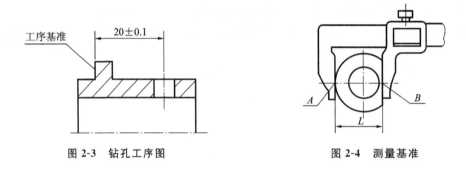

图 2-3　钻孔工序图　　　　　　　　　图 2-4　测量基准

（4）装配基准。

装配时用来确定零件在部件或产品中的位置的基准,称为装配基准。如图 2-5 所示,图2-5(a)为某一部件装配图,图 2-5(b)为该部件左端带轮零件图,在零件图上标出了该零件的装配基准、内孔和右端面。

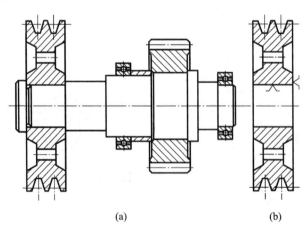

(a)　　　　　　　　　　　　　　(b)

图 2-5　装配基准

上述各种基准应尽可能重合。在设计机械零件时,应尽可能以装配基准为设计基准,以便直接保证装配精度;在编制零件加工工艺规程时,应尽可能以设计基准为工序基准,以便保证零件的加工精度;在加工和测量工件时,应尽可能使定位基准和测量基准与工序基准重合,以便消除基准不重合误差。

2. 定位基准

定位基准保证了同一批工件在夹具或机床上占有相同的正确位置。定位基准是被加工工件上的几何要素。若用直接找正装夹工件,则找正面就是定位基准或定位基准面;若用划线找正装夹工件,则所划的线就是定位基准;若用夹具装夹工件,则工件与定位元件相接触的面就是定位基准面,简称定位基面或定位面,这个定位面是否是定位基准,要做以下具体分析。

(1)定位基准是接触要素。

接触要素是指相接触的轮廓要素(如面、线、点等),它是可见要素。在图 2-6(a)中,工件与定位元件的接触面 A、B 为定位基准,它们分别保证了工序尺寸 H 和 h;在图 2-6(b)中,工件以圆柱面的素线 C 为定位基准进行定位,以保证加工尺寸 h。

(2)定位基准是中心要素。

中心要素是指相接触表面的中心要素(如几何中心、球心、中心线、轴线、中心对称平面等),它是不可见要素。在图 2-6(c)中,工件的定位接触线为圆柱面的素线 D、E,而定位基准是看不见、摸不着的轴线 O。又如车削时,用三爪卡盘装夹工件外圆,外圆面为定位面,而定位基准为工件轴线。这种定位基准是中心要素的定位称为中心定位。

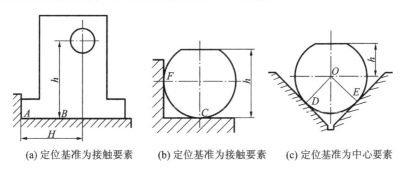

(a) 定位基准为接触要素   (b) 定位基准为接触要素   (c) 定位基准为中心要素

图 2-6   定位基准

注意,在分析工件的定位基准时,应区别定位基准和支承要素。只有与工序尺寸有对应关系的才是定位基准,否则为支承要素。图 2-7 所示为工件装夹在平口钳中铣削时的几种情形。

在图 2-7(a)中,侧面 N 与工序尺寸 A 相对应,因此侧面 N 是定位基准,而底面 M 是支承面;在图 2-7(b)中,底面 M 与工序尺寸 B 相对应,因此底面 M 是定位基准,而侧面 N 是支承面;在图 2-7(c)中,侧面 N 和底面 M 分别与工序尺寸 C 和 D 相对应,因此侧面 N 和底面 M 都是定位基准;同样,在图 2-6(b)中,圆柱面的素线 C 与工序尺寸 h 相对应,因此素线 C 是定位基准,而素线 F 为支承要素。

3. 定位副

当工件以回转面(如圆柱面、圆锥面等)与定位元件接触(或配合)时,工件上的回转面称为定位面,工件的轴线称为定位基准。如图 2-8(a)所示,工件以圆孔在心轴上定位,则工件的内孔面称为定位面,工件的轴线称为定位基准。与此对应,定位元件心轴的圆柱面称为限位面,心轴

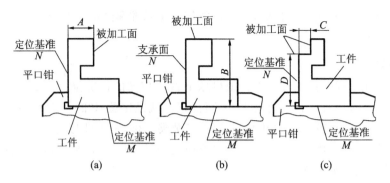

图 2-7 工件装夹在平口钳中铣削时的几种情形

的轴线称为限位基准。当工件以平面与定位元件接触时,如图 2-8(b)所示,工件上实际存在的面是定位面,它的理想状态(平面度误差为零)是定位基准。如果工件上的这个面是精加工过的,形状误差很小,则可认为定位面就是定位基准。同样,定位元件以平面限位时,如果这个面的形状误差很小,则可认为限位面就是限位基准。

因此,限位面和限位基准是夹具定位元件的几何要素。理论上工件在夹具上定位时,定位基准与限位基准重合,定位面与限位面接触。

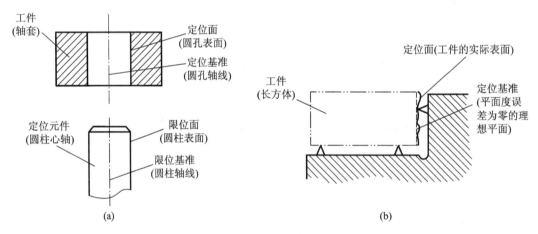

图 2-8 定位基准与限位基准

工件上的定位面和与之相接触(或配合)的定位元件的限位面合称为定位副。在图 2-8(a)中,工件的内孔表面与定位元件心轴的圆柱面就是一对定位副。常见的定位副如表 2-1 所示。

表 2-1 常见的定位副

	工　件		定　位　元　件	
	定位面	定位基准	限位面	限位基准
圆柱面接触	工件圆柱面	工件圆柱轴线	定位元件圆柱面	定位元件圆柱轴线
平面接触	工件平面		定位元件平面	

4. 定位符号和夹紧符号的标注

在选定了定位面以及确定了夹紧力的方向和作用点后,应在工序图上标注定位符号和夹紧符号。定位符号和夹紧符号已有国家发展和改革委员会发布的标准 JB/T 5061—2006,如表2-2所示。

表 2-2　定位符号和夹紧符号 (JB/T 5061—2006)

分类	标注位置	独立		联合	
		标注在视图轮廓线上	标注在视图正面	标注在视图轮廓线上	标注在视图正面
主要定位点	固定式				
	活动式				
辅助定位点					
手动夹紧					
液压夹紧					
气动夹紧					
电磁夹紧					

图 2-9 所示为典型零件定位、夹紧符号的标注。定位符号 $\wedge$ 后面的数字表示该定位面限制的自由度数量。若数量为 1，则可省略不写。

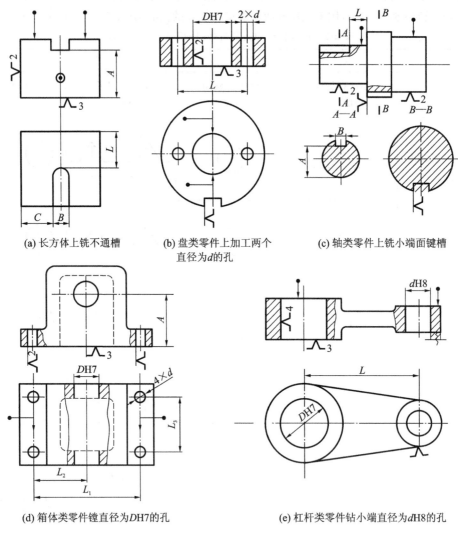

(a) 长方体上铣不通槽　　　(b) 盘类零件上加工两个　　　(c) 轴类零件上铣小端面键槽
　　　　　　　　　　　　　　直径为 d 的孔

(d) 箱体类零件镗直径为 $DH7$ 的孔　　　(e) 杠杆类零件钻小端直径为 dH8 的孔

图 2-9　典型零件定位、夹紧符号的标注

2.2　定位基本原理

2.2.1　六点定位规则

六点定位规则简称六点定则，它是定位的基本原则。

1. 工件自由度

一个在空间中处于自由状态的工件,其位置的不确定性可描述如下。如图 2-10 所示,将工件放在空间直角坐标系中,工件可沿 x、y、z 轴有不同的位置,该位置称为工件沿 x、y、z 轴的三个移动自由度,用 $\vec{x}$、$\vec{y}$、$\vec{z}$ 表示;工件也可绕 x、y、z 轴有不同的位置,该位置称为工件绕 x、y、z 轴的三个转动自由度,用 $\hat{x}$、$\hat{y}$、$\hat{z}$ 表示。因此,在空间中处于自由状态的工件共有六个自由度 $\vec{x}$、$\vec{y}$、$\vec{z}$ 和 $\hat{x}$、$\hat{y}$、$\hat{z}$。

工件定位的实质就是限制对加工有不良影响的自由度,使工件在夹具中占有某个确定的、正确的加工位置,也就是说,要对以上六个自由度施加必要的约束条件。

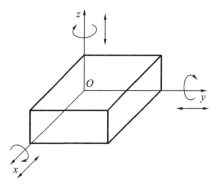

图 2-10 处于自由状态的工件在空间坐标系中的六个自由度

2. 定位模型

在夹具中,工件自由度的限制是由固定的定位支承点(简称定位点或支承点)来实现的,工件必须与支承点保持接触。图 2-11(a)所示为一个定位分析模型。在图 2-11(a)中,工件以三个不同方向的平面 A、B、C 为定位基准,在平面 A、B、C 上分别布置了数量不同的支承点:平面 A 上布置了三个不共线的支承点 1、2、3,它们可以限制 $\hat{x}$、$\hat{y}$、$\vec{z}$ 三个自由度;平面 B 上布置了两个支承点 4、5,它们可以限制 $\vec{y}$、$\hat{z}$ 两个自由度;平面 C 上布置了一个支承点 6,它可以限制 $\vec{x}$ 一个自由度。这样,工件的六个自由度就被限制了。用空间合理分布的六个支承点限制工件的六个自由度的规则,称为六点定则。六点定则是工件定位的基本原则。

由六点定则可以看出,一个支承点限制一个自由度,工件被限制自由度的数量最多为六个。

在实际生产中,支承点表现为连续的几何体,即定位元件,如图 2-11(b)、图 2-11(c)所示。在图 2-11(b)中,一个支承点等效为实际定位支承钉。在图 2-11(c)中,根据几何分析、两点共线、三点共面可知,点 4、5 可以等效为一狭长平面,定位时该狭长平面与平面 B 保持线接触;点 1、2、3 可以等效为一大平面,定位时该大平面与平面 A 保持面接触。

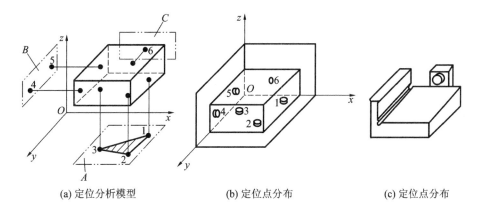

(a) 定位分析模型   (b) 定位点分布   (c) 定位点分布

图 2-11 长方体工件的定位

注意理解"一个支承点限制一个自由度"的"平均"意义。从以上分析中可以看出，面接触提供了三个支承点 1、2、3，它们限制了工件的三个自由度 $\vec{x}$、$\vec{y}$、$\vec{z}$，这指的是综合结果，即一个支承点平均限制工件的一个自由度，而不必明确支承点与自由度的一一对应关系。线接触提供了两个支承点，它们限制了工件的两个自由度，也是同样的道理。

在分析工件在夹具中的定位时，容易产生两种错误的理解。一是认为工件定位后仍具有沿定位支承相反方向移动的自由度。因为工件的定位是以工件的定位面与定位元件相接触为前提条件的，如果工件离开了定位元件，那么就不能成为定位，也就谈不上限制其自由度了。至于工件在外力的作用下有可能离开定位元件，则是需要由夹紧来解决的问题。二是认为工件在夹具中被夹紧后就没有自由度了，因此工件就定位了。这种把定位和夹紧混为一谈的想法是概念上的错误。我们所说的工件的定位是指所有加工工件在夹紧前要在夹具中按加工要求占有一致的正确位置（不考虑定位误差的影响），而夹紧是在工件处于任何位置时均可夹紧，它不能保证各个工件在夹具中处于同一位置。

3. 支承点的分布规律

无论工件的形状和结构如何不同，其六个自由度都可以用六个支承点来限制，只是六个支承点在空间的分布不同罢了。六个支承点的分布必须合理，否则就限制不了六个自由度，或不能有效地限制六个自由度。以下是几种典型工件的支承点合理分布的方法。

1）长方体工件的定位

如图 2-11 所示，工件有平面 A、B、C 三个定位基准。其中，平面 A 的面积最大，为主要定位基准，平面 A 上布置了三个支承点 1、2、3，它们限制了三个自由度 $\vec{z}$、$\vec{x}$、$\vec{y}$，三个支承点 1、2、3 应布置成三角形，且三角形的面积越大，则定位越稳。平面 B 较狭长，面积中等，为第二定位基准，在沿平行于平面 A 的方向设置了两个支承点 4、5，它们限制了两个自由度 $\vec{y}$、$\vec{z}$。注意，这两点不能垂直放置，否则工件绕 z 轴的转动自由度 $\vec{z}$ 就不能被限制了。平面 C 的面积最小，为第三定位基准，平面 C 上布置了一个支承点 6，它限制了一个自由度。

2）圆柱体工件的定位

如图 2-12 所示，工件的定位基准为长圆柱的轴线、端平面及键槽侧面。因为长圆柱的面积最大，故将其作为主要定位面，而主要定位基准为长圆柱的轴线。该圆柱体工件的定位为中心定位，圆柱面与 V 形块成两直线接触（直线 1—2，支承点 1、2；直线 3—4，支承点 3、4），共限制了工件的四个自由度 $\vec{x}$、$\vec{z}$ 和 $\vec{x}$、$\vec{z}$；端平面上的支承点 5 限制了工件的一个自由度 $\vec{y}$；键槽侧面上的支承点 6 限制了工件的一个自由度 $\vec{y}$。这样，工件的六个自由度均被限制。

上述长圆柱面的四点配合另一个限制圆周方向的支承点的定位，是轴类、套类零件典型的定位形式。

3）圆盘工件的定位

圆盘的特点是圆柱面较短，而端平面较大。圆柱面较短，则其定位功能将降低；端平面较大，则可将其作为主要定位基准。

如图 2-13 所示，在主要定位面上布置的三个支承点 1、2、3，限制了工件的三个自由度 $\vec{z}$、$\vec{x}$、

$\hat{y}$;在短圆柱面上用短 V 形块的两个支承点 4、5 限制了工件的两个自由度 $\vec{x}$、$\hat{y}$;用圆柱销的支承点 6 限制了工件的一个自由度 $\hat{z}$。

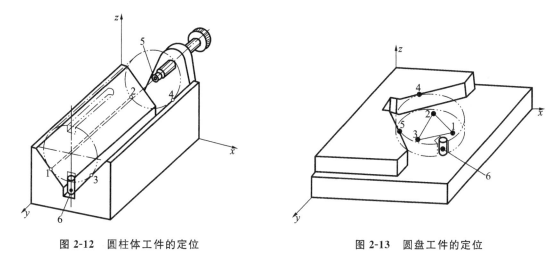

图 2-12　圆柱体工件的定位　　　　　　图 2-13　圆盘工件的定位

4. 六点定则的注意事项

(1)工件的定位是通过工件的定位面与夹具的定位元件的接触或配合来实现的,一旦脱离接触,就会丧失定位作用。

(2)一个支承点限制工件的一个自由度(平均意义)。工件在夹具中定位时,所用支承点的数量最多不能超过六个。

(3)在夹具中,工件的自由度都是由定位元件来限制的。定位结构不一定是"点"结构,它有可能是连续的表面。一个定位元件可以等效为几个支承点需要进行具体分析。

途径一:直观分析。一般认为定位元件的平面接触可等效为三个支承点,线接触可等效为两个支承点,点接触可等效为一个支承点。

途径二:按照定位元件实际消除的自由度数量来确定它能够等效的支承点数量。例如三爪卡盘装夹轴类工件时,若夹持的外圆柱面较短,则认为三爪卡盘提供了两个支承点,能够限制工件的两个自由度;若夹持的外圆柱面较长,则认为三爪卡盘提供了四个支承点,能够限制工件的四个自由度。

(4)支承点应合理分布、组合。支承点的分布、组合主要取决于定位面的形状和位置,如图 4-11 所示的"3、2、1"组合,图 4-12 所示的"4、1、1"组合,图 4-13 所示的"3、2、1"组合。支承点分布、组合的形式多样,主要由加工要求确定。

(5)当工件有多个定位基准时,应将其中的一个定位基准作为主要定位基准,用来限制较多的自由度,而将其他的定位基准分别作为第二定位基准和第三定位基准,用于限制剩下需要限制的自由度。用作主要定位基准的定位面的面积一般最大,它限制的工件的自由度最多,并且可以实现工件的快速预定位。常用的主要定位基准(面)有大平面、长圆柱面及长圆锥面等。

常见的典型的单一定位基准的定位接触形态所限制的自由度类别及定位特点如表 2-3 所示。

表 2-3　常见的典型的单一定位基准的定位接触形态所限制的自由度类别及定位特点

定位接触形态	限制的自由度数量	自由度类别	特点
长圆锥面接触	5	三个坐标轴方向的自由度 两个坐标轴圆周方向的自由度	可作为主要定位基准
长圆柱面接触	4	两个坐标轴方向的自由度 两个坐标轴圆周方向的自由度	
大平面接触	3	一个坐标轴方向的自由度 两个坐标轴圆周方向的自由度	
短圆柱面接触	2	两个坐标轴方向的自由度	不可作为主要定位基准,只能作为第二定位基准或第三定位基准
线接触	2	一个坐标轴方向的自由度 一个坐标轴圆周方向的自由度	
点接触	1	一个坐标轴方向的自由度 一个坐标轴圆周方向的自由度	

2.2.2　定位形式

正确的定位形式有完全定位和不完全定位两种,这两种定位形式都能满足工件的加工精度要求。不正确的定位形式有欠定位和过定位两种。在设计定位时,应注意防止发生欠定位和过定位,避免其对加工精度造成不良影响。

1. 完全定位和不完全定位

工件的六个自由度都被限制的定位称为完全定位。完全定位是常见的定位形式,其特点是工件的加工要求较高,且工件的定位基准较多,定位设计较复杂。完全定位适用于较复杂工件的加工。

工件被限制的自由度数量少于六个,但能保证加工要求的定位称为不完全定位。不要生搬硬套六点定则,认为所有工件在加工时六个自由度都要被限制才行。实际上,工件加工时并非一定要限制六个自由度才能确定其正确位置,而是应根据不同工件的具体加工要求限制某几个或全部自由度。

图 2-14(a)所示为通孔加工,为了保证工件的直径 D,只需限制工件的 4 个自由度 $\vec{x}$、$\vec{z}$、$\hat{x}$、$\hat{z}$ 即可;图 2-14(b)所示为长方体工件的顶面加工,为了保证工件的高度尺寸 H,只需限制工件的 3 个自由度 $\vec{z}$、$\hat{x}$、$\hat{y}$ 即可。这两种情况都能满足工件的加工要求。

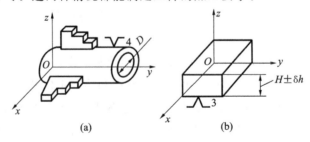

图 2-14　工件的不完全定位

在工件定位时,以下几种情况允许不完全定位。

(1)加工通孔或通槽时,沿贯通轴的移动自由度可以不限制。

(2)若毛坯是轴对称的,绕对称轴的转动自由度可以不限制。

(3)加工贯通平面时,除了可以不限制沿两个贯通轴的移动自由度外,还可以不限制绕垂直加工面轴的转动自由度。

不完全定位的特点是工件为部分定位,其定位设计较完全定位简单,同时支承点与加工尺寸间的对应关系更为明显。不完全定位也是常见的定位形式。

需要注意的是,不完全定位时限制工件的自由度数量不能少于 3 个,否则无法实现稳定定位。

2. 欠定位和过定位

根据工件的加工技术要求,应该限制的自由度而没有被限制的定位称为欠定位。欠定位必然不能保证工件的加工技术要求,它是不被允许的。如图 2-15 所示,在工件上钻孔时,若在 x 轴方向上未设置定位挡销,则孔到端面的距离就无法保证。

工件的同一自由度被两个以上的不同定位元件重复限制的定位,称为过定位。过定位又称为重复定位。如图 2-16 所示,工件 4 以内孔在心轴 1 上进行定位,限制了工件的四个自由度 $\vec{x}$、$\vec{y}$、$\hat{x}$、$\hat{y}$,工件 4 又以端面在凸台 3 上进行定位,限制了工件的三个自由度 $\vec{z}$、$\hat{x}$、$\hat{y}$,其中 $\hat{x}$、$\hat{y}$ 被心轴和凸台重复限制。由于工件的内孔与心轴间的间隙很小,当工件的内孔与端面的垂直度误差较大时,工件的端面与凸台实际上成点接触,如图 2-17(a)所示,这样就造成定位不稳定。更为严重的是,工件一旦被压紧,在夹紧力的作用下势必会引起心轴或工件的变形,如图 2-17(b)所示,这样就会影响工件的装卸和加工精度。因此,这种过定位是不被允许的。

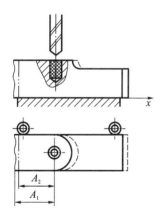

图 2-15 工件的欠定位

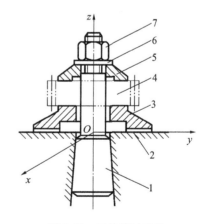

图 2-16 工件的过定位

1—心轴;2—通用底盘;3—定位凸台;

4—工件;5—压块;6—垫圈;7—螺母

在有些情况下,形式上的过定位是被允许的。如图 2-16 所示,当工件的内孔和定位端面是在一次装夹中加工出来的,且具有良好的垂直度,而夹具的心轴和凸台也具有较好的垂直度,那么即使两者仍然有很小的垂直度误差,也可用心轴和内孔之间的配合间隙来补偿。因此,尽管心轴和凸台重复限制了自由度 $\hat{x}$、$\hat{y}$,但不会引起相互干涉和冲突,在夹紧力的作用下工件和心

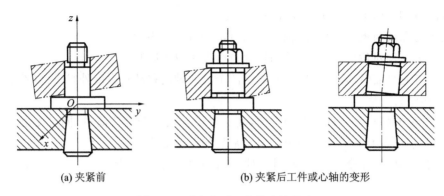

(a) 夹紧前　　　　　　　　　　(b) 夹紧后工件或心轴的变形

图 2-17　过定位对工件装夹的影响

轴都不会变形。这种定位的定位精度高,夹具的受力状态好,在实际生产中得到了广泛使用。

表 2-4 为以上四种定位形式对照表。

表 2-4　四种定位形式对照表

定 位 形 式	完 全 定 位	不完全定位	欠 定 位	过 定 位
定 位 性 质	正确	正确	不正确	不正确
限制自由度数量	6	3～6	＜6	—
定 位 特 点	(1)工件加工要求高; (2)工件定位基准多; (3)定位设计复杂; (4)能保证加工精度	(1)工件部分定位; (2)定位设计简单; (3)能保证加工精度	不能满足加工精度要求,不允许出现	影响加工精度,一般不允许出现,有时可允许出现

2.2.3　限制工件自由度与加工要求的关系

工件定位时,其自由度可分为两种:一种是影响加工要求的自由度,称为第一种自由度;另一种是不影响加工要求的自由度,称为第二种自由度。为了保证工件的加工要求,所有的第一种自由度都必须严格限制,而某些第二种自由度是否需要限制应由具体的加工情况(如受力或控制切削行程的需要等)决定。

确定工件需要限制的自由度数量的分析步骤如下。

(1)根据工序图找出该工序所有的第一种自由度。

①明确该工序的加工要求(包括工序尺寸和位置精度)和相应的工序基准。

②建立空间直角坐标系。如图 2-18 所示,当工序基准为球心时,以该球心为坐标原点;当工序基准为直线或轴线时,以该直线为坐标轴;当工序基准为平面时,以该平面为坐标面。这样就确定了工序基准及整个工件在该空间直角坐标系中的理想位置。

③依次找出影响各项加工要求的自由度。

前提:在已建立的坐标系中加工表面的位置是一定的。

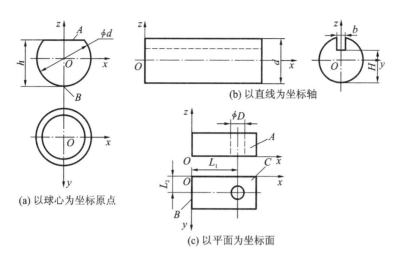

(a) 以球心为坐标原点

(b) 以直线为坐标轴

(c) 以平面为坐标面

图 2-18 不同类型零件的空间直角坐标系的建立

若工件尺寸的工序基准沿某一坐标轴方向运动时,工件尺寸会发生变化,则该自由度便影响了该尺寸。对六个自由度要逐个判断。

④把所有影响加工要求的自由度累计,便可得到该工序全部的第一种自由度。

(2)找出该工序所有的第二种自由度。从六个自由度中去掉第一种自由度,剩下的都是第二种自由度。

(3)根据具体的加工情况判断哪些第二种自由度需要被限制。

(4)把所有的第一种自由度和需要限制的第二种自由度累计,便可得到该工序需要限制的全部自由度。

为了满足加工要求而必须限制的自由度如表 2-5 所示。

表 2-5 为了满足加工要求而必须限制的自由度

工 序 简 图	加 工 要 求	必 须 限 制 的 自 由 度
加工面 (平面) 图示	(1)尺寸 A; (2)加工面与底面的平行度	$\vec{z}$ $\hat{x}$、$\hat{y}$
加工面 (平面) 图示	(1)尺寸 A; (2)加工面与下母线的平行度	$\vec{z}$ $\hat{x}$

工序简图	加工要求	必须限制的自由度
加工面（槽面） （L、B、A、M、N、O、x、y、z 标注）	(1) 尺寸 A； (2) 尺寸 B； (3) 尺寸 L； (4) 槽侧面与面 N 的平行度； (5) 槽底面与面 M 的平行度	$\vec{x}$、$\vec{y}$、$\vec{z}$ $\hat{x}$、$\hat{y}$、$\hat{z}$
加工面（键槽） （L、A、O、x、y、z 标注）	(1) 尺寸 A； (2) 尺寸 L； (3) 槽与圆柱轴线平行并对称	$\vec{x}$、$\vec{y}$、$\vec{z}$ $\hat{x}$、$\hat{z}$
加工面（圆孔） （L、B、O、x、y、z 标注）	(1) 尺寸 B； (2) 尺寸 L； (3) 孔轴线与底面的垂直度	通孔：$\vec{x}$、$\vec{y}$ $\hat{x}$、$\hat{y}$、$\hat{z}$ 不通孔：$\vec{x}$、$\vec{y}$、$\vec{z}$ $\hat{x}$、$\hat{y}$、$\hat{z}$
加工面（圆孔） （O、x、y、z 标注）	(1) 孔与外圆柱面的同轴度； (2) 孔轴线与底面的垂直度	通孔：$\vec{x}$、$\vec{y}$ $\hat{x}$、$\hat{y}$ 不通孔：$\vec{x}$、$\vec{y}$、$\vec{z}$ $\hat{x}$、$\hat{y}$

工 序 简 图	加 工 要 求		必须限制的自由度
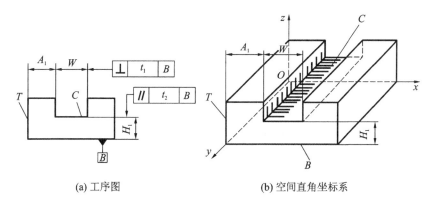	(1)尺寸 R; (2)以圆柱轴线为对称轴，两孔对称; (3)两孔轴线垂直于底面	通孔	$\vec{x}$、$\vec{y}$ $\hat{x}$、$\hat{y}$
		不通孔	$\vec{x}$、$\vec{y}$、$\vec{z}$ $\hat{x}$、$\hat{y}$

【例 2-1】 图 2-19 所示为在长方体工件上铣键槽，槽宽 W 由刀的宽度保证，试问需要限制工件的几个自由度？

(a) 工序图 (b) 空间直角坐标系

图 2-19　在长方体工件上铣键槽

解 (1)找出该工序所有的第一种自由度。

①明确加工要求和相应的工序基准:工序尺寸 A_1 的工序基准为平面 T，工序尺寸 H_1 的工序基准为平面 B。槽两侧面的垂直度、槽底面的平行度的工序基准也为平面 B。

②建立空间直角坐标系:以平面 B 为 xOy 平面，以平面 T 为 yOz 平面，如图 4-19(b)所示。

③分析第一种自由度:影响工序尺寸 A_1 的自由度为 $\vec{x}$、$\hat{y}$、$\hat{z}$，影响工序尺寸 H_1 的自由度为 $\vec{z}$、$\hat{x}$、$\hat{y}$，影响垂直度的自由度为 $\hat{y}$，影响平行度的自由度为 $\hat{x}$、$\hat{y}$，综合起来需要限制的第一种自由度应为 $\vec{x}$、$\hat{x}$、$\hat{y}$、$\vec{z}$、$\hat{z}$。

(2)找出该工序所有的第二种自由度，即为 $\vec{y}$。

(3)判断第二种自由度是否需要限制。为了便于控制切削行程，应使工件沿 y 轴方向的位置一致，故需限制自由度 $\vec{y}$。同时，当工件的一个端面靠在夹具的支承元件上后，有利于工件承受 y 轴方向的铣削分力，并有利于减小夹具的夹紧力。需要特别指出的是，如果不考虑切削行程的控制、工件承受的铣削力及夹具的夹紧力，单从影响加工精度方面考虑，则自由度 $\vec{y}$ 可以不限制。

(4)将所有的第一种自由度和需要限制的第二种自由度累计，即可得到需要限制的全部自由度。在本工序中，六个自由度都要限制。

◀ 2.3 定位单个典型表面的定位元件 ▶

单个典型表面是指平面、内、外圆柱面、内、外圆锥面等单个表面，它们是组成各种复杂形状工件的基本单元。下面将按典型表面分类来介绍各种定位元件。注意，这只是这些定位元件的典型使用场合，有时它们还可用于定位其他表面。例如，支承板、支承钉是定位平面的典型定位元件，但有时也可用于定位外圆等其他表面；定位销是定位内孔的典型定位元件，有时也可用作挡销来定位平面。各种定位元件的结构各不相同，用途各异，但却有以下相同的基本要求。

（1）足够的精度。由于工件的定位是通过定位副的接触（或配合）来实现的，定位元件上的限位面的精度直接影响着工件的定位精度，因此限位面应有足够的精度，以适应工件的加工要求。

（2）足够的强度和刚度。定位元件不仅能够限制工件的自由度，而且还具有支承工件、受力（夹紧力、切削力等）的作用。因此，定位元件应有足够的强度和刚度，以免使用中发生变形或损坏。

（3）耐磨性好。工件的装卸会磨损定位元件的限位面，导致定位精度下降。定位精度下降到一定程度时，定位元件必须更换，否则夹具将不能继续使用。为了延长定位元件的更换周期，提高夹具的使用寿命，定位元件应有较好的耐磨性。

（4）工艺性好。定位元件的结构应力求简单、合理，便于加工、装配及更换。

2.3.1 以平面定位的定位元件

工件以平面作为定位面是最常见的定位方式之一。箱体、床身、机座、支架等工件的加工较多地采用了平面定位。以平面定位的定位元件有以下几种。

1. 主要支承

主要支承用来限制工件的自由度，起定位作用。

1）固定支承

固定支承有支承钉和支承板两种形式，如图 2-20 所示。在使用过程中，它们都是固定的。

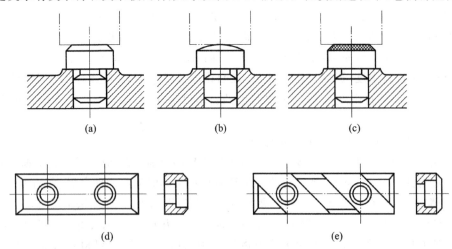

图 2-20 支承钉和支承板

当工件以粗糙平面定位时,采用球头支承钉(见图 2-20(b));齿纹头支承钉(见图 2-20(c))用在工件的侧面,它能增大摩擦系数,防止工件滑动;当工件以加工过的平面定位时,可采用平头支承钉(见图 2-20(a))或支承板;图 2-20(d)所示的支承板结构简单、制造方便,但孔边切屑不易清除干净,故适用于定位侧面和顶面;图 2-20(e)所示的支承板清除切屑比较方便,故适用于定位底面。

为了保证各固定支承的工作表面严格共面,装配后需将其一次磨平。支承钉与夹具体孔的配合采用 H7/r6 或 H7/n6。当支承钉需要经常更换时,应加衬套,如图 2-21 所示。衬套外径与夹具体孔的配合一般采用 H7/n6 或 H7/r6,衬套内孔与支承钉的配合采用 H7/js6。

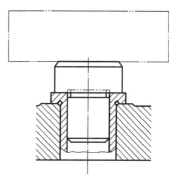

图 2-21 衬套的应用

2)可调支承

可调支承是指高度可以调节的支承钉。图 2-22 所示为几种常用的可调支承。调节可调支承时要先松后调,调好后用防松螺母锁紧。

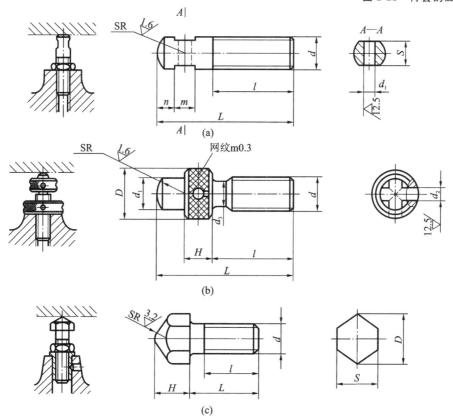

图 2-22 几种常用的可调支承

可调支承主要用于粗定位面、形状比较复杂的定位面(如成形面、台阶面等),以及尺寸、形状变化较大的毛坯等。如图 2-23(a)所示,毛坯为砂型铸件,先以 A 面定位来铣 B 面,再以 B 面定位来镗双孔。铣 B 面时,若采用固定支承,由于定位面 A 的尺寸和形状误差较大,铣完 B 面后,B 面与两毛坯孔(图中小孔)的距离尺寸 H_1、H_2 的误差较大,致使镗孔时余量很不均匀,甚至余量不足。因此,应将固定支承改为可调支承,再根据每批毛坯的实际误差大小来调整支承钉的高度,这样就可避免上述情况。图 2-23(b)所示为利用可调支承加工不同尺寸的相似工件。

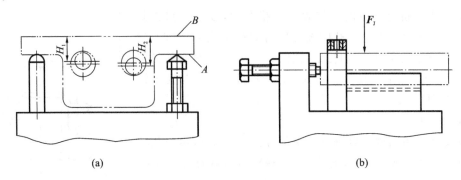

图 2-23　可调支承的应用

可调支承仅在一批工件加工前调整一次即可,在同一批工件的加工过程中,它的作用与固定支承的作用相同。

3)自位支承(又称浮动支承)

在工件定位过程中,能自动调整位置的支承称为自位支承。图 2-24 所示为夹具中常见的几种自位支承。其中,图 2-24(a)、图 2-24(b)所示为两点式自位支承,图 2-24(c)所示为三点式自位支承。自位支承的特点是:接触点的位置能随工件定位面的不同而自动调节,定位面压下其中一点,其余点便会上升,直至各点都与工件接触。接触点数量的增加提高了工件的装夹刚度和稳定性。但自位支承的作用仍相当于一个固定支承,它只限制了工件的一个自由度。

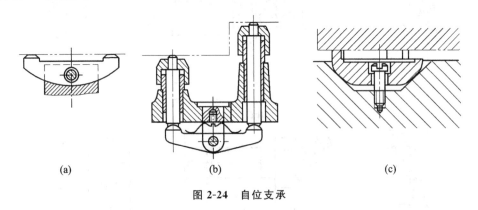

图 2-24　自位支承

2. 辅助支承

辅助支承不起定位作用,它主要用来提高工件的装夹刚度和稳定性。另外,辅助支承还可起预定位的作用。

辅助支承的使用方法是:待工件定位和夹紧后再调整辅助支承的高度,使其与工件的有关表面接触并锁紧。每安装一个工件,就需要调整一次辅助支承。

如图 2-25 所示,工件以内孔及端面定位来钻右端小孔。由于右端为一悬臂,钻孔时工件的刚性差。若在 A 处设置固定支承,则属于过定位,有可能破坏左端的定位。此时可在面 A 处设置一辅助支承,用于承受钻削力,这样既不会破坏定位,又可增加工件的刚性。

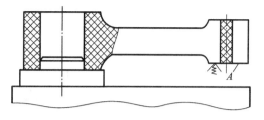

图 2-25　辅助支承的应用

图 2-26 所示为夹具中常见的三种辅助支承。图 2-26(a)所示为螺旋式辅助支承;图 2-26(b)所示为自动调节式辅助支承,滑柱 2 在弹簧 1 的作用下与工件接触,转动手柄使顶柱 3 将滑柱锁紧;图 2-26(c)所示为推引式辅助支承,工件夹紧后转动手轮 4,使斜楔 5 左移,从而将滑销 6 与工件接触,继续转动手轮 4,可使斜楔 5 的开槽部分胀开而锁紧。

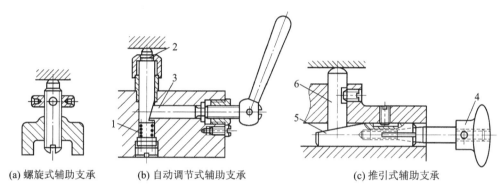

(a) 螺旋式辅助支承　　(b) 自动调节式辅助支承　　(c) 推引式辅助支承

图 2-26　辅助支承

1—弹簧;2—滑柱;3—顶柱;4—手轮;5—斜楔;6 滑销

2.3.2　以圆孔定位的定位元件

工件以圆孔表面为定位面时,常采用以下定位元件。

1. 定位销(又称圆柱销)

图 2-27 所示为常用的定位销结构。当工件孔径较小($D = \phi3 \sim \phi10$)时,为了增加定位销的刚度,避免定位销因受撞击而折断,或热处理时淬裂,通常将定位销的根部倒成圆角。此时夹具体上应有沉孔,以使定位销的圆角部分沉入孔内而不妨碍定位。大批量生产时,为了便于更换定位销,可采用图 2-27(d)所示的带衬套的定位销。为了使工件能够顺利装入,定位销的头部应有 15°的倒角。

定位销工作部分的直径可按 g5、g6、f6、f7 制造。定位销与夹具体的配合采用 H7/r6 或 H7/n6,衬套外径与夹具体孔的配合采用 H7/n6,衬套内径与定位销的配合采用 H7/h6 或 H7/h5。

对于不方便装卸的工件,在以被加工孔为定位面的定位中通常采用定位插销,如图 2-28 所示。A 型定位插销可限制工件的两个自由度,B 型(菱形)定位插销可限制工件的一个自由度。定位插销的主要规格为 $\phi3 \sim \phi78$。

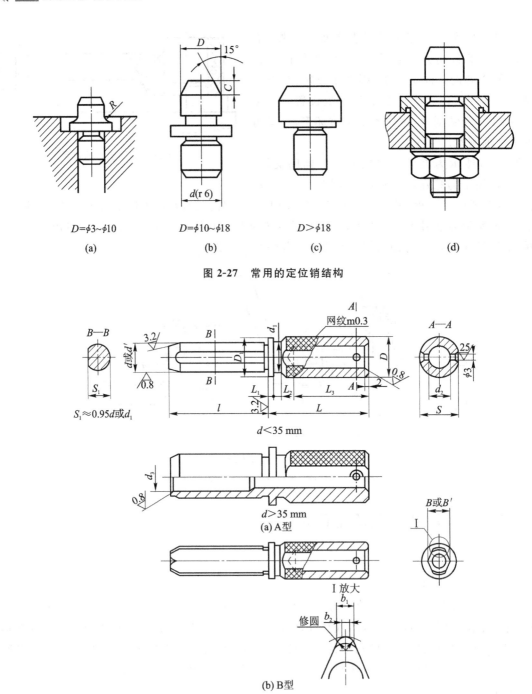

图 2-27 常用的定位销结构

图 2-28 定位插销(JB/T 8015—1995)

2. 定位轴

定位轴通常为专用结构,其主要定位面可限制工件的四个自由度,若再设置防转支承,则可实现完全定位。图 2-29 所示为钻模所使用的定位轴。图中,定位轴上的定心部分 2 通常所需的最小间隙为 0.005 mm,引导部分 3 的倒角为 15°,与夹具体连接部分 1 有多种结构,如图 2-30 所示。

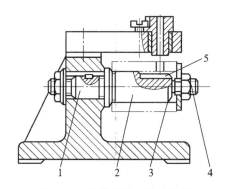

图 2-29 钻模所使用的定位轴

1—与夹具体连接部分;2—定心部分;3—引导部分;4—夹紧部分;5—排屑槽

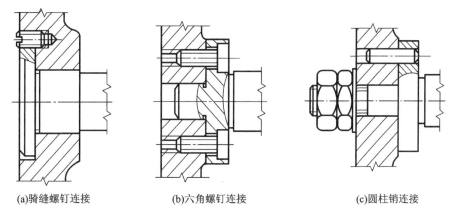

(a)骑缝螺钉连接   (b)六角螺钉连接   (c)圆柱销连接

图 2-30 定位轴与夹具体连接部分的结构

3. 圆柱心轴

图 2-31 所示为常用的圆柱心轴结构。

图 2-31(a)所示为间隙配合心轴,其定位部分的直径按 h6、g6 或 f7 制造,装卸工件方便,但定心精度不高。为了减小由配合间隙造成的工件倾斜,工件常以孔和端面联合定位,因此要求工件定位孔与定位端面有较高的垂直度,最好能在一次装夹中加工出来。

使用开口垫圈可实现快速装卸工件。开口垫圈的两端面应相互平行。当工件内孔与端面的垂直度误差较大时,应采用球面垫圈。

图 2-31(b)所示为过盈配合心轴,它由导向部分 1、工作部分 2 及传动部分 3 组成。导向部分的作用是使工件迅速而准确地套入心轴,其直径 d_3(d_3 的基本尺寸等于定位孔的最小极限尺寸)按 e8 制造,其长度约为定位孔长度的一半;工作部分的直径按 r6 制造,其基本尺寸等于孔的最大极限尺寸。当定位孔的长径比 $L/d \leqslant 1$ 时,圆柱心轴工作部分的直径 $d_1 = d_2$;当定位孔的长径比 $L/d > 1$ 时,圆柱心轴的工作部分应稍带锥度,此时直径 d_1 按 r6 制造,其基本尺寸等于孔的最大极限尺寸,直径 d_2 按 r6 制造,其基本尺寸等于孔的最小极限尺寸。圆柱心轴两边的凹槽是供车削工件端面时退刀使用的。圆柱心轴制造简单,定心准确,不用另设夹紧装置,但装卸工件不方便,易损伤工件定位孔,多用于定心精度要求高的精加工。

图 2-31(c)所示为花键心轴,它主要用于加工以花键孔定位的工件。设计花键心轴时,应根据工件的不同定位方式来确定其结构,其配合可参考上述两种心轴的配合。

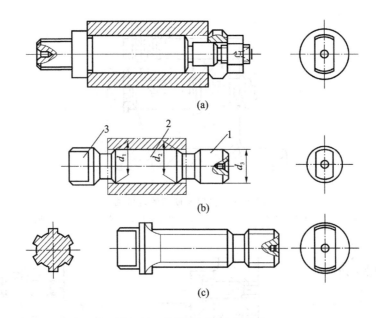

(a)

(b)

(c)

图 2-31　常用的圆柱心轴结构

1—导向部分；2—工作部分；3—传动部分

圆柱心轴在机床上的安装方式如图 2-32 所示。

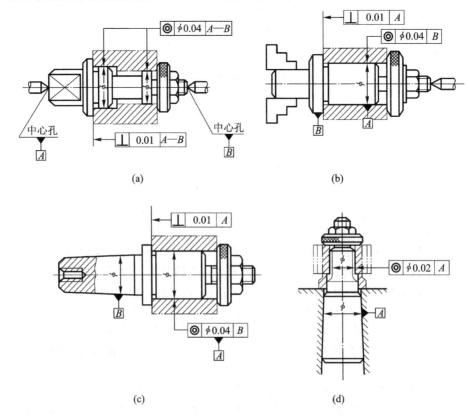

(a)　　　　　　　　　　　　　(b)

(c)　　　　　　　　　　　　　(d)

图 2-32　圆柱心轴在机床上的安装方式

4. 圆锥销

图 2-33 所示为圆锥销定位工件内孔的示意图。图中,圆锥销限制了工件的三个自由度 $\vec{x}$、$\vec{y}$、$\vec{z}$。图 2-33(a)所示的圆锥销用于粗定位面,图 2-33(b)所示的圆锥销用于精定位面。

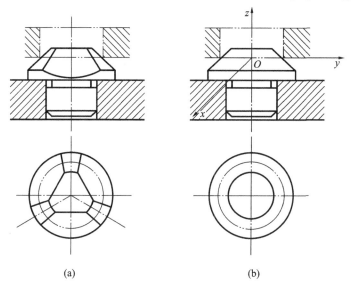

(a)　　　　　　　　　(b)

图 2-33　圆锥销定位工件内孔的示意图

工件在单个圆锥销上定位时容易倾斜,为此,圆锥销一般与其他定位元件组合定位,如图 2-34所示。图 2-34(a)所示为工件在双圆锥销上定位;图 2-34(b)所示为圆锥-圆柱组合心轴,其锥度部分使工件准确定心,圆柱部分可减小工件倾斜;在图 2-34(c)中,以工件底面为主要定位面,圆锥销是活动的,即使工件的孔径变化较大,工件也能准确定位。以上三种定位方式均限制了工件的五个自由度。

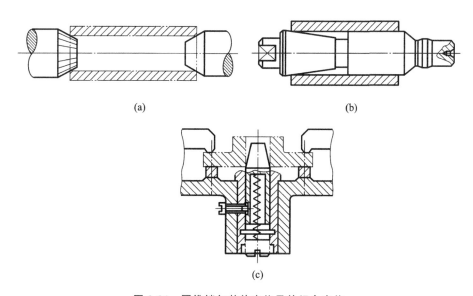

(a)　　　　　　　　　(b)

(c)

图 2-34　圆锥销与其他定位元件组合定位

5. 圆锥心轴（又称小锥度心轴）

图 2-35 所示为常用的圆锥心轴结构。工件在圆锥心轴上定位时,靠工件定位圆孔与圆锥心轴的弹性变形来夹紧工件。圆锥心轴的锥度如表 2-6 所示,一般取 $K=1/8\ 000 \sim 1/1\ 000$。

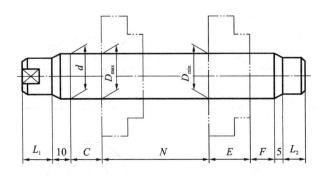

图 2-35　圆锥心轴

圆锥心轴的定心精度较高,因此不用另设夹紧装置,但工件的轴向位移误差较大,传递的扭矩较小,适用于工件定位孔精度不低于 IT7 的精车和磨削加工,不能用于端面加工。

圆锥心轴的结构尺寸按表 2-7 计算。为了保证圆锥心轴与工件之间有足够的接触刚度,当圆锥心轴的长径比 $L/d>8$ 时,应将工件按定位孔的公差范围分成 $2 \sim 3$ 组,每组设计 1 根圆锥心轴。

表 2-6　高精度心轴的锥度推荐值

工件定位孔 直径 D/mm	$8 \sim 25$	$25 \sim 50$	$50 \sim 70$	$70 \sim 80$	$80 \sim 100$	>100
锥度 K	$\dfrac{0.01}{2.5D}$	$\dfrac{0.01}{2D}$	$\dfrac{0.01}{1.5D}$	$\dfrac{0.01}{1.25D}$	$\dfrac{0.01}{D}$	$\dfrac{0.01}{100}$

表 2-7　锥度心轴的结构尺寸

计 算 项 目	计 算 公 式 及 数 据	说　　明
心轴大端直径	$d=D_{max}+0.25\delta_D \approx D_{max}+(0.01 \sim 0.02)$	
心轴大端公差	$\delta_d=0.01 \sim 0.05 \text{ mm}$	
保险锥面长度	$C=\dfrac{d-D_{max}}{K}$	D—工件孔的基本尺寸; D_{max}—工件孔的最大极限尺寸; D_{min}—工件孔的最小极限尺寸; δ_D—工件孔的公差; E—工件孔的长度。
导向锥面长度	$F=(0.3 \sim 0.5)D$	
左端圆柱长度	$L_1=20 \sim 40 \text{ mm}$	
右端圆柱长度	$L_2=10 \sim 15 \text{ mm}$	
工件轴向位置的变动范围	$N=\dfrac{D_{max}-D_{min}}{K}$	注意:要对所设计的尺寸进行校核;当 $L/d>8$ 时,应分组设计
心轴总长度	$L=C+F+L_1+L_2+N+E+15$	

2.3.3 以外圆柱面定位的定位元件

工件以外圆柱面定位时,常用如下定位元件。

1. V 形块

1)结构参数及常用结构

如图 2-36 所示,V 形块的主要结构参数为:

d—V 形块的设计心轴直径,为定位外圆直径的平均值,其轴线是 V 形块的限位基准;

α—V 形块两工作平面间的夹角,有 $60°$、$90°$、$120°$三种,其中以 $90°$应用最广;

H—V 形块高度;

T—V 形块的定位高度,即 V 形块的限位基准至底面的距离;

N—V 形块的开口尺寸,也是 V 形块的规格尺寸。

V 形块已经标准化,H、N 等参数可从有关手册中查得,但 T 必须计算。

由图 2-36 可知

$$T = H + OC = H + (OE - CE)$$

而 $OE = \dfrac{d}{2\sin(\alpha/2)}$,$CE = \dfrac{N}{2\tan(\alpha/2)}$,所以

$$T = H + \frac{1}{2}\left[\frac{d}{\sin(\alpha/2)} - \frac{N}{\tan(\alpha/2)}\right] \tag{2-1}$$

当 $\alpha = 90°$时,$T = H + 0.707d - 0.5N$。

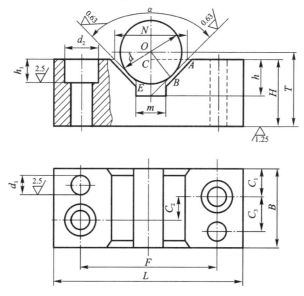

图 2-36　V 形块的结构尺寸

图 2-37 所示为常用 V 形块的结构。其中,图 2-37(a)所示的 V 形块用于较短的精定位面,图 2-37(b)所示的 V 形块用于粗定位面和阶梯定位面,图 2-37(c)所示的 V 形块用于较长的精定位面和相距较远的两个定位面。V 形块不一定采用整体结构的钢件,可在铸铁底座上镶淬硬垫板,如图 2-37(d)所示。

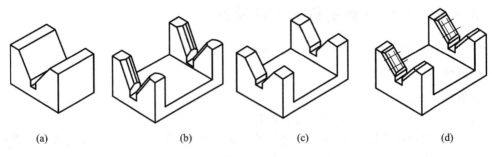

图 2-37　常用 V 形块的结构

　　V 形块有固定式和活动式之分。固定式 V 形块在夹具体上装配,一般用两个定位销和二到四个螺钉连接(见图 2-36 中的 d_1、d_2);活动式 V 形块的应用如图 2-38 所示。图 2-38(a)所示为加工轴承座孔时的定位方式,活动式 V 形块(长 V 形块)除了限制工件的一个移动自由度和一个转动自由度外,还兼有夹紧作用;图 2-38(b)所示为加工连杆孔时的定位方式,活动式 V 形块除了限制工件的一个转动自由度外,也兼有夹紧作用。

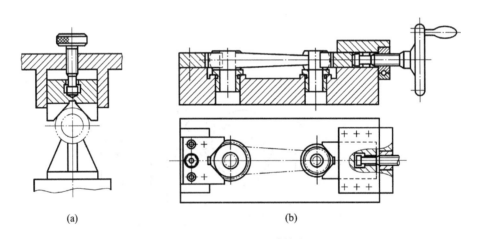

图 2-38　活动式 V 形块的应用

　　2)使用特点

　　V 形块是一个对中-定心的定位元件,它定位外圆面时有以下特性。

　　(1)对中作用。

　　不管定位外圆直径如何变化,被定位外圆的轴线一定通过两斜面的对称平面,可使一批工件的定位基准轴线对中在 V 形块两斜面的对称平面上,而不受定位外圆直径误差的影响。

　　(2)定心作用。

　　V 形块以两斜面与工件的外圆接触来起到定位作用。工件的定位面是外圆柱面,但其定位基准是外圆轴线,即 V 形块起定心作用。

　　(3)定位分析。

　　短 V 形块定位外圆时,能限制工件的两个移动自由度;长 V 形块定位长外圆时,能限制工件的四个自由度,包括两个移动自由度及相应的两个转动自由度。

(4)无论定位面是否经过加工,是完整的圆柱面还是局部圆弧面,都可采用 V 形块定位。因此,V 形块是使用广泛的定位元件之一。

2. 定位套

图 2-39 所示为常用的定位套。为了限制工件沿轴向移动的自由度,定位套常与端面联合定位。用端面作为主要定位面时,应控制定位套的长度,以免夹紧时工件产生不允许的变形。

定位套结构简单,制造容易,但定心精度不高,一般适用于精定位面。

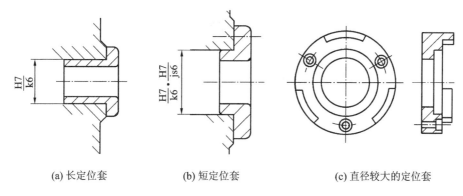

(a) 长定位套   (b) 短定位套   (c) 直径较大的定位套

图 2-39 常用的定位套

3. 半圆套

图 2-40 所示为半圆套定位,下面的半圆套是定位元件,上面的半圆套起夹紧作用。这种定位方式主要用于大型轴类工件及不便于轴向装夹的工件。定位面的精度不低于 IT9,半圆的最小内径取工件定位面的最大直径。

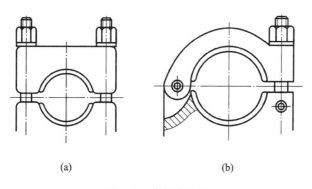

(a)   (b)

图 2-40 半圆套定位

4. 圆锥套

图 2-41 所示为圆锥套(又称反顶尖)定位。工件以圆柱面的端部在圆锥套 3 的锥孔中定位,锥孔表面有齿纹,以便于带动工件旋转。

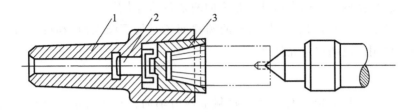

图 2-41　圆锥套定位

1—顶尖体；2—螺钉；3—圆锥套

◀ 2.4　工件组合定位分析 ▶

实际工件的形状千变万化、各不相同，往往不能用单一定位元件限制单个表面就可解决定位问题，而是要用几个定位元件组合起来同时限制工件的几个定位面。由于复杂形状的工件都是由一些典型表面组合而成的，因此，一个工件在夹具中的定位，实质上是把上节介绍的各种定位元件进行不同组合来限制工件相应的几个定位面，以达到工件的定位要求。

1. 组合定位分析要点

（1）组合定位中，各定位面所起的作用有主次之分，支承点数最多的表面为主要定位基准（面），依次为第二定位基准（面）和第三定位基准（面）。

（2）单个表面的定位是组合定位分析的基本单元，单个定位元件所限制的自由度数量与其空间布置无关。

（3）几个定位元件组合起来所限制的自由度总数等于各定位元件单独限制的自由度数量之和。所限制的自由度总数不会因组合而发生数量上的变化，但限制了哪些方向的自由度却会随组合情况变化。

（4）组合定位中，定位元件在单独限制某定位面时所限制的移动自由度可能会转化为转动自由度，但一旦转化后，该定位元件就不再起原来限制工件的移动自由度的作用了。一般当主要或第二定位面限制了工件的旋转中心后，第三定位面被限制的移动自由度就会转化为转动自由度。

如图 2-38（b）所示，工件底面为主要定位面，限制了三个自由度；工件左外圆是第二定位面，由左边固定式短 V 形块限制了两个自由度，该短 V 形块同样也限制了工件的旋转中心，即工件只能绕工件左外圆轴线转动；工件右外圆是第三定位面，右边活动式短 V 形块单独作用时，它将只限制工件的一个移动自由度，但由于工件已限制了旋转中心，故该移动自由度会转化为绕左外圆轴线转动的转动自由度。该方案是完全定位方案。

2. 典型的组合定位：一面两孔定位

在加工箱体、支架类工件时，常用工件的一面两孔作为定位基准，以使基准统一。此时，常采用一面两销的定位方式。这种定位方式简单可靠、夹紧方便。有时工件上没有合适的小孔时,常通过提高现有螺钉过孔的精度或专门加工出两个工艺孔来实现一面两孔定位。

为了避免两销定位时出现过定位,应该将其中之一做成削边销,相关计算如下。

设两销孔直径为 D_1、D_2,两定位销直径为 d_1、d_2,销孔中心距及偏差为 $L_D \pm T_{L_D}/2$,定位销中心距及偏差为 $L_d \pm T_{L_d}/2$。

一批工件定位时可能出现定位干涉的最坏情况为:工件两孔直径最小($D_{1\min}$、$D_{2\min}$),两定位销直径最大($d_{1\max}$、$d_{2\max}$),孔心距最大,销心距最小;或者反之。两种情况下干涉均应当消除,但它们的计算方法和结果是相同的。现以第一种情况为例,计算削边销宽度 b。

如图 2-42 所示,设孔 1 中心 O_1 与销 1 中心是重合的,其中心距误差全部由削边销 2 来补偿。O_2 为销 2 中心,O'_2 为孔 2 中心,于是有

$$O_2 O'_2 = \frac{T_{L_D}}{2} + \frac{T_{L_d}}{2}$$

由于这一偏移使孔 2 与销 2 产生月牙形干涉区(图 2-42 中阴影线部分),为了避免这种干涉,削边销 2 的宽度 b 应当小于或最多等于 BC。

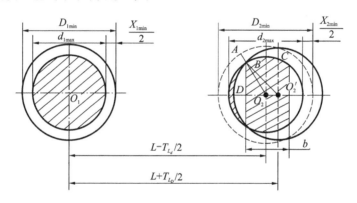

图 2-42 削边销尺寸计算

由直角三角形 BDO_2 和 BDO'_2 可得

$$(BO_2)^2 - (O_2 D)^2 = (BO'_2)^2 - (O_2 D + O_2 O'_2)^2$$

其中,$BO_2 = \dfrac{D_{2\min}}{2} - \dfrac{X_{2\min}}{2}$,$O_2 D = \dfrac{b}{2}$,$BO'_2 = \dfrac{D_{2\min}}{2}$,$O_2 O'_2 = \dfrac{T_{L_D}}{2} + \dfrac{T_{L_d}}{2}$,代入上式,化简并略去高阶项,可得

$$b = \frac{X_{2\min} D_{2\min}}{T_{L_D} + T_{L_d}} \tag{2-2}$$

式中,$X_{2\min}$ 为削边销的最小间隙。

削边销的宽度 b 已标准化,故可反算得

$$X_{2\min} = \frac{b(T_{L_D} + T_{L_d})}{D_{2\min}} \tag{2-3}$$

为了保证削边销的强度,小直径的削边销常做成菱形结构,故又称其为菱形销,b 为留下的

圆柱部分的宽度,菱形的宽度 B 一般可根据直径查表得到。削边销尺寸如表 2-8 所示。

表 2-8　削边销尺寸

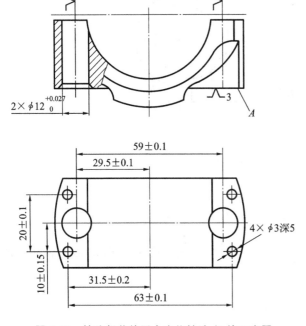

D_2/mm	3～6	6～8	8～20	20～25	25～32	32～40	>40
b/mm	2	3	4	5	6	6	8
B/mm	$D_2-0.5$	D_2-1	D_2-2	D_2-3	D_2-4	D_2-5	

【例 2-2】　图 2-43 为钻连杆盖的四个定位销孔 $\phi3$ 的工序图,其定位方式如图 2-44 所示,工件以平面 A 及直径为 $\phi12^{+0.027}_{0}$ 的两个螺栓孔定位,夹具采用一面两销的定位方式。现设计两销中心距及偏差、两销的基本尺寸及偏差。

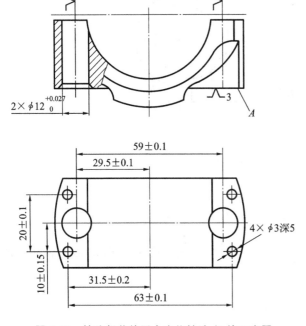

图 2-43　钻连杆盖的四个定位销孔 $\phi3$ 的工序图

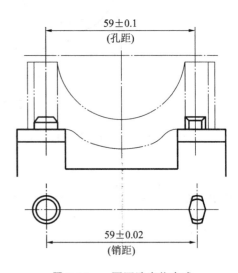

图 2-44　一面两孔定位方式

设计步骤如下。

(1)确定两定位销的中心距。两定位销中心距的基本尺寸应等于工件两定位孔中心距的平均尺寸,其公差一般取

$$T_{L_d} = \left(\frac{1}{3} \sim \frac{1}{5}\right) T_{L_D}$$

因 $L_D = (59 \pm 0.1)$ mm，所以 $L_d = (59 \pm 0.02)$ mm

(2)确定圆柱销直径。圆柱销直径的基本尺寸取与之配合的工件孔的最小极限尺寸，其公差一般取 g6 或 h7。

因连杆盖定位孔的直径为 $\phi 12^{+0.027}_{0}$，故取圆柱销的直径 $d_1 = 12\text{g6} = \phi 12^{-0.006}_{-0.017}$。

(3)确定菱形销的尺寸 b。查表 2-8 可得，$b = 4$ mm。

(4)计算菱形销的最小间隙。

$$X_{2\min} = \frac{b(T_{L_D} + T_{L_d})}{D_{2\min}} = \frac{4 \times (0.2 + 0.04)}{12} \text{ mm} = 0.08 \text{ mm}$$

(5)确定削边销的基本尺寸 d_2 及公差。

①按公式 $d_{2\max} = D_{2\min} - X_{2\min}$ 计算菱形销的最大直径，即

$$d_{2\max} = (12 - 0.08) \text{ mm} = 11.92 \text{ mm}$$

②确定菱形销的公差等级，一般取 IT7 或 IT6。

因 IT6 $= 0.011$ mm，所以 $d_2 = \phi 12^{-0.080}_{-0.091}$。

常见的组合定位方式还有：采用工件一孔及其端面定位(齿轮加工中最为常用)；采用 V 形导轨、燕尾导轨等组合成形表面作为定位面，此时应当注意避免过定位的影响。

3. 常见定位方式所能限制的自由度

常用定位元件能限制的工件自由度如表 2-9 所示，常见组合定位如表 2-10 所示。

表 2-9 常用定位元件能限制的工件自由度

工件定位面	定位元件	定位方式简图	定位元件的特点	限制的自由度
平面	支承钉		—	1、2、3—$\vec{z}$、$\hat{x}$、$\hat{y}$；4、5—$\vec{y}$、$\hat{z}$；6—$\vec{x}$
	支承板		每个支承板也可设计成两个或两个以上的小支承板	1、2—$\vec{z}$、$\hat{x}$、$\hat{y}$；3—$\vec{y}$、$\hat{z}$

工件定位面	定位元件	定位方式简图	定位元件的特点	限制的自由度
平面	固定支承与浮动支承		1、3—固定支承； 2—浮动支承	1、2—$\vec{z}$、$\hat{x}$、$\hat{y}$； 3—$\vec{y}$、$\hat{z}$
	固定支承与辅助支承		1、2、3、4—固定支承； 5—辅助支承	1、2、3—$\vec{z}$、$\hat{x}$、$\hat{y}$； 4—$\vec{y}$、$\hat{z}$； 5—增强刚性，不起定位作用
圆孔	定位销（心轴）		短销（短心轴）	$\vec{x}$、$\vec{y}$
			长销（长心轴）	$\vec{x}$、$\vec{y}$ $\hat{x}$、$\hat{y}$
	圆锥销		单锥销	$\vec{x}$、$\vec{y}$、$\vec{z}$
			1—固定销； 2—活动销	1—$\vec{x}$、$\vec{y}$、$\vec{z}$； 2—$\hat{x}$、$\hat{y}$

工件定位面	定位元件	定位方式简图	定位元件的特点	限制的自由度
外圆柱面	支承板或支承钉		短支承板或支承钉	$\vec{z}$
			长支承板或两个支承钉	$\vec{z}$、$\hat{y}$
	V 形块		窄 V 形块	$\vec{y}$、$\vec{z}$
			宽 V 形块或两个窄 V 形块	$\vec{y}$、$\vec{z}$、$\hat{y}$、$\hat{z}$
	定位套		短套	$\vec{y}$、$\vec{z}$
			长套	$\vec{y}$、$\vec{z}$、$\hat{y}$、$\hat{z}$

续表

工件定位面	定位元件	定位方式简图	定位元件的特点	限制的自由度
外圆柱面 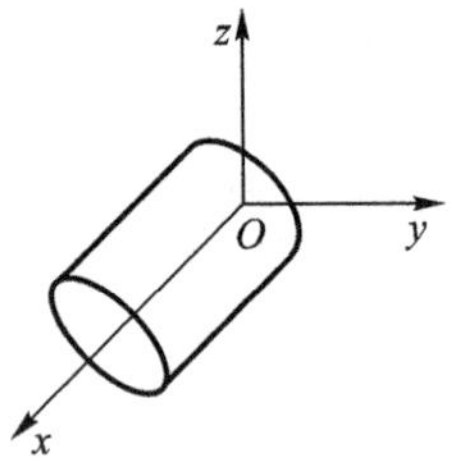	半圆套	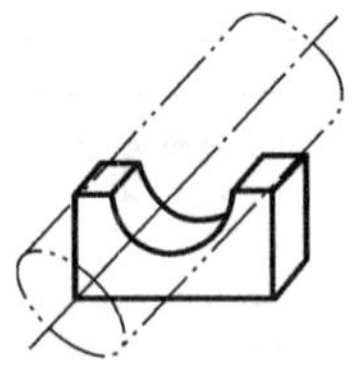	短半圆套	$\vec{y}$、$\vec{z}$
			长半圆套	$\vec{y}$、$\vec{z}$、$\hat{y}$、$\hat{z}$
	圆锥套		单锥套	$\vec{x}$、$\vec{y}$、$\vec{z}$
		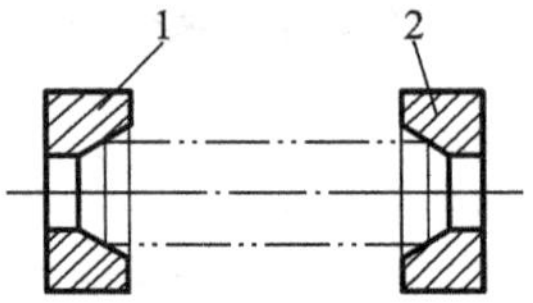	1—固定锥套；2—活动锥套	1—$\vec{x}$、$\vec{y}$、$\vec{z}$；2—$\vec{y}$、$\vec{z}$

表 2-10 常见组合定位

定位基准	定位简图	定位元件	限制的自由度
长圆锥面	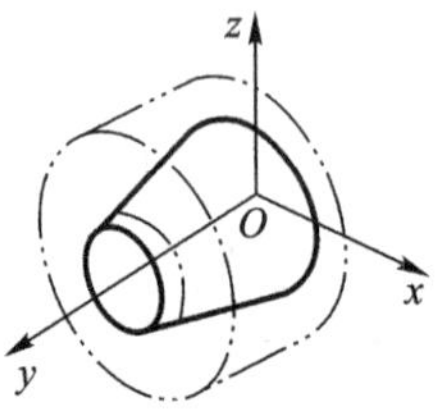	圆锥心轴（定心）	$\vec{x}$、$\vec{y}$、$\vec{z}$ $\hat{x}$、$\hat{z}$
两中心孔	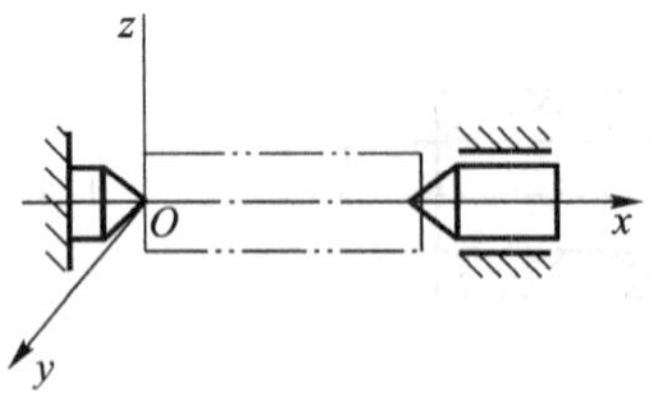	固定顶尖	$\vec{x}$、$\vec{y}$、$\vec{z}$
		活动顶尖	$\vec{y}$、$\vec{z}$

续表

定 位 基 准	定 位 简 图	定 位 元 件	限制的自由度
短外圆与 中心孔		三爪自定心卡盘	$\vec{y}$、$\vec{z}$
		活动顶尖	$\vec{y}$、$\vec{z}$
大平面与 两外圆弧面		支承板	$\vec{y}$、$\hat{x}$、$\hat{z}$
		固定式短 V 形块	$\hat{x}$、$\hat{z}$
		活动式短 V 形块（防转）	$\hat{y}$
大平面与 两圆柱孔		支承板	$\vec{y}$、$\hat{x}$、$\hat{z}$
		短圆柱定位销	$\hat{x}$、$\hat{z}$
		短菱形销 （防转）	$\hat{y}$
长圆柱孔 与其他		固定式心轴	$\hat{x}$、$\hat{z}$、$\hat{x}$、$\hat{z}$
		挡销 （防转）	$\hat{y}$
大平面与 短锥孔		支承板	$\hat{z}$、$\hat{x}$、$\hat{y}$
		活动锥销	$\hat{x}$、$\hat{y}$

◀ 2.5 定位误差 ▶

2.5.1 定位误差的概念

六点定则解决了工件在夹具中"定不定"的问题,定位误差将解决工件定位"准不准"的问题。工件在夹具中的位置是以定位面与定位元件相接触(配合)来确定的。一批工件在夹具中定位时,由于工件和定位元件存在制造公差,使得各个工件所占据的位置不完全一致,加工后形成的工序尺寸大小不一致,因此产生加工误差。

如图 2-45 所示,在轴上铣键槽时,要求保证工序尺寸槽底至轴线的距离 H。若采用 V 形块定位,键槽铣刀按规定尺寸 H 调整好位置。实际加工时,由于工件直径存在公差,因此轴线位置会发生变化。不考虑加工过程误差,仅由于轴线位置变化而使工序尺寸 H 也随之发生变化,变化量为 ΔD。此变化量是由工件的定位而引起的加工误差,称为定位误差。

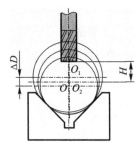

图 2-45 定位误差概念

进一步分析工序尺寸 H。以工序尺寸 H 的工序基准为轴线,看尺寸线两端尺寸界线的位置变化。上方尺寸界线标示加工的键槽底面位置,由铣刀位置决定,对于同一批工件而言,键槽铣刀调整好位置后不再改变,故上方尺寸界线的位置不会变化;而下方尺寸界线标示轴线 O 的位置,由于工件直径存在公差,因此轴线 O 的位置在 O_1 和 O_2 间变化,即工序基准的位置改变,导致 H 变化,产生加工误差。因此,工序尺寸 H 发生变化的根本原因是工序基准的位置变化。这种由工件定位引起的同一批工件的工序基准在加工尺寸方向上的最大变动量,称为定位误差,用 ΔD 来表示。计算定位误差首先要找出工序基准,然后求出它在加工尺寸方向上的最大变动量即可。

工件加工时,由于多种误差的影响,在分析定位方案时,根据工厂的实际经验,定位误差应控制在加工尺寸公差的 1/3 以内。

分析与计算定位误差的注意事项如下。

(1)采用调整法,夹具装夹加工一批工件时才存在定位误差。用试切法加工不存在定位误差。

(2)分析计算得出的定位误差值是指加工一批工件时可能产生的最大误差范围,而不是指某一个工件的定位误差的具体数值。

(3)当某工序有多个工序尺寸要求,各个尺寸会有不同的定位误差时,需逐个分析和计算各个尺寸的定位误差。

2.5.2 造成定位误差的原因

造成定位误差的原因有两个:一是定位基准与工序基准不重合,由此产生基准不重合误差 ΔB;二是定位基准与限位基准不重合,由此产生基准位移误差 ΔY。

1. 基准不重合误差ΔB

由于定位基准和工序基准不重合而造成的加工误差,称为基准不重合误差,用ΔB 表示。

图 2-46 所示为铣缺口的工序简图,工序尺寸是 A 和 B。工件以底面和 E 面定位,C 是确定夹具与刀具相对位置的对刀尺寸。对于同一批工件而言,C 的大小是不变的。

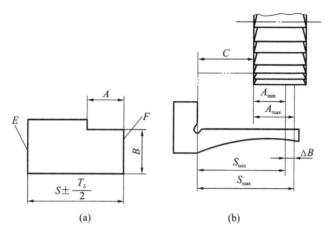

(a)   (b)

图 2-46 铣缺口的工序简图

对于尺寸 A 而言,工序基准是 F 面,定位基准是 E 面,两者不重合。当一批工件逐一在夹具上定位时,受到尺寸 S 的影响,工序基准 F 面的位置是变动的,而 F 面的变动影响了尺寸 A 的大小,给尺寸 A 造成误差,这就是基准不重合误差。

显然,基准不重合误差的大小等于因定位基准与工序基准不重合而造成的加工尺寸的变动范围,即

$$\Delta B = A_{max} - A_{min} = S_{max} - S_{min} = T_S$$

S 是定位基准 E 和工序基准 F 间的距离尺寸,称为定位尺寸。当工序基准的变动方向与加工尺寸的方向相同时,基准不重合误差等于定位尺寸的公差,即

$$\Delta B = T_S$$

当工序基准的变动方向与加工尺寸的方向成夹角 α 时,基准不重合误差等于定位尺寸公差在加工尺寸方向上的投影,即

$$\Delta B = T_S \cos\alpha$$

当基准不重合误差受多个尺寸影响时,应将其在工序尺寸方向上进行合成。

基准不重合误差的一般计算公式为

$$\Delta B = \sum_{i=1}^{n} T_i \cos\beta$$

式中,T_i 为定位基准和工序基准间的尺寸链组成环的公差,β 为 T_i 方向与加工尺寸方向间的夹角。

如图 2-46 所示,加工尺寸 B 的工序基准与定位基准均为底面,其基准重合,所以ΔB＝0。

2. 基准位移误差ΔY

若定位基准和工序基准重合,但由于工件和定位元件的制造误差会造成定位基准的位置移

动,使定位基准偏离其理想位置(限位基准),那么,定位基准相对于理想位置的最大变动量,称为基准位移误差,用ΔY表示。

图 2-47(a)所示是在圆柱面上铣槽的工序简图,工序尺寸为 A 和 B。工序尺寸 B 由铣刀的宽度保证,不需计算定位误差。图 2-47(b)是定位示意图,工件以内孔 D 在圆柱心轴上定位,O 是心轴轴心,O_1、O_2 是工件孔的中心,C 是对刀尺寸。

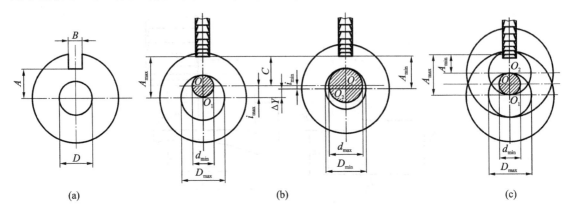

图 2-47　基准位移误差

对于尺寸 A 而言,工序基准是内孔 D 的轴线,定位基准也是内孔 D 的轴线,两者重合,故 $\Delta B = 0$。

理论上,定位基准(内孔轴线)与限位基准(心轴轴线)重合,限位基准是定位基准的理想位置或标准位置或理论位置,限位基准的位置总不会改变。但由于定位副有制造公差和最小配合间隙,因此定位基准的位置会发生变化,使定位基准与限位基准不能重合,定位基准相对于限位基准偏移了一段距离。由于刀具调整好位置后,在加工一批工件过程中其位置不再变动,所以定位基准位置的变动给尺寸 A 造成加工误差,该误差即为基准位移误差。

基准位移误差的大小应等于定位基准的最大变动量。

如图 2-47(b)所示,当工件内孔的直径为最大值(D_{max}),定位心轴的尺寸为最小值(d_{min})时,定位基准的位移量为最大值($i_{max} = OO_1$),工序尺寸也为最大值(A_{max});当工件内孔的直径为最小值(D_{min}),定位心轴的尺寸为最大值(D_{max})时,定位基准的位移量为最小值($i_{min} = OO_2$),工序尺寸也为最小值(A_{min})。因此,同一批工件定位基准的最大变动量为

$$\Delta i = OO_1 - OO_2 = i_{max} - i_{min} = A_{max} - A_{min}$$

式中,i 为定位基准的位移量,Δi 为定位基准的最大变动量。

当定位基准定位变动方向与加工尺寸的方向相同时,基准位移误差等于定位基准的最大变动量,即

$$\Delta Y = \Delta i$$

1)定位副固定单边接触

如图 2-47(b)所示,当定位心轴水平放置时,工件在自重作用下与定位心轴固定单边接触,此时

$$\Delta Y = \Delta i = OO_1 - OO_2 = i_{max} - i_{min} = A_{max} - A_{min}$$
$$= \frac{D_{max} - d_{min}}{2} - \frac{D_{min} - d_{max}}{2} = \frac{D_{max} - D_{min}}{2} + \frac{d_{max} - d_{min}}{2} = \frac{T_D}{2} + \frac{T_d}{2} \tag{2-4}$$

2)定位副任意边接触

如图 2-47(c)所示,当定位心轴垂直放置时,工件与定位心轴可能为任意边接触,此时

$$\Delta Y = \Delta i = OO_1 + OO_2 = D_{max} - d_{min} = T_D + T_d + X_{min} = X_{max} \tag{2-5}$$

当定位基准定位变动方向与加工尺寸的方向不一致,两者之间成夹角 α 时,基准位移误差等于定位基准的变动范围在加工尺寸方向上的投影,即

$$\Delta Y = \Delta i \cos\alpha$$

2.5.3　几种典型定位情况的定位误差计算

定位误差 ΔD 的计算方法如下。

(1)定义法:又称极限位置法,即直接计算出由定位引起的加工尺寸或工序基准的最大变动量。

(2)合成法:造成定位误差的原因是定位基准与工序基准不重合以及定位误差与限位基准不重合,因此,定位误差应由两者合成。计算时,先分别算出 ΔY 和 ΔB,然后将两者组合而成 ΔD。

①$\Delta Y \neq 0$,$\Delta B = 0$ 时,$\Delta D = \Delta Y$。

②$\Delta Y = 0$,$\Delta B \neq 0$ 时,$\Delta D = \Delta B$。

③$\Delta Y \neq 0$,$\Delta B \neq 0$ 时,若工序基准不在定位基面上,则 $\Delta D = \Delta Y + \Delta B$;若工序基准在定位基面上,则 $\Delta D = \Delta Y \pm \Delta B$,式中"+""−"号的确定方法如下。

＊当定位基面尺寸由大变小时,分析定位基准的变动方向。

＊假设定位基准的位置不变,当定位基面尺寸由大变小时,分析工序基准的变动方向。

＊两者的变动方向相同时,取"+"号;相反时,取"−"号。

1. 平面定位

定位基准为平面时,其定位误差主要是由基准不重合引起的,如图 2-46 所示,一般不计算基准位移误差。因为基准位移误差主要是由平面度引起的,该误差很小,可忽略不计。

【例 2-3】 在图 2-46 中,设 $S = 4$ mm,$T_S = 0.15$ mm,$A = (18 \pm 0.1)$ mm,求加工尺寸 A 的定位误差,并分析定位质量。

解 工序基准和定位基准不重合,有基准不重合误差,其大小等于定位尺寸 S 的公差 T_S,即 $\Delta B = T_S = 0.15$ mm;以 E 面定位加工尺寸 A 时,不会产生基准位移误差,即 $\Delta Y = 0$,所以 $\Delta D = \Delta B = 0.15$ mm;而尺寸 A 的公差 $T_A = 0.2$ mm,此时 $\Delta D = 0.15$ mm $> \frac{1}{3} T_A = 0.066\,7$ mm。因此,加工尺寸 A 的定位误差太大,实际加工中容易出现废品。

2. 内孔定位

定位误差与工件内孔的制造精度、定位元件的放置形式、定位面与定位元件的配合性质及工序基准与定位基准是否重合等因素直接有关。在图 2-47 中存在基准位移误差,当采用弹性可涨心轴限位时,工件与定位元件之间无相对移动,定位基准与限位基准重合,基准位移误差为零。

1)工件进行回转加工

工件以内孔定位,套在心轴上车削或磨削与孔有同轴度要求的外圆,此时

$$\Delta Y = \frac{X_{max}}{2} = \frac{T_D + T_d + X_{min}}{2} \tag{2-6}$$

【例 2-4】 如图 2-48 所示,有一套筒以孔在圆柱心轴上定位来车外圆,要求保证外圆对孔的同轴度误差为 $\phi 0.06$。若定位孔与心轴配合为 $\phi 30\text{H7/g6}$,判断能否达到加工要求。

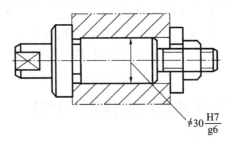

图 2-48　套筒以孔在圆柱心轴上定位来车外圆

解　查表可得,$\phi 30\text{H7} = \phi 95^{+0.021}_{0}$,$\phi 30\text{g6} = \phi 95^{-0.007}_{-0.020}$。

(1)同轴度的工序基准是内孔轴线,定位基准也是内孔轴线,两者重合,故 $\Delta B = 0$。

(2)由于工件是回转加工的,所以

$$\Delta Y = \frac{X_{\max}}{2} = \frac{0.021 - (-0.020)}{2} \text{ mm} = 0.02 \text{ mm}$$

(3)$\Delta D = \Delta Y = 0.02 \text{ mm} = (1/3) \times 0.06 \text{ mm} = 0.02 \text{ mm}$,所以该定位方案可以达到加工要求。

2)工件进行非回转加工

工件以内孔定位,且工件不旋转,此时需要加工一个与定位孔有相同加工要求的表面,计算公式如表 2-11 所示。

表 2-11　定位圆柱面的基准位移误差计算

定　位　面	定　位　元　件	ΔY	
		单边接触	任意边接触
内孔	定位销	$(T_D + T_d)/2$	$X_{\max}$
外圆	定位套		

【例 2-5】 图 2-49 为金刚镗床上镗活塞销孔的示意图,活塞销孔轴心线对活塞裙部内孔轴心线的对称度误差为 0.2 mm,以裙部内孔及端面定位,裙部内孔与定位销的配合为 $\phi 95\text{H7/g6}$,求对称度的定位误差,并分析定位质量。

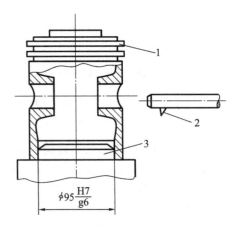

图 2-49　金刚镗床上镗活塞销孔的示意图
1—工件;2—镗刀;3—定位销

解　查表可得,$\phi 95\text{H7} = \phi 95^{+0.035}_{0}$,$\phi 95\text{g6} = \phi 95^{-0.012}_{-0.034}$。

(1)对称度的工序基准是裙部内孔轴心线,定位基准也是裙部内孔轴心线,两者重合,故 $\Delta B = 0$。

(2)由于定位销垂直放置,因此定位基准可任意方向移动,则

$$\Delta Y = \Delta i = T_D + T_d + X_{\min} = D_{\max} - d_{\min}$$
$$= [95.035 - (95 - 0.034)] \text{ mm} = 0.069 \text{ mm}$$

(3)$\Delta D = \Delta Y = 0.069\ \text{mm} \approx (1/3) \times 0.2\ \text{mm} = 0.067\ \text{mm}$,所以该定位方案可行。

3. 外圆定位

定位套和支承板定位的误差分析与前述的平面和内孔定位的相似。定位套的计算公式如表 2-11 所示。V 形块的定位误差计算如下。

【例 2-6】 如图 2-50 所示,工件在铣键槽时,以外圆面在 V 形块上定位,分析加工尺寸分别为 A_1、A_2、A_3 时的定位误差。

解 由图 2-51 可知,由于工件外圆直径有制造误差,由此产生的基准位移误差为

$$\Delta Y = \Delta i = O_1 O_2 = \frac{d}{2\sin(\alpha/2)} - \frac{d - T_d}{2\sin(\alpha/2)} = \frac{T_d}{2\sin(\alpha/2)}$$

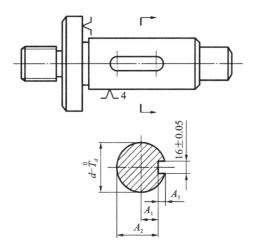

图 2-50　铣键槽的工序简图

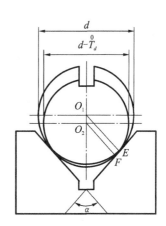

图 2-51　工件在 V 形块上定位的误差分析

对于图 2-50 中的三种工序尺寸标注形式,其定位误差分别如下。

(1)当工序尺寸为 A_1 时,工序基准是圆柱轴线,定位基准也是圆柱轴线,两者重合,故 $\Delta B = 0$,则

$$\Delta D = \Delta Y = \frac{T_d}{2\sin(\alpha/2)} \tag{2-7}$$

(2)当工序尺寸为 A_2 时,工序基准是圆柱下素线,定位基准是圆柱轴线,两者不重合,故 $\Delta B = \frac{T_d}{2}$。此时,工序基准在定位面上。当定位面直径由大变小时,定位基准朝下变动;当定位基准位置不动,定位面直径由大变小时,工序基准朝上变动。两者的变动方向相反,取"−"号,则

$$\Delta D = \Delta Y - \Delta B = \frac{T_d}{2\sin(\alpha/2)} - \frac{T_d}{2} = \frac{T_d}{2}\left[\frac{1}{\sin(\alpha/2)} - 1\right] \tag{2-8}$$

(3)当工序尺寸为 A_3 时,工序基准是圆柱上素线,定位基准是圆柱轴线,两者不重合,故 $\Delta B = T_d/2$。此时,工序基准在定位面上。当定位面直径由大变小时,定位基准朝下变动;当定位基准位置不动,定位面直径由大变小时,工序基准也朝下变动。两者的变动方向相同,取"+"号,则

$$\Delta D = \Delta Y + \Delta B = \frac{T_d}{2\sin(\alpha/2)} + \frac{T_d}{2} = \frac{T_d}{2}\left[\frac{1}{\sin(\alpha/2)} + 1\right] \tag{2-9}$$

表 2-12 所示为当 α 取不同值时 V 形块的定位误差计算。

表 2-12 当 α 取不同值时 V 形块的定位误差计算

α	$\Delta D(A_1)$	$\Delta D(A_2)$	$\Delta D(A_3)$
60°	T_d	$0.5\,T_d$	$1.5\,T_d$
90°	$0.707\,T_d$	$0.207\,T_d$	$1.207\,T_d$
120°	$0.577\,T_d$	$0.077\,T_d$	$1.077\,T_d$

由表 2-12 可知,在相同精度的 V 形块上定位时,工序基准不同,定位误差也不同,即 $\Delta D(A_2) < \Delta D(A_1) < \Delta D(A_3)$。因此,当控制轴类零件键槽深度尺寸时,工序基准为圆柱下素线。当工序基准相同时,V 形块的 α 角取不同值时,定位误差也不同。α 越大,定位误差越小,但定位稳定性越差。

4. 一面两孔组合定位

工件以一面两孔组合定位时,必须注意各定位元件对定位误差的综合影响。由于孔 O_1 与圆柱销存在最大配合间隙 $X_{1\max}$,孔 O_2 与菱形销存在最大配合间隙 $X_{2\max}$,因此会产生直线位移误差 ΔY_1 和转角位移误差(简称转角误差)ΔY_2,两者组成基准位移误差 ΔY,即 $\Delta Y = \Delta Y_1 + \Delta Y_2$。

因为 $X_{1\max} < X_{2\max}$,所以直线位移误差 ΔY_1 受 $X_{1\max}$ 控制,由 $X_{1\max}$ 确定。当工件在外力作用下单向移动时,$\Delta Y_1 = X_{1\max}/2$;当工件可在任意方向移动时,$\Delta Y_1 = X_{1\max}$。

转角误差 ΔY_2 应考虑最不利的情况,通过几何关系转换计算来求得。

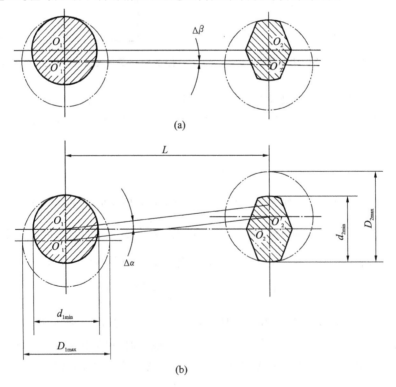

(a)

(b)

图 2-52 一面两孔组合定位时定位基准的移动

如图 2-52(a)所示,当工件两定位孔在外力作用下单向移动(孔与销间隙同方向)时,工件的定位基准 O'_1、O'_2 会出现转角 $\Delta\beta$,此时

$$\tan\Delta\beta = \frac{O_2O'_2 - O_1O'_1}{L} = \frac{X_{2\max} - X_{1\max}}{2L} \qquad (2\text{-}10)$$

如图 2-52(b)所示,当工件可在任意方向移动,且孔与销间隙反方向时,定位基准有最大转角 $\pm\Delta\alpha$,此时

$$\tan\Delta\alpha = \frac{O_1O'_1 + O_2O'_2}{L} = \frac{X_{1\max} + X_{2\max}}{2L} \qquad (2\text{-}11)$$

此时,工件也可能出现单向移动的情况,转角为 $\pm\Delta\beta$,将两者进行比较,取较大的转角误差作为 ΔY。

表 2-13 是一面两孔组合定位时,不同方向、不同位置的加工尺寸的基准位移误差的计算公式。

表 2-13 一面两孔组合定位时,不同方面、不同位置的加工尺寸的基准位移误差的计算公式

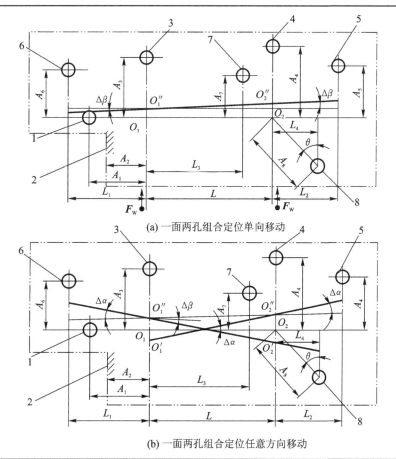

(a) 一面两孔组合定位单向移动

(b) 一面两孔组合定位任意方向移动

加工尺寸的方向与位置	加工尺寸实例	两定位孔的移动方向	计 算 公 式
加工尺寸与两定位孔连心线平行	A_1、A_2	单向、任意均可	$\Delta Y = \Delta Y_1 = X_{1\max}$

续表

加工尺寸的方向与位置	加工尺寸实例	两定位孔的移动方向	计 算 公 式
加工尺寸与两定位孔连心线垂直,垂足为 O_1	A_3	单向	$\Delta Y = \Delta Y_1 = \dfrac{X_{1max}}{2}$
		任意	$\Delta Y = \Delta Y_1 = X_{1max}$
加工尺寸与两定位孔连心线垂直,垂足为 O_2	A_4	单向	$\Delta Y = \Delta Y_1 = \dfrac{X_{2max}}{2}$
		任意	$\Delta Y = \Delta Y_1 = X_{2max}$
加工尺寸与两定位孔连心线垂直,垂足在 O_1 与 O_2 之间	A_7	单向	$\Delta Y = \Delta Y_1 + \Delta Y_2 = \dfrac{X_{1max}}{2} + L_3\tan\Delta\beta$
		任意	$\Delta Y = \Delta Y_1 + \Delta Y_2 = X_{1max} + 2L_3\tan\Delta\beta$
加工尺寸与两定位孔连心线垂直,垂足在 O_1O_2 延长线上圆柱销一边	A_6	单向	$\Delta Y = \Delta Y_1 - \Delta Y_2 = \dfrac{X_{1max}}{2} - L_1\tan\Delta\beta$
		任意	$\Delta Y = \Delta Y_1 + \Delta Y_2 = X_{1max} + 2L_1\tan\Delta\alpha$
加工尺寸与两定位孔连心线垂直,垂足在 O_1O_2 延长线上菱形销一边	A_5	单向	$\Delta Y = \Delta Y_1 + \Delta Y_2 = \dfrac{X_{2max}}{2} + L_2\tan\Delta\beta$
		任意	$\Delta Y = \Delta Y_1 + \Delta Y_2 = X_{2max} + 2L_2\tan\Delta\alpha$
加工尺寸与两定位孔连心线的垂线成一定夹角 θ	A_8	单向	$\Delta Y = (\Delta Y_1 + \Delta Y_2)\cos\theta$ $= \left(\dfrac{X_{2max}}{2} + L_4\tan\Delta\beta\right)\cos\theta$
		任意	$\Delta Y = (\Delta Y_1 + \Delta Y_2)\cos\theta$ $= (X_{2max} + 2L_4\tan\Delta\alpha)\cos\theta$

注:O_1——圆柱销的中心;

O_2——菱形销的中心;

O_1'、O_1''、O_2'、O_2''——工件定位孔的中心;

L——两定位孔的距离(基本尺寸);

L_1、L_2、L_3、L_4——加工孔(或加工面)与定位孔的距离(基本尺寸);

X_{1max}——定位孔与圆柱销之间的最大配合间隙;

X_{2max}——定位孔与菱形销之间的最大配合间隙;

θ——加工尺寸方向与两定位孔连心线的垂线的夹角;

$\Delta\beta$——两定位孔单方向移动时定位基准(两孔中心连线)的最大转角;

$\Delta\alpha$——两定位孔任意方向移动时定位基准的最大转角。

【例 2-7】 图 2-53 所示为连杆盖的工序图,加工时采用一面两孔组合定位的定位方式。已知圆柱销直径 $d_1 = \phi12^{-0.006}_{-0.017}$,菱形销直径 $d_2 = \phi12^{-0.080}_{-0.091}$,求 $4\times\phi3$ 孔所标注的有关工序尺寸的定位误差。

解 连杆盖本工序的加工尺寸较多,除了四孔的直径和深度外,还有(63 ±0.1) mm、(20 ±0.1) mm、(31.5 ±0.2) mm 和(10 ±0.15) mm。其中,(63 ±0.1) mm 和(20 ±0.1) mm 没有定位误差,因为它们的大小主要取决于钻套间的距离,与工件定位无关;而(31.5 ±0.2) mm 和(10 ±0.15) mm 均受工件定位的影响,有定位误差。

(1)求影响加工尺寸(31.5 ±0.2) mm 的定位误差。由于定位基准与工序基准不重合,定位尺寸为(29.5 ±0.1) mm,所以 $\Delta B = 0.2$ mm。

由于加工尺寸(31.5±0.2) mm 的方向与两定位销连心线平行,根据表 2-13 得

$$\Delta Y = X_{1max} = (0.027 + 0.017) \text{ mm} = 0.044 \text{ mm}$$

由于工序基准不在定位面上,所以

$$\Delta D = \Delta Y + \Delta B = (0.044 + 0.2) \text{ mm} = 0.244 \text{ mm}$$

(2)求影响加工尺寸(10 ±0.15) mm 的定位误差。因为定位基准与工序基准重合,故 $\Delta B = 0$。

定位基准与限位基准不重合,定位基准 O_1、O_2 可向任意方向移动,加工位置在定位孔的两外侧,如图 2-53 所示,故根据式(2-11)得

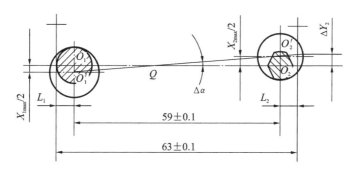

图 2-53　连杆盖的工序图

$$\tan\Delta\alpha = \frac{X_{1max} + X_{2max}}{2L} = \frac{0.044 + 0.118}{2 \times 59} \text{ mm} = 0.001\ 37 \text{ mm}$$

根据表 2-13 可知,左边两小孔的基准位移误差为

$$\Delta Y_{左} = X_{1max} + 2L_1\tan\Delta\alpha = (0.044 + 2 \times 2 \times 0.001\ 37) \text{ mm} = 0.05 \text{ mm}$$

右边两小孔的基准位移误差为

$$\Delta Y_{右} = X_{2max} + 2L_1\tan\Delta\alpha = (0.118 + 2 \times 2 \times 0.001\ 37) \text{ mm} = 0.123 \text{ mm}$$

定位误差应取较大值,故 $\Delta D = \Delta Y_{右} = 0.123$ mm

◀ 2.6　加工精度的影响因素 ▶

1. 加工精度的影响因素

用夹具装夹进行机械加工时,加工精度(主要是定位尺寸精度和位置精度)的影响因素除了定位误差 ΔD 外,在整个加工工艺系统中还有很多影响因素,如图 2-54 所示。

1)定位误差 ΔD

定位误差反映了工件和定位元件之间的关系。

2）对刀误差 ΔT

因对刀时刀具相对于对刀块或导向元件的位置不精确而造成的加工误差，称为对刀误差。对刀误差反映了刀具和对刀（导向）元件之间的关系。

3）安装误差 ΔA

因夹具上的连接元件在机床上的位置不精确而造成的加工误差，称为夹具的安装误差。安装误差反映了机床（如工作台 T 形槽）和夹具的连接元件之间的关系。

若安装基面为平面，就没有安装误差，则 $\Delta A = 0$。

4）夹具误差 ΔJ

因夹具上的定位元件、对刀或导向元件及安装基面三者间的位置不精确而造成的加工误差，称为夹具误差。夹具误差的大小取决于夹具零件的加工精度和夹具装配时的调整与修配精度。夹具误差反映了定位元件、对刀或导向元件及安装基面三者间的关系。

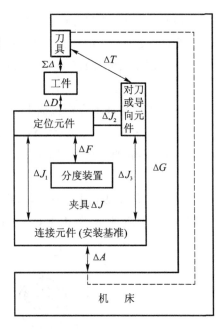

图 2-54 夹具装夹进行机械加工时影响加工精度的主要因素

5）加工方法误差 ΔG

由机床精度、刀具精度、刀具在机床上的位置精度、工艺系统的受力变形和受热变形等因素造成的加工误差，统称为加工方法误差。因加工方法误差的影响因素多，又不便于计算，所以在设计夹具时常根据经验取其为工件加工尺寸公差的 1/3，即 $\Delta G = T_i/3$。

上述各项误差均导致刀具相对于工件的位置不准确，它们形成的总的加工误差为 $\sum \Delta$。

2. 保证加工精度的条件

工件在夹具中加工时，总的加工误差 $\sum \Delta$ 为上述各项误差之和。由于上述误差均为独立随机变量，可应用概率法叠加，因此保证工件加工精度的条件是

$$\sum \Delta = \sqrt{(\Delta D)^2 + (\Delta T)^2 + (\Delta A)^2 + (\Delta J)^2 + (\Delta G)^2} \leqslant T_i \qquad (2\text{-}12)$$

即工件总的加工误差 $\sum\Delta$ 应不大于工件的加工尺寸公差 T_i。

为了保证夹具有一定的使用寿命，防止夹具因磨损而过早报废，在分析计算工件的加工精度时，需留出一定的精度储备量 J_C。因此，将上式改写为

$$\sum \Delta \leqslant T_i - J_C$$

或

$$J_C = T_i - \sum \Delta \geqslant 0 \qquad (2\text{-}13)$$

当 $J_C \geqslant 0$ 时，夹具能满足工件的加工要求。J_C 的大小还表示夹具使用寿命的长短和夹具总图上各项公差确定得是否合理。

2.7　定位设计

1. 定位设计的基本原则

为满足夹具设计的要求,定位设计时应遵循以下三项原则。

(1)基准重合原则:使定位基准与工序基准重合,消除基准不重合误差,但有时考虑到实际情况,定位基准也可以不选用工序基准。

(2)合理选择主要定位基准:主要定位基准应有较大的支承面和较高的精度。

(3)装夹方便:便于工件的装夹和加工,并使夹具的结构简单。

图 2-55 所示为活塞铣槽的定位设计。本工序尺寸为 A_1、A_2、A_3,用定位销和菱形插销定位,定位基准与工序基准重合,符合基准重合原则,主要定位基准为平面 C。

2. 定位设计的步骤

(1)根据加工要求分析工件应该限制的自由度。

(2)选择定位基准并确定定位方式。

(3)选择定位元件结构。

(4)分析定位误差并审核定位精度。

(5)绘图。

3. 定位设计实例

【例 2-8】　图 2-56 所示为拨叉的钻孔工序简图。本工序是钻削螺孔 M10 的小径尺寸 $\phi8.9$,其相对于 C 面的距离为 (31.7 ± 0.15) mm,相对于孔 $\phi19^{+0.045}_{0}$ 轴线的对称度公差为 0.2 mm,所用机床为 Z525 立式钻床,试进行定位设计。

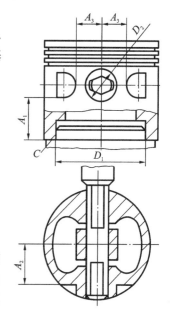

图 2-55　活塞铣槽的定位设计

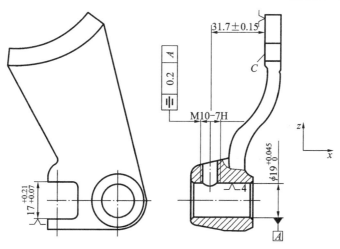

图 2-56　拨叉的钻孔工序简图

解 定位设计的步骤如下。

(1)分析与加工要求有关的自由度。

逐一对与加工要求有关的自由度进行分析。其中,与对称度公差 0.2 mm 有关的自由度为 $\vec{y}$、$\vec{z}$,与工序尺寸(31.7±0.15) mm 有关的自由度为 $\vec{x}$、$\vec{y}$、$\vec{z}$,与相对于槽 $17^{+0.21}_{+0.07}$ 的位置有关的自由度为 $\hat{x}$。综上所述,与加工要求有关的自由度为 $\vec{x}$、$\vec{y}$、$\hat{x}$、$\vec{y}$、$\vec{z}$。

(2)选择定位基准并确定定位方式。

按基准重合原则选择孔 $\phi 19^{+0.045}_{0}$、槽 $17^{+0.21}_{+0.07}$ 和平面 C 为定位基准,其中孔 $\phi 19^{+0.045}_{0}$ 作为主要定位基准。定位支承点分布如图 2-56 所示。孔 $\phi 19^{+0.045}_{0}$ 处设置四个定位支承点,限制工件的四个自由度 $\vec{y}$、$\hat{z}$、$\hat{y}$、$\vec{z}$;C 面设置一个定位点,限制工件的自由度 $\vec{x}$;槽 $17^{+0.21}_{+0.07}$ 处的定位点限制工件的自由度 $\hat{x}$。因此,本工序采用的是完全定位方式。

(3)选择定位元件结构。

孔 $\phi 19^{+0.045}_{0}$ 采用定位轴定位,其定位面尺寸公差带为 $\phi 19h7$;槽 $17^{+0.21}_{+0.07}$ 的定位采用定位销;C 面的定位采用平头支承钉。各定位元件的结构和布置如图 2-57 所示。在设计定位元件结构时,应注意协调与其他元件的关系,特别要注意定位元件在夹具体上的位置。

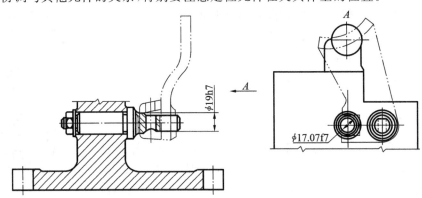

图 2-57 拨叉各定位元件的结构和布置

(4)分析定位误差并审核定位精度。

①对称度公差 0.2 mm。

$$\Delta B = 0, \quad \Delta D = \Delta Y = (0.045 + 0.021) \text{ mm} = 0.066 \text{ mm}$$

②工序尺寸(31.7±0.15) mm。

$$\Delta B = 0, \quad \Delta Y = 0, \quad \Delta D = 0$$

(5)绘图。

按工作位置,先用双点画线绘制工件轮廓,作为设计的模样,然后用实线绘制定位元件,确定定位元件的类型、尺寸、空间位置,使定位元件限位面与工件的定位面相重合。

以上步骤是定位设计的一般程序。在实际工作中,其顺序是可交叉的。同时,在夹具总体设计的过程中,各部分的设计将是不断完善的。图 2-58 所示为拨叉夹具的总体结构,它还包括对刀元件、夹紧机构和夹具体等。

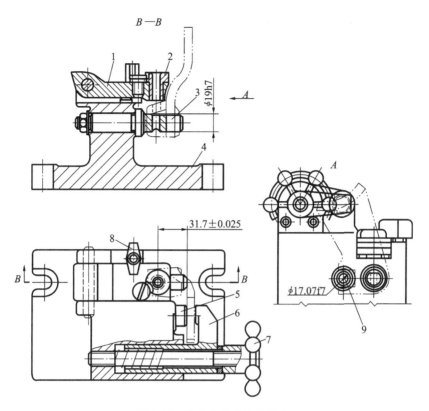

图 2-58 拨叉夹具的总体结构

1—钻模板；2—钻套；3—定位轴；4—夹具体；5—支承钉；

6—钩形压板；7—螺母；8—锁紧螺钉；9—定位销

【习题】

2-1　什么是定位基准？它与定位面有何关系？

2-2　定位与夹紧有何区别？

2-3　什么是六点定则？

2-4　什么是完全定位、不完全定位、欠定位和过定位？为什么不能采用欠定位？试举例说明。

2-5　简述允许不完全定位的几种情况。

2-6　工件在夹具中装夹时，凡不超过六个定位支承点，就不会出现过定位，这种说法对吗？为什么？

2-7　简述辅助支承的作用和使用特点？

2-8　图 2-59 所示为镗削连杆小头孔的工序定位简图。定位时在连杆小头孔中插入削边定位插销，夹紧后拔出削边定位插销，就可进行镗削连杆小头孔。试分析各个定位元件所消除的自由度。

2-9　对于图 2-60 所示的各定位方案，试分析：

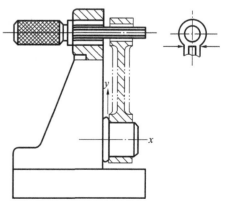

图 2-59　题 2-8 图

（1）各定位元件限制的自由度；（2）判断有无过定位；（3）对不合理的定位方案提出改进意见。

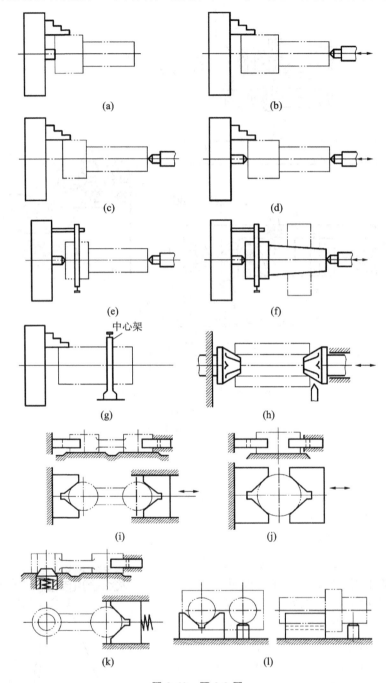

图 2-60　题 2-9 图

2-10　试分析图 2-61 所示的各工件加工时所必须限制的自由度。

2-11　图 2-62（a）所示为齿轮坯的加工要求，按图 2-62（b）所示，以内孔和一小端面定位来车削外圆和大端面。加工后检测发现大端面与内孔垂直度超差，试分析原因，并提出改进意见。

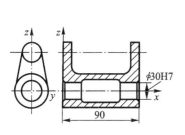

(a) 镗孔φ30H7，全部表面均未加工

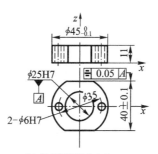

(b) 铣平面(40±0.1) mm，
其余表面均已加工

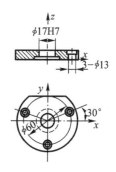

(c) 同时钻孔(3-φ13) mm，
其余表面均已加工

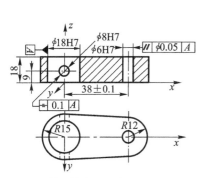

(d) 钻、铰孔φ8H7及φ6H7，
其余表面均已加工

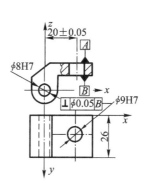

(e) 钻、扩、铰孔φ9H7，
其余表面均已加工

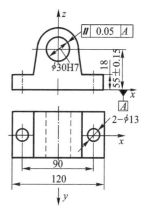

(f) 镗孔φ30H7的A面，
孔(2-φ13) mm已加工

图 2-61　题 2-10 图

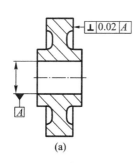

(a)

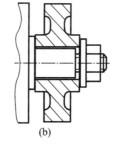

(b)

图 2-62　题 2-11 图

2-12　用图 2-63 所示的定位方式，采用调整法铣削连杆的两个侧面，计算加工尺寸 $12^{+0.3}_{0}$ mm 的定位误差。

2-13　用图 2-64 所示的定位方式，采用调整法在阶梯轴上铣槽，V 形块的夹角 $\alpha = 90°$，试计算加工尺寸(74±0.1) mm 的定位误差。

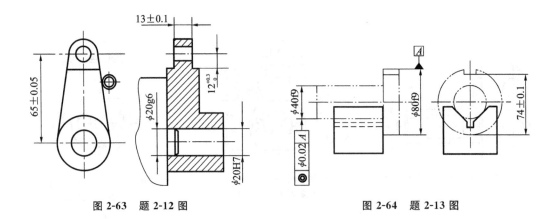

图 2-63 题 2-12 图   图 2-64 题 2-13 图

2-14   工件尺寸如图 2-65(a)所示，$\phi 40_{-0.03}^{0}$ 与 $\phi 35_{-0.02}^{0}$ 的同轴度误差为 $\phi 0.02$。欲钻孔 O，并保证尺寸 $30_{-0.1}^{0}$ mm，试计算图 2-65(b)所示的定位方案的定位误差。

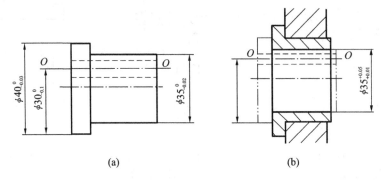

(a)   (b)

图 2-65 题 2-14 图

2-15   有一批工件，如图 2-66(a)所示，采用钻模夹具钻削工件上的 $\phi 5$ 和 $\phi 8$ 两孔，除了保证图纸尺寸要求外，还要求保证两孔连心线通过 $\phi 60_{-0.1}^{0}$ 的轴心线，其偏移量公差为 0.08 mm。现采用图 2-66(b)、图 2-66(c)、图 2-66(d)所示的三种定位方案，若定位误差不得大于加工公差的 1/2，试问这三种定位方案是否都可行？（$\alpha = 90°$）

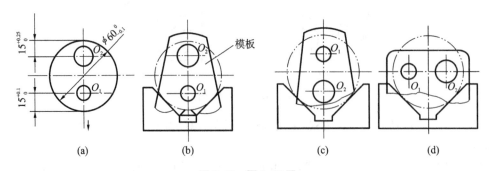

(a)   (b)   (c)   (d)

图 2-66 题 2-15 图

第3章
工件的夹紧

◀ **知识目标**

(1)掌握夹紧装置的组成和基本要求。

(2)掌握确定夹紧力的方法。

(3)认识基本夹紧机构、定心夹紧机构和联动夹紧机构。

(4)了解夹紧动力装置。

◀ **能力目标**

(1)能分析和确定夹紧力的方向和作用点。

(2)能设计基本夹紧机构、简易的定心夹紧机构和联动夹紧机构。

◀ 3.1 夹紧装置的组成和基本要求 ▶

1.夹紧装置的组成

在机械加工过程中,工件受到切削力、重力、离心力、惯性力等的作用,为了保证在这些外力的作用下,工件仍能在夹具中保持由定位元件确定的加工位置而不致产生振动或位移,夹具结构中应设置夹紧装置,将工件可靠地夹牢。

工件定位后,将工件固定并使其在加工过程中保持定位位置不变的装置,称为夹紧装置。夹紧装置是一副夹具的主要组成部分。

夹紧装置分为手动夹紧和机动夹紧两类,如图 3-1 所示。

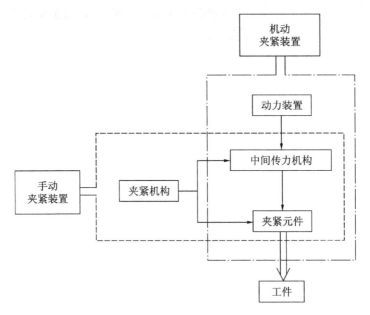

图 3-1 夹紧装置组成

1)动力装置——产生夹紧力

机械加工过程中,要保证工件不离开正确位置,就必须有足够的夹紧力来平衡外力。夹紧力的来源,一是人力,二是某种动力装置。常用的动力装置有:液压装置、气压装置、电磁装置、电动装置、气-液联动装置和真空装置等。

2)夹紧机构——传递和施加夹紧力

要使动力装置所产生的力或人力正确地作用到工件上,需有适当的传递并施加力的机构。这种机构称为夹紧机构。

夹紧机构在传递力的过程中,能根据需要改变力的大小、方向和作用点。手动夹具的夹紧机构还应具有良好的自锁性能,以保证人力的作用停止后,夹具仍能可靠地夹紧工件。

图 3-2 所示是液压夹紧的铣床夹具。其中,液压缸 4、活塞 5、活塞杆 3 等组成了液压动力装置,铰链臂 2 和压板 1 等组成了铰链压板夹紧机构。

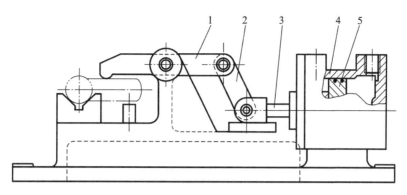

图 3-2　液压夹紧的铣床夹具

1—压板；2—铰链臂；3—活塞杆；4—液压缸；5—活塞

2. 夹紧装置的基本要求

夹紧装置设计不仅关系到工件的加工质量，而且对提高生产率、降低成本及创造良好的工作条件等方面都有很大的影响，所以设计的夹紧装置应满足以下基本要求。

（1）夹紧过程中不改变工件定位后占据的正确位置。

（2）夹紧力的大小适当，一批工件的夹紧力要稳定；既要保证工件在整个加工过程中的位置稳定不变，振动小，又要使工件不产生过大的夹紧变形。

（3）夹紧装置的自动化和复杂程度应与工件的生产纲领相适应；生产批量愈大，允许设计愈复杂、效率愈高的夹紧装置。

（4）工艺性好，使用性能好；夹紧装置的结构应力求简单，便于制造和维修；夹紧装置的操作应当方便、安全、省力。

◀ 3.2　夹紧力的确定 ▶

确定夹紧力的方向、作用点和大小时，要分析工件的结构特点、加工要求，切削力和其他外力作用在工件上的情况及定位元件的结构和布置方式。

1. 夹紧力的方向

（1）夹紧力应朝向主要限位面，这样有助于定位稳定。

如图 3-3（a）所示，工件被镗的孔与左端面有一定的垂直度要求。因此，工件以孔的左端面与定位元件的 A 面接触，限制三个自由度；以底面与 B 面接触，限制两个自由度。夹紧力朝向主要限位面 A，这样有利于保证孔与左端面的垂直度要求。如果夹紧力改为朝向 B 面，则由于工件左端面与底面的夹角误差，夹紧时工件的定位将会被破坏，从而影响孔与左端面的垂直度要求。

又如图 3-3（b）所示，夹紧力朝向主要限位面——V 形块的工作面，这样可使工件的装夹稳

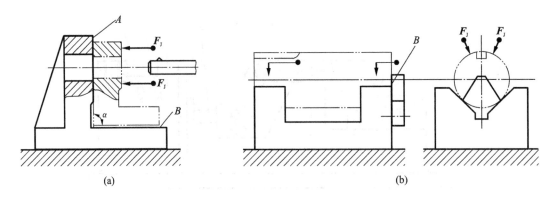

图 3-3　夹紧力朝向主要限位面

定可靠。如果夹紧力改为朝向 V 形块的右端面 B,则由于工件圆柱面与端面的垂直度误差,夹紧时工件的圆柱面可能离开 V 形块的工作面,这样不仅破坏了定位,影响了加工,而且加工时工件容易振动。

对工件施加几个方向不同的夹紧力时,朝向主要限位面的夹紧力应是主要夹紧力。

(2)夹紧力的方向应有利于减小夹紧力。

图 3-4 所示为工件在夹具中加工时常见的几种受力情况。

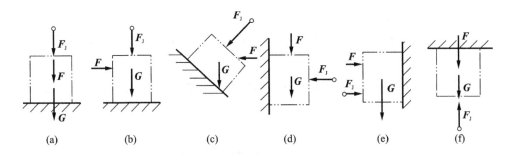

(a)　　　(b)　　　(c)　　　(d)　　　(e)　　　(f)

图 3-4　工件在夹具中加工时常见的几种受力情况

在图 3-4(a)中,夹紧力 F_J、切削力 F 和重力 G 同向时,所需的夹紧力最小;在图 3-4(d)中,因为需要用夹紧力产生的摩擦力来克服切削力和重力,故所需的夹紧力最大。

实际生产中,满足 F_J、F 及 G 同向的夹紧机构并不多,故在设计机床夹具时要根据各种因素综合分析和处理。

(3)夹紧力的方向应是工件刚性较好的方向。

如图 3-5 所示,薄壁套的轴向刚性比径向的好,所以用卡爪径向夹紧时,工件的变形大;若沿轴向施加夹紧力,则工件的变形就会小得多。

2.夹紧力的作用点

夹紧力的方向确定以后,应根据下列原则确定夹紧作用点的位置。

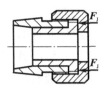

(a) 径向夹紧　　　(b) 轴向夹紧

图 3-5　确定薄壁套的夹紧力方向

（1）夹紧力的作用点应落在定位元件的支承范围内（正对支承元件或位于支承元件所形成的支承面内）。

如图 3-6 所示，夹紧力的作用点落到了定位元件的支承范围之外，夹紧时将破坏工件的定位，因而是错误的。

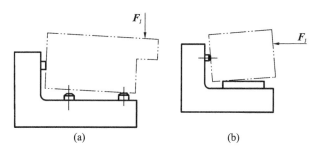

图 3-6　夹紧力作用点的位置不正确

（2）夹紧力的作用点应落在工件刚性较好的部位。

这一原则对刚性差的工件特别重要。对于图 3-7（a）所示的薄壁箱体，夹紧力的作用点不应落在箱体的顶面，而应在刚性好的凸边上。当箱体没有凸边时，如图 3-7（b）所示，将单点夹紧改为三点夹紧，使夹紧力作用点落在刚性较好的箱壁支承范围内，以减小工件的夹紧变形。

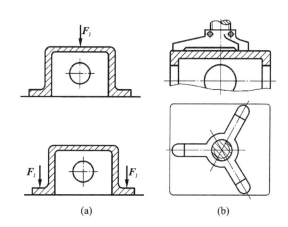

图 3-7　夹紧力作用点与夹紧变形的关系

（3）夹紧力的作用点应靠近工件的加工表面。

夹紧力的作用点应靠近工件的加工表面，这样可减小切削力对该点的力矩并减小振动。如图 3-8 所示，因 $M_1 < M_2$，故在切削力大小相同的条件下，图 3-8（a）和图 3-8（c）所用的夹紧力较小。

图 3-9 所示为在拨叉上铣槽。当夹紧力的作用点只能远离加工表面，造成工件的装夹刚性较差时，应在加工表面附近设置辅助支承并施加辅助夹紧力 F'_J，这样不仅提高了工件的装夹刚性，还可减小加工时工件的振动。

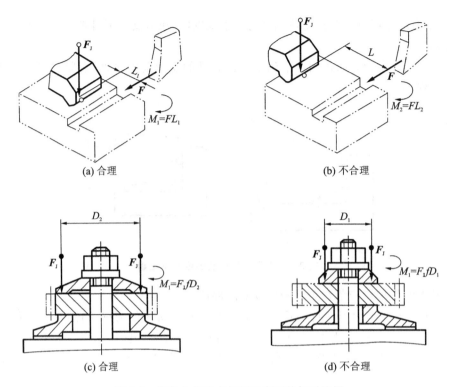

(a) 合理

(b) 不合理

(c) 合理

(d) 不合理

图 3-8　夹紧力作用点与加工表面的相对位置

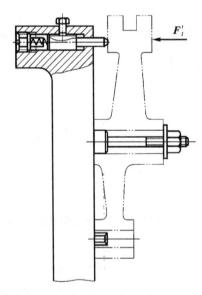

图 3-9　在拨叉上铣槽

3. 夹紧力的大小

工件的夹紧力既不能过大,也不能过小。夹紧力过大,会引起工件变形,达不到加工精度要求,而且会使夹紧装置结构尺寸加大,造成结构不紧凑;夹紧力过小,会造成夹不牢,加工时易破坏定位,同样也保证不了加工要求,甚至会引起安全事故。因此,必须对工件施加大小适当的夹紧力。

理论上,夹紧力的大小应与作用在工件上的其他力平衡,而实际上,夹紧力的大小还与工艺系统的刚性、夹紧机构的传递效率等有关,而且切削力的大小在加工过程中是变化的。因此,夹紧力的计算是个很复杂的问题,只能进行粗略的估算。

估算时,为简化计算,通常将夹具和工件看成一个刚体。根据工件所受切削力、夹紧力(大型工件应考虑重力、惯性力等)的作用情况,找出对夹紧最不利的瞬时状态,估算此状态下所需的夹紧力,并只考虑主要因素在力系中的影响,略去次要因素在力系中的影响。计算步骤如下。

(1)建立理论夹紧力 $F_{J理论}$ 与主要最大切削力 F_P 的静平衡方程:$F_{J理论}=\phi(F_P)$。

(2)实际需要的夹紧力 $F_{J需要}$ 应考虑安全系数 K,即 $F_{J需要}=KF_{J理论}$。

(3)校核夹紧机构产生的夹紧力 F_J 是否满足条件:$F_J>F_{J需要}$。

安全系数是综合考虑各种因素的结果,可按式 $K=K_0K_1K_2K_3$ 计算。

各种因素的安全系数如表 3-1 所示。

表 3-1 各种因素的安全系数

考 虑 因 素		系 数 值
K_0—基本安全系数(考虑工件的材料、余量是否均匀)		1.2~1.5
K_1—加工性质系数	粗加工	1.2
	精加工	1.0
K_2—刀具钝化系数		1.1~1.3
K_3—切削特点系数	连续加工	1.0
	断续加工	1.2

通常情况下,取 $K=1.5~2.5$。当夹紧力与切削力的方向相反时,取 $K=2.5~3$。

【例 3-1】 图 3-10 为铣削加工长方体工件顶面示意图,试估算所需的夹紧力。

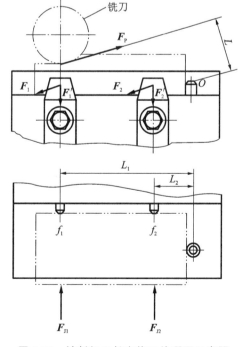

图 3-10 铣削加工长方体工件顶面示意图

由于该工件是小型工件,故工件的重力忽略不计;因为压板是活动的,所以压板对工件的摩擦力也忽略不计。

(1)不设置止推销时,对夹紧最不利的瞬时状态是铣刀切入全深,切削力 F_P 达到最大值时,此时工件可能沿 $\boldsymbol{F}_P$ 的方向移动,需用夹紧力 $\boldsymbol{F}_{J1}$、$\boldsymbol{F}_{J2}$ 产生的摩擦力 F_1、F_2 来与之平衡,由此建立静平衡方程,即

$$F_1 + F_2 = F_P, \quad F_{J1} f_1 + F_{J2} f_2 = F_P$$

设 $F_{J1} = F_{J2} = F_{J理论}$,$f_1 = f_2 = f$,则

$$2 f F_{J理论} = F_P, \quad F_{J理论} = \frac{F_P}{2f}$$

考虑安全系数 K,则每块压板需给工件的夹紧力为

$$F_{J需要1} = \frac{K F_P}{2f} \tag{3-1}$$

式中,f 为工件与定位元件间的摩擦系数。

(2)设置止推销后,工件不可能斜向移动了,对夹紧最不利的瞬时状态是铣刀切入全深,切削力 F_P 达到最大值时,此时工件绕 O 点转动,形成切削力矩 $F_P L$,需用夹紧力 $\boldsymbol{F}_{J1}$、$\boldsymbol{F}_{J2}$ 产生的摩擦力矩 $F_1' L_1$、$F_2' L_2$ 来与之平衡,由此建立静平衡方程,即

$$F_1' L_1 + F_2' L_2 = F_P L, \quad F_{J1} f_1 L_1 + F_{J2} f_2 L_2 = F_P L$$

设 $F_{J1} = F_{J2} = F_{J理论}$,$\quad f_1 = f_2 = f$,则

$$F_{J理论} f (L_1 + L_2) = F_P L, \quad F_{J理论} = \frac{F_P L}{f(L_1 + L_2)}$$

考虑安全系数 K,则每块压板需给工件的夹紧力是

$$F_{J需要2} = \frac{K F_P L}{f(L_1 + L_2)} \tag{3-2}$$

式中,L 为切削力作用点至止推销的距离,L_1、L_2 为两支承钉至止推销的距离。

将式(3-2)除以式(3-1),得

$$F_{J需要2} / F_{J需要1} = 2L/(L_1 + L_2) < 1$$

由上式可知,设置止推销会减小所需的夹紧力。止推销是一个定位元件,它限制了工件水平方向的一个移动自由度。注意:限制这一自由度并不是加工精度的需要,而是减小夹紧力的需要。

【例 3-2】 图 3-11 所示为车削工件外圆,求车削时所需的夹紧力。

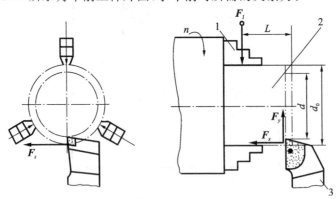

图 3-11 车削工件外圆

1—三爪卡盘;2—工件;3—车刀

工件用三爪卡盘夹紧,车削时工件受切削分力 F_z、F_x、F_y 的作用。主切削力 F_z 形成的切削扭矩为 $F_z(d_0/2)$,它使工件相对于卡盘顺时针转动。为了简化计算,工件较短时只考虑切削扭矩的影响。根据静力平衡条件并考虑安全系数,每一个卡爪实际需要给出的夹紧力为

$$F_z(d_0/2) = 3fF_{J理论}(d/2)$$

当 $d \approx d_0$ 时,有 $F_{J理论} = F_z/(3f)$,故

$$F_{J需要} = KF_z/(3f)$$

各种装夹方式所需夹紧力的近似计算公式见机床夹具设计手册。

◀ 3.3 基本夹紧机构 ▶

夹紧机构是夹紧装置的主要组成部分,其种类很多,结构多种多样,但大多是由一些斜面、螺旋、杠杆等简单元件和相应的一些中间传力机构组成的。基本夹紧机构有下列四种:斜楔夹紧机构、螺旋夹紧机构、偏心夹紧机构和铰链夹紧机构。

3.3.1 斜楔夹紧机构

图 3-12 为几种常用的斜楔夹紧机构。图 3-12(a)所示是在工件上钻互相垂直的 $\phi 8$ 和 $\phi 5$ 两组孔。工件装入后,锤击斜楔大头,夹紧工件;加工完毕后,锤击斜楔小头,松开工件。由于用斜楔直接夹紧工件的夹紧力较小,且操作费时,所以实际生产中其应用不多,多数情况下是将斜楔与其他机构联合起来使用。图 3-12(b)是将斜楔与滑柱组成一种夹紧机构,一般用气压或液压驱动。图 3-12(c)是由端面斜楔与压板组成的夹紧机构。

1. 斜楔的夹紧力

图 3-13(a)所示是斜楔在外力 F_Q 作用下的受力情况。建立静平衡方程,即

$$F_1 + F_{RX} = F_Q$$

由于 $F_1 = F_J \tan \varphi_1$, $F_{RX} = F_J \tan(\alpha + \varphi_2)$,所以

$$F_J = \frac{F_Q}{\tan \varphi_1 + \tan(\alpha + \varphi_2)} \tag{3-3}$$

式中,F_J 为斜楔对工件的夹紧力(N),α 为斜楔升角(°),F_Q 为加在斜楔上的作用力(N),φ_1 为斜楔与工件间的摩擦角(°),φ_2 为斜楔与夹具体间的摩擦角(°)。

设 $\varphi_1 = \varphi_2 = \varphi$,当 α 很小($\alpha \leqslant 10°$)时,可用下式进行近似计算。

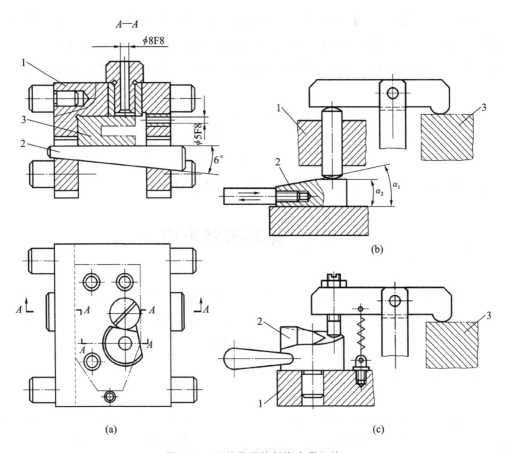

图 3-12　几种常用的斜楔夹紧机构

1—夹具体；2—斜楔；3—工件

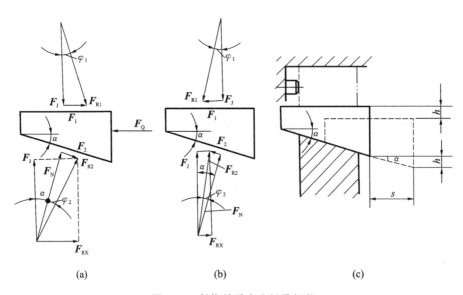

图 3-13　斜楔的受力分析及行程

$$F_J = \frac{F_Q}{\tan(\alpha + 2\varphi)} \tag{3-4}$$

2. 斜楔的自锁条件

图 3-13(b)所示是作用力 F_Q 撤去后斜楔的受力情况。从图中可以看出,斜楔若要自锁,则必须满足

$$F_1 > F_{RX}$$

因 $F_1 = F_J \tan\varphi_1$,$F_{RX} = F_J \tan(\alpha - \varphi_2)$,所以

$$F_J \tan\varphi_1 > F_J \tan(\alpha - \varphi_2), \quad \tan\varphi_1 > \tan(\alpha - \varphi_2)$$

由于 φ_1、φ_2、α 都很小,故上式可简化为

$$\varphi_1 > \alpha - \varphi_2 \quad 或 \quad \alpha < \varphi_1 + \varphi_2 \tag{3-5}$$

因此,斜楔的自锁条件是:斜楔的升角小于斜楔与工件、斜楔与夹具体之间的摩擦角之和。

为了保证自锁可靠,手动夹紧机构一般取 $\alpha = 6° \sim 8°$;气压或液压装置驱动的斜楔不需要自锁,可取 $\alpha = 15° \sim 30°$。

3. 斜楔的扩力比与夹紧行程

夹紧力与作用力之比称为扩力比或增力系数,用 i 表示。i 的大小为夹紧机构在传递力的过程中扩大作用力的倍数。

因此,斜楔的扩力比为

$$i = \frac{F_J}{F_Q} = \frac{1}{\tan\varphi_1 + \tan(\alpha + \varphi_2)} \tag{3-6}$$

在图 3-13(c)中,h 是斜楔的夹紧行程,s 是斜楔夹紧过程中移动的距离,于是有

$$h = s\tan\alpha \tag{3-7}$$

由于 s 受斜楔长度的限制,要增大夹紧行程,就得增大斜角 α,而斜角太大,斜楔便不能自锁。当要求机构既能自锁,又有较大的夹紧行程时,可采用双斜面斜楔,如图 3-12(b)所示,斜楔上大斜角的一段使滑柱迅速上升,小斜角的一段确保自锁。

3.3.2 螺旋夹紧机构

由螺钉、螺母、垫圈、压板等元件组成的夹紧机构,称为螺旋夹紧机构,如图 3-14 所示。

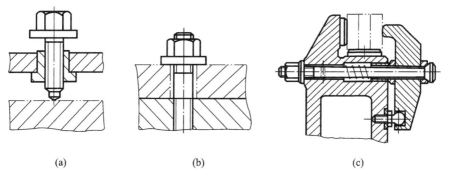

(a)   (b)   (c)

图 3-14　螺旋夹紧机构

螺旋夹紧机构不仅结构简单、制造容易,而且由于缠绕在螺钉表面的螺旋线很长,升角又小,所以其自锁性能好,夹紧力和夹紧行程都较大,是手动夹紧中用得最多的一种夹紧机构。

1. 单个螺旋夹紧机构

图 3-14(a)、图 3-14(b)所示是直接用螺钉或螺母夹紧工件的机构,称为单个螺旋夹紧机构。该机构有两个缺点。一是损伤工件表面,或带动工件旋转。在图 3-14(a)中,螺钉头直接与工件表面接触。当螺钉转动时,可能损伤工件表面或带动工件旋转。克服这一缺点的办法是在螺钉头部装上如图 3-15 所示的摆动压块。当摆动压块与工件接触后,由于摆动压块与工件间的摩擦力矩大于摆动压块与螺钉间的摩擦力矩,因此摆动压块不会随螺钉一起转动。如图 3-15(a)、图 3-15(b)(JB/T 8009.2—1999)所示,A 型的端面是光滑的,用于夹紧已加工表面;B 型的端面有齿纹,用于夹紧毛坯面。当要求螺钉只移动而不转动时,可采用图 3-15(c)(JB/T 8009.3—1999)所示的结构。

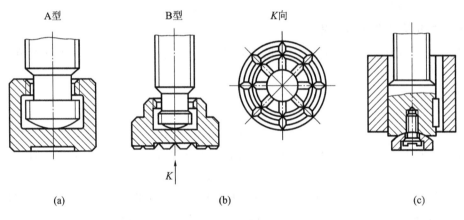

A型　　　　B型　　　　*K*向

(a)　　　　　　　(b)　　　　　　　(c)

图 3-15　摆动压块

二是夹紧动作慢,工件装卸费时。如图 3-14(b)所示,装卸工件时,要将螺母拧上拧下,费时费力。克服这一缺点的办法很多,图 3-16 是常见的几种快速螺旋夹紧机构。图 3-16(a)中使用了开口垫圈;图 3-16(b)中采用了快卸螺母;在图 3-16(c)中,夹紧轴 1 上的直槽连着螺旋槽,先推动手柄 2,使摆动压块 3 迅速靠近工件,继而转动手柄 2,夹紧工件并自锁;图 3-16(d)中的手柄 4 带动螺母旋转时,因手柄 5 的限制,螺母不能右移,致使螺杆带着摆动压块 3 往左移动,从而夹紧工件,松开工件时只要反转手柄 4,稍微松开后,即可转动手柄 5,为手柄 4 的快速右移让出了空间。

由于螺旋可以看作是绕在圆柱体上的斜楔,因此螺钉(或螺母)夹紧力的计算与斜楔的相似。图 3-17 是夹紧状态下螺杆的受力情况。施加在手柄上的原始力矩 $M=F_Q L$,工件对螺杆作用有反作用力 F_J'(其值等于夹紧力)和摩擦力 F_2。F_2 分布在整个接触面上,计算时可视为集中在半径为 r' 的圆周上。r' 称为当量摩擦半径,它与端面接触形式有关。螺母对螺杆的反作用力为垂直于螺旋面的正压力 F_N 和螺旋上的摩擦力 F_1,其合力为 F_{R1},分布在整个螺旋接触面上,计算时可视为集中在螺纹中径 d_0 处。为了便于计算,将 F_{R1} 分解为水平方向的分力 F_{Rr} 和

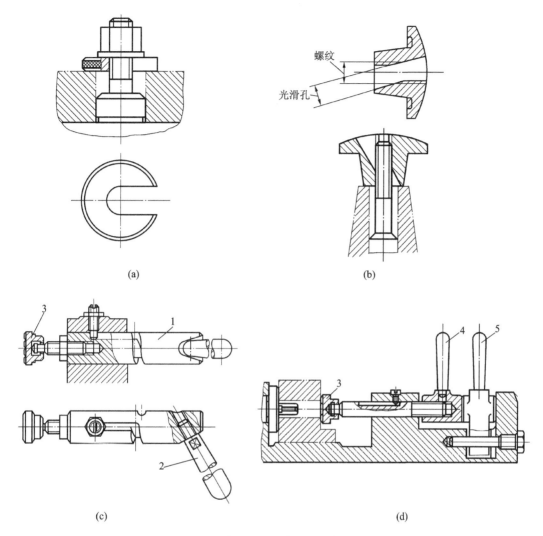

图 3-16 常见的几种快速螺旋夹紧机构

1—夹紧轴;2,4,5—手柄;3—摆动压块

垂直方向的分力 F_J(其值与 F_J' 相等)。根据力矩平衡条件得

$$F_Q L = F_2 r' + F_{Rr} \frac{d_0}{2}$$

因 $F_2 = F_J \tan\varphi_2$,$F_{Rr} = F_J \tan(\alpha + \varphi_1)$,代入上式,得

$$F_J = \frac{F_Q L}{\frac{d_0}{2}\tan(\alpha + \varphi_1) + r'\tan\varphi_2} \tag{3-8}$$

式中:F_J 为夹紧力,N;L 为作用力臂,mm;F_Q 为作用力,N;d_0 为螺纹中径,mm;α 为螺纹升角,°;φ_1 为螺纹处的摩擦角,°;φ_2 为螺杆端部与工件间的摩擦角,°;r' 为螺杆端部与工件间的当量摩擦半径,mm。

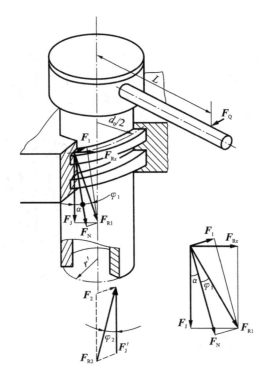

图 3-17　夹紧状态下螺杆的受力情况

当量摩擦半径的计算方法如图 3-18 所示。

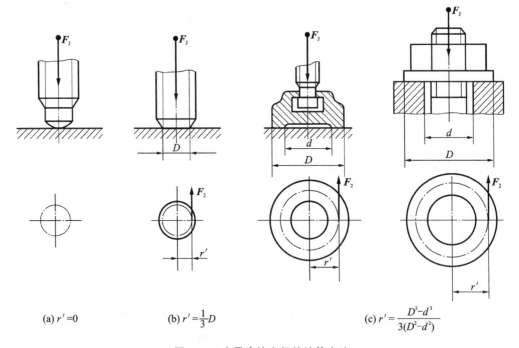

$(a)\ r'=0$　　　　　　$(b)\ r'=\dfrac{1}{3}D$　　　　　　$(c)\ r'=\dfrac{D^3-d^3}{3(D^2-d^2)}$

图 3-18　当量摩擦半径的计算方法

2. 螺旋压板夹紧机构

1) 螺旋压板夹紧机构的典型结构

夹紧机构中,结构形式变化最多的是螺旋压板夹紧机构。图 3-19 所示是常用的螺旋压板夹紧机构的五种典型结构。图 3-19(a)、图 3-19(b)所示的两种螺旋压板夹紧机构的施力螺钉位置不同。图 3-19(a)所示的螺旋压板夹紧机构的夹紧力 F_J 小于作用力 F_Q,它主要用于夹紧行程较大的场合;图 3-19(b)所示的螺旋压板夹紧机构可通过调整压板的杠杆比 l/L 来实现增大夹紧力或夹紧行程的目的;图 3-19(c)所示的螺旋压板夹紧机构是铰链压板夹紧机构,它主要用于增大夹紧力的场合;图 3-19(d)所示的螺旋压板夹紧机构是螺旋钩形压板夹紧机构,其特点是结构紧凑、使用方便,主要用于安装夹紧机构的空间受限的场合;图 3-19(e)所示的螺旋压板夹紧机构为自调式压板夹紧机构,它能适应工件高度在 0~100 mm 范围内变化而无须进行调节,其结构简单,使用方便。

上述各种螺旋压板夹紧机构的结构尺寸均已标准化,可参考有关国家标准和夹具设计手册进行设计。

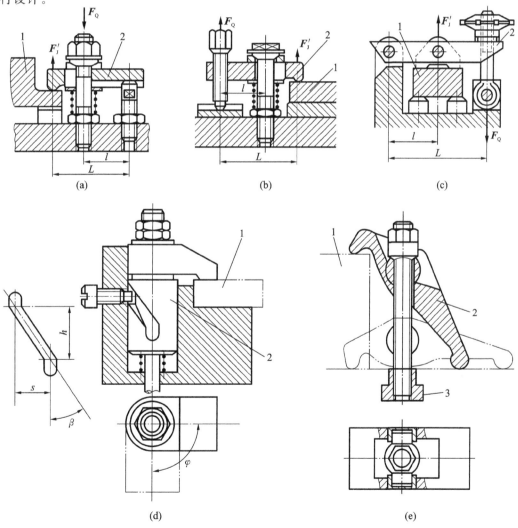

图 3-19 常用的螺旋压板夹紧机构的五种典型结构

1—工件;2—压板;3—T 形螺母

2)设计螺旋压板夹紧机构时应注意的问题

(1)当工件在夹压方向上的尺寸变化较大时,如被夹压表面为毛面,则应在夹紧螺母与压板之间设置球面垫圈,并使垫圈孔与螺杆间保持足够大的间隙,以防止夹紧工件时,由于压板倾斜而使螺杆弯曲。

(2)压板的支承螺杆的支承端应做成圆球形,另一端用螺母锁紧在夹具体上,且螺杆高度应可调,以使压板有足够的活动余地,适应工件夹压尺寸的变化和防止支承螺杆松动。

(3)当夹紧螺杆或支承螺杆与夹具体接触端必须移动时,应避免与夹具体直接接触,须在螺杆与夹具体间增设用耐磨材料制作的垫块,以免夹具体磨损。

(4)应采取措施防止夹紧螺杆转动。如图3-19(a)、图3-19(b)所示,夹紧螺杆用锁紧螺母锁紧在夹具体上,以防止其转动。

(5)压板应采用弹簧支承,以利于装卸工件。

3.3.3　偏心夹紧机构

用偏心件直接或间接夹紧工件的机构,称为偏心夹紧机构,如图3-20所示。偏心件有圆偏心和曲线偏心两种类型,其中圆偏心机构因结构简单、制造容易而得到了广泛的应用。图3-20(a)、图3-20(b)中用的是圆偏心轮,图3-20(c)中用的是偏心轴,图3-20(d)中用的是偏心叉。

偏心夹紧机构操作方便、夹紧迅速,其缺点是夹紧力和夹紧行程都较小,一般用于切削力不大、振动小、没有离心力影响的加工场合。

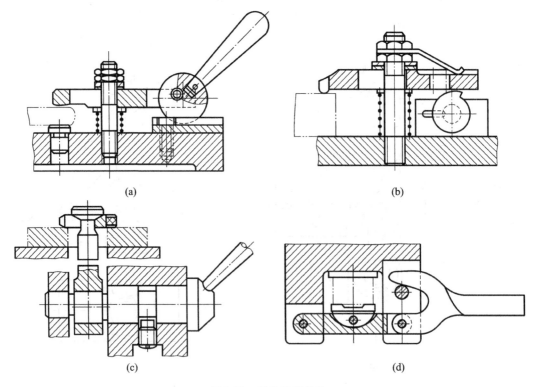

(a)　　　　　　　　　　　　(b)

(c)　　　　　　　　　　　　(d)

图 3-20　偏心夹紧机构

1. 圆偏心轮的工作原理

图 3-21 是圆偏心轮直接夹紧工件的原理图，O_1 是圆偏心轮的几何中心，R 是圆偏心轮的几何半径，O_2 是圆偏心轮的回转中心，O_1O_2 是偏心距 e。

若以 O_2 为圆心，r 为半径画圆（点画线圆），便把圆偏心轮分成了三个部分。其中，虚线部分是一个"基圆盘"，半径 $r = R - e$，另外两个部分是两个相同的弧形楔。当圆偏心轮绕回转中心 O_2 顺时针转动时，相当于一个弧形楔（阴影部分）逐渐楔入"基圆盘"与工件之间，从而夹紧工件。

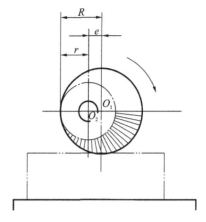

2. 圆偏心轮的夹紧行程及工作段

图 3-21　圆偏心轮直接夹紧工件的原理图

如图 3-22(a) 所示，当圆偏心轮绕回转中心 O_2 转动时，设轮周上任意点 x 的回转角为 θ_x，即工件夹压表面的法线与 O_1O_2 连线间的夹角，回转半径为 r_x。以 θ_x、r_x 为坐标轴建立直角坐标系，再将轮周上各点的回转角与回转半径一一对应地标入此坐标系中，便得到了圆偏心轮上弧形楔的展开图，如图 3-22(b) 所示。

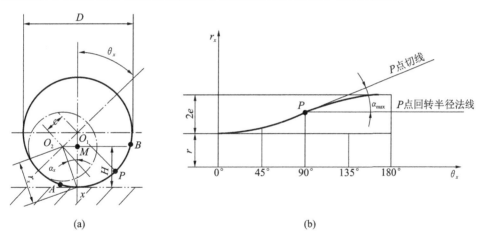

(a)   (b)

图 3-22　圆偏心轮的回转角 θ_x、升角 α_x 及弧形楔的展开图

从图 3-22 可以看出，当圆偏心轮从 0°转到 180°时，其夹紧行程为 $2e$，轮周上各点的升角是不等的，$\theta_x = 90°$时升角 α_P 最大（$\alpha_{\max}$）。升角 α_x 为工件夹压表面的法线与回转半径的夹角。在 $\triangle O_2Mx$ 中，$\tan\alpha_x = \dfrac{O_2M}{Mx}$，而 $O_2M = e\sin\theta_x$，$Mx = H = \dfrac{D}{2} - e\cos\theta_x$，其中 H 为夹紧高度，所以

$$\tan\alpha_x = \frac{e\sin\theta_x}{D/2 - e\cos\theta_x} \tag{3-9}$$

当 $\theta_x = 0°$或 $\theta_x = 180°$时，$\sin\theta_x = 0$，$\alpha_x = \alpha_{\min} = 0$。

当 $\theta_x = 90°$时，$\cos\theta_x = 0$，$\sin\theta_x = 1$，$\alpha_x = \alpha_P = \alpha_{\max}$，故 $\tan\alpha_{\max} = \dfrac{2e}{D}$ 或 $\alpha_{\max} = \arctan\dfrac{2e}{D}$。

圆偏心轮的工作转角一般小于 90°。因为转角太大，不仅操作费时，而且也不安全。工作转角范围内的那段轮周称为圆偏心轮的工作段。圆偏心轮常用的工作段是 $\theta_x = 45° \sim 135°$或 $\theta_x =$

90°～180°。

在 $\theta_x=45°～135°$ 范围内,升角大,升角变化小,夹紧力较小而稳定,并且夹紧行程大($h\approx1.4e$);在 $\theta_x=90°～180°$ 范围内,升角由大到小,夹紧力逐渐增大,但夹紧行程较小($h=e$)。

3. 圆偏心轮偏心量 e 的确定

如图 3-22 所示,设圆偏心轮的工作段为 AB,A 点的夹紧高度 $H_A=D/2-e\cos\theta_A$,B 点的夹紧高度 $H_B=D/2-e\cos\theta_B$,夹紧行程 $h_{AB}=H_B-H_A=e(\cos\theta_A-\cos\theta_B)$,所以

$$e=\frac{h_{AB}}{\cos\theta_A-\cos\theta_B}, \quad h_{AB}=s_1+s_2+s_3+\delta$$

式中:s_1 为装卸工件所需的间隙,一般取大于或等于 0.3 mm;s_2 为夹紧装置的弹性变形量,一般取 0.05～0.15 mm;s_3 为夹紧行程储备量,一般取 0.1～0.3 mm;δ 为工件夹紧表面至定位表面的尺寸公差。

4. 圆偏心轮的自锁条件

由于圆偏心轮夹紧工件的实质是斜楔夹紧工件,因此圆偏心轮的自锁条件应与斜楔的自锁条件相同,即

$$\alpha_{max}\leqslant\varphi_1+\varphi_2$$

式中,α_{max} 为圆偏心轮的最大升角,φ_1 为圆偏心轮与工件间的摩擦角,φ_2 为圆偏心轮与回转销之间的摩擦角。

由于回转销的直径较小,圆偏心轮与回转销之间的摩擦力矩不大,为了使自锁可靠,将其忽略不计,上式便简化为

$$\alpha_{max}\leqslant\varphi_1 \quad 或 \quad \tan\alpha_{max}\leqslant\tan\varphi_1$$

因 $\tan\varphi_1=f$,代入上式,得

$$\tan\alpha_{max}\leqslant f$$

而 $\tan\alpha_{max}=\dfrac{2e}{D}$,所以圆偏心轮的自锁条件是

$$\frac{2e}{D}\leqslant f \tag{3-10}$$

当 $f=0.1$ 时,$D\geqslant20e$;当 $f=0.15$ 时,$D\geqslant14e$。

5. 圆偏心轮的夹紧力

由于圆偏心轮轮周上各点的升角不同,因此各点的夹紧力也不相等。图 3-23 为任意点 x 夹紧工件时圆偏心轮的受力情况。

设作用力为 $\boldsymbol{F}_Q$,$\boldsymbol{F}_Q$ 的作用点至回转中心 O_2 的距离为 L,回转半径为 r_x,偏心距 $e=O_1O_2$。

圆偏心轮夹紧工件时,其受到的力矩为 $F_Q L$。可把圆偏心轮看成是作用在工件与转轴之间的弧形楔,将力矩 $F_Q L$ 转化为力矩 $F_Q L=F'_Q r_x$,所以 $F'_Q=F_Q L/r_x$。弧形楔上的作用力 $F'_Q\cos\alpha_P\approx F'_Q$。因此,圆偏心轮的夹紧力公式与斜楔的夹紧力公式相似,即

$$F_J=\frac{F'_Q}{\tan\varphi_1+\tan(\alpha_x+\varphi_2)}=\frac{F_Q L}{r_x[\tan\varphi_1+\tan(\alpha_x+\varphi_2)]}$$

当 $\theta_x=\theta_P=90°$时,$r_x=r_P=R/\cos\alpha_P$,则

$$F_J=\frac{F_Q L\cos\alpha_P}{R[\tan\varphi_1+\tan(\alpha_P+\varphi_2)]} \tag{3-11}$$

一般情况下,回转角 $\theta_x = \theta_P = 90°$ 时,$\alpha_P = \alpha_{\max}$,F_J 最小。只要计算出此时的夹紧力,若能满足要求,则偏心轮其他各点的夹紧力都能满足要求。

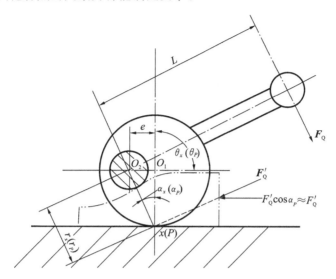

图 3-23 任意点 x 夹紧工件时圆偏心轮的受力情况

6.圆偏心轮的设计程序

(1)确定夹紧行程 h_{AB}。

(2)计算偏心距 e,确定工作段回转角范围,如 $\theta_{AB} = 45° \sim 135°$ 或 $\theta_{AB} = 90° \sim 180°$。偏心距为

$$e = \frac{h_{AB}}{\cos\theta_A - \cos\theta_B}$$

(3)按自锁条件计算 D。当 $f = 0.1$ 时,$D \geqslant 20e$;当 $f = 0.15$ 时,$D \geqslant 14e$。

(4)查夹具标准(JB/T 8011.1—1999~JB/T 8011.4—1999)或夹具设计手册,确定圆偏心轮的其他参数。标准圆偏心轮的结构如图 3-24 所示。

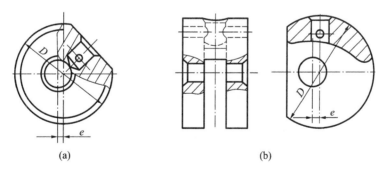

(a) (b)

图 3-24 标准圆偏心轮的结构

3.3.4 铰链夹紧机构

铰链夹紧机构是由铰链杠杆组合而成的一种增力机构,其结构简单,增力倍数较大,但无自锁性能。它常与动力装置(气缸、液压缸等)联用,在气动铣床夹具中应用较广,也用于其他机床

夹具。常见的铰链夹紧机构有图 3-25 所示的五种基本类型。

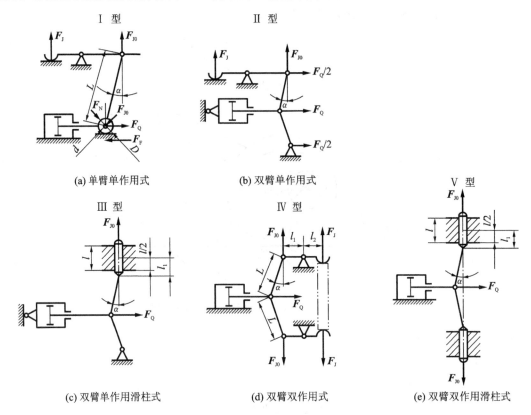

图 3-25　铰链夹紧机构的基本类型

例如，如图 3-26 所示，当在连杆右端铣槽时，工件以 $\phi52$ 外圆面、侧面及右端底面分别在 V 形块、可调螺钉支承和支承座上定位，采用气压驱动的双臂单作用铰链夹紧机构夹紧工件。

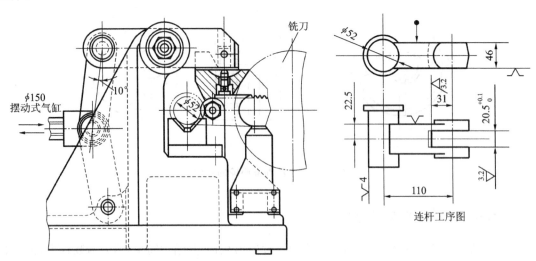

图 3-26　双臂单作用铰链夹紧的铣床夹具

◀◀ 3.4　定心夹紧机构 ▶▶

当工件被加工面以中心要素(轴线、中心对称面等)为工序基准时,为使基准重合,以减小定位误差,需采用定心夹紧机构。

定心夹紧机构具有定心和夹紧两种功能,如最常用的卧式车床的三爪自定心卡盘即为定心夹紧机构的典型实例。

定心夹紧机构按其定心作用原理有两种类型,一种是依靠传动机构使定心夹紧元件等速移动,从而实现定心夹紧,如螺旋式、杠杆式、楔式机构等;另一种是利用薄壁弹性元件受力后产生均匀的弹性变形(收缩或扩张)来实现定心夹紧,如弹簧夹头、膜片卡盘、波纹套、液性塑料等。

以下是常见的几种定心夹紧机构。

1. 螺旋式定心夹紧机构

如图 3-27 所示,双向螺杆 4 两端的螺纹旋向相反,螺距相同。当其旋转时,两个 V 形钳口 1、2 作对向等速移动,从而实现对工件的定心夹紧或松开。V 形钳口可按工件的不同形状进行更换。

这种定心夹紧机构的特点是结构简单、工作行程大、通用性好,但定心精度不高,一般约为 0.05～0.1 mm,主要适用于粗加工或半精加工中需要行程大而定心精度要求不高的场合。

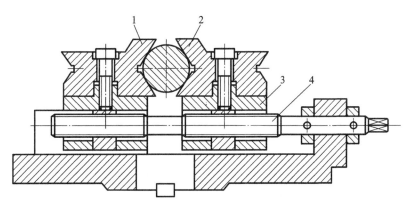

图 3-27　螺旋式定心夹紧机构

1,2—V 形钳口;3—滑块;4—双向螺杆

2. 杠杆式定心夹紧机构

图 3-28 所示为杠杆式三爪自定心卡盘。滑套 1 作轴向移动时,圆周上均布的三个钩形杠杆 2 便绕轴销 3 转动,拨动三个滑块 4 沿径向移动,从而带动其上的卡爪(图中未标示出)将工件定心并夹紧或松开。

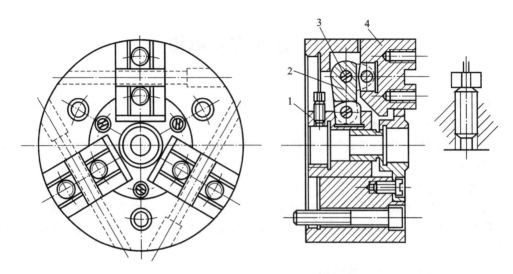

图 3-28 杠杆式三爪自定心卡盘

1—滑套;2—钩形杠杆;3—轴销;4—滑块

这种定心夹紧机构具有刚性大、动作快、增力倍数大、工作行程也比较大(随结构尺寸的不同,行程约为 3～12 mm)等优点,但其定心精度较低,一般约为 $\phi 0.1$ 左右,它主要用于工件的粗加工。由于杠杆机构不能自锁,所以这种机构的自锁要靠气压或其他机构,其中采用气压的较多。

3. 楔式定心夹紧机构

图 3-29 所示为机动的楔式夹爪自动定心机构。当工件 5 以内孔及左端面在夹具上定位后,气缸通过拉杆 4 使六个夹爪 1 左移,由于本体 2 上斜面的作用,夹爪 1 左移的同时向外张开,将工件 5 定心夹紧;反之,夹爪 1 右移时,在弹簧卡圈 3 的作用下夹爪 1 收拢,工件 5 松开。

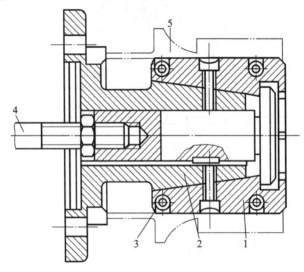

图 3-29 机动的楔式夹爪自动定心机构

1—夹爪;2—本体;3—弹簧卡圈;4—拉杆;5—工件

这种定心夹紧机构的结构紧凑,定心精度一般可达 $\phi0.02\sim\phi0.07$,比较适用于工件以内孔作为定位面的半精加工工序。

4. 弹簧筒夹式定心夹紧机构

如图 3-30 所示,这种定心夹紧机构常用于轴套类工件。图 3-30(a)所示为用于装夹以外圆柱面为定位面的工件的弹簧夹头。旋转螺母 4 时,其端面推动弹性筒夹 2 左移,此时锥套 3 内的锥面迫使弹性筒夹 2 上的簧瓣向心收缩,从而将工件定心夹紧。图 3-30(b)所示是用于装夹以内孔为定位面的工件的弹簧心轴。因工件的长径比 $L/d\gg1$,故弹性筒夹 2 的两端各有簧瓣。旋转螺母 4 时,其端面推动锥套 3,同时推动弹性筒夹 2 左移,锥套 3 和夹具体 1 的外锥面同时迫使弹性筒夹 2 的两端簧瓣向外均匀扩张,从而将工件定心夹紧。反向转动螺母 4,带动锥套 3,便可卸下工件。

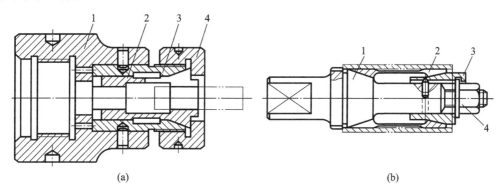

图 3-30　弹簧夹头和弹簧心轴
1—夹具体;2—弹性筒夹;3—锥套;4—螺母

弹簧筒夹式定心夹紧机构结构简单、体积小、操作方便迅速,因而应用十分广泛,其定心精度可稳定在 $\phi0.04\sim\phi0.10$ 之间,故一般适用于精加工或半精加工场合。

5. 膜片卡盘式定心夹紧机构

图 3-31 为膜片卡盘式定心夹紧机构,膜片(弹性盘)4 为定心夹紧弹性施力元件,用螺钉 2 和螺母 3 紧固在夹具体 1 上。弹性盘 4 上有 6~16 个卡爪,卡爪上装有可调螺钉 5,用于对工件 6 进行定心和夹紧。可调螺钉 5 位置调好后用螺母锁紧,然后采用就地加工法磨可调螺钉 5 头部及顶杆 7 端面,以确保对主轴回转轴心线的同轴度及垂直度。磨可调螺钉 5 头部及顶杆 7 端面时,使卡爪有一定的预涨量,确保可调螺钉 5 头部所在圆与工件 6 的外径一致。装夹工件 6 时,外力 F_Q 通过推杆 8 使弹性盘 4 弹性变形,卡爪张开。

膜片卡盘式定心夹紧机构的刚性、工艺性、通用性均好,定心精度高,可达 $\phi0.005\sim\phi0.01$,操作方便迅速,但它的夹紧行程较小,适用于精加工。

6. 波纹套式定心夹紧机构

图 3-32 所示为波纹套定心心轴。旋紧螺母 5 时,轴向压力使两波纹套 3 径向均匀胀大,将工件 4 定心胀紧。波纹套 3 及支承圈 2 可以更换,以适应孔径不同的工件,扩大心轴的通用性。

这种定心夹紧机构结构简单、安装方便、使用寿命长,其定心精度可达 $\phi0.005\sim\phi0.01$,适用于定位基准孔 $D>20$ mm,且公差等级不低于 IT8 级的工件,在齿轮、套筒类工件的精加工工序中应用较多。

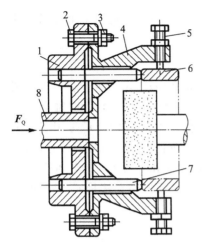

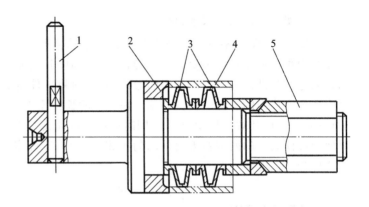

图 3-31　膜片卡盘式定心夹紧机构

1—夹具体;2—螺钉;3—螺母;4—弹性盘;

5—可调螺钉;6—工件;7—顶杆;8—推杆

图 3-32　波纹套定心心轴

1—拨杆;2—支承圈;3—波纹套;4—工件;5—螺母

7.液性塑料式定心夹紧机构

图 3-33 所示为液性塑料式定心夹紧机构的两种结构。其中,图 3-33(a)所示是工件以内孔为定位面,图 3-33(b)所示是工件以外圆为定位面,虽然两者的定位面不同,但其基本结构与工作原理是相同的。起直接夹紧作用的薄壁套筒 2 压配在夹具体 1 上,在所构成的环槽中注满了液性塑料 3。当旋转螺钉 5,通过柱塞 4 向腔内加压时,液性塑料 3 便向各个方向传递压力,在压力作用下薄壁套筒 2 产生径向均匀的弹性变形,从而将工件定心夹紧。图 3-33(a)中的限位螺钉 6 用于限制加压螺钉的行程,防止薄壁套筒 2 因超负荷而产生塑性变形。

这种定心夹紧机构结构紧凑、操作方便、定心精度高,可达 $\phi 0.005 \sim \phi 0.01$,主要用于定位面孔径 $D>18$ mm 或外径 $d>18$ mm,尺寸公差为 IT7~IT8 级工件的精加工或半精加工。

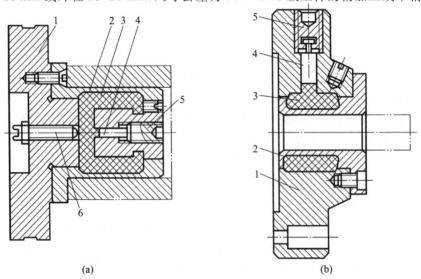

(a)　　　　　　　　　　(b)

图 3-33　液性塑料式定心夹紧机构的两种结构

1—夹具体;2—薄壁套筒;3—液性塑料;4—柱塞;5—螺钉;6—限位螺钉

◀ 3.5 联动夹紧机构 ▶

在夹紧机构的设计中,有时需要几个点同时夹紧一个工件,有时需要同时夹紧几个工件。这种一次夹紧操作就能同时多点夹紧一个工件或同时夹紧几个工件的机构,称为联动夹紧机构。联动夹紧机构可以简化操作和夹具结构,节省装夹时间。

联动夹紧机构可分为单件联动夹紧机构和多件联动夹紧机构。前者对一个工件进行多点夹紧,后者能同时夹紧几个工件。

1. 单件联动夹紧机构

最简单的单件联动夹紧机构是浮动压头,如图 3-34 所示,其夹紧方式属于单件两点夹紧。图 3-35 所示为单件三点联动夹紧机构,拉杆 3 带动浮动盘 2,使三个钩形压板 1 同时夹紧工件。由于这种夹紧机构采用了能够自动回转的钩形压板,所以装卸工件很方便。

图 3-36 为单件四点联动夹紧铣床夹具。夹紧时转动手柄 1,使偏心轮 2 推动柱塞 10,由液性塑料将压力传到四个滑柱 6 上,迫使滑柱 6 向外推动压板 4 和 5 同时夹紧工件。当反转偏心轮 2 时,拉簧 8 将压板 4 和 5 松开,使其压回四个滑柱 6,以卸下工件。图 3-37 所示为铰链压板式四点联动夹紧机构。只要拧紧螺母,通过三个浮动压块的浮动,可使工件在两个方向的四个点上得到夹紧,各方向夹紧力的大小可通过改变杠杆臂长来调节。

2. 多件联动夹紧机构

多件联动夹紧机构多用于小型工件,在铣床夹具中的应用尤为广泛。根据夹紧方式和夹紧方向的不同,它可分为平行夹紧、顺序夹紧、对向夹紧和复合夹紧四种方式。

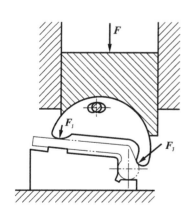

图 3-34 单件两点联动夹紧机构

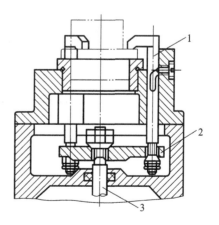

图 3-35 单件三点联动夹紧机构

1—钩形压板;2—浮动盘;3—拉杆

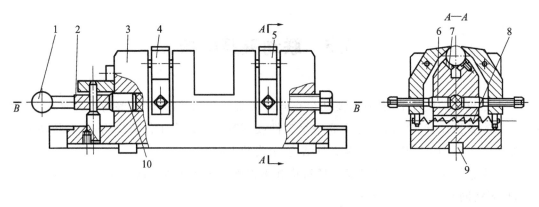

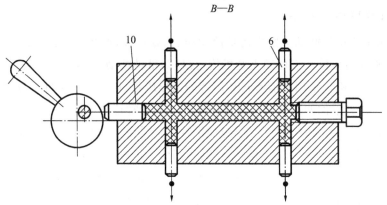

图 3-36 单件四点联动夹紧铣床夹具

1—手柄；2—偏心轮；3—夹具体；4,5—压板；6—滑柱；
7—钢制垫片；8—拉簧；9—定向键；10—柱塞

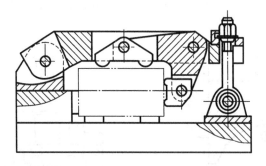

图 3-37 铰链压板式四点联动夹紧机构

1）平行夹紧

图 3-38 所示为多件平行联动夹紧机构。在一次装夹多个工件时，若采用刚性压板（见图 3-38(a)），则因工件的直径不相等及 V 形块有误差，各工件所受的力不相等或有些工件夹不到。采用图 3-38(b)所示的三个浮动压板，可同时夹紧所有工件，且各工件所受的夹紧力理论上相等，即

$$F_{J1} = F_{J2} = F_{J3} = \cdots = F_{Jn} = \frac{F_J}{n}$$

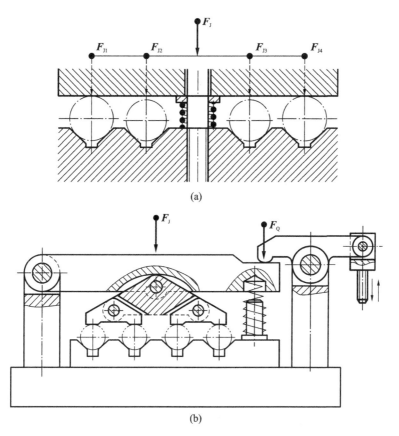

图 3-38 多件平行联动夹紧机构

式中,F_J 为夹紧装置的总夹紧力,n 为被夹紧工件的件数。

2)顺序夹紧

图 3-39 所示是同时铣削四个工件的顺序夹紧铣床夹具。当压缩空气推动活塞 1 向下移动时,活塞杆 2 上的斜面推动滚轮 3,使推杆 4 向右移动,通过杠杆 5 使顶杆 6 顶紧 V 形块 7,通过中间三个浮动 V 形块 8 及固定 V 形块 9 连续夹紧四个工件。理论上每个工件所受的夹紧力等于总夹紧力。加工完毕后,活塞 1 作反向运动,推杆 4 在弹簧的作用下退回原位,V 形块松开,卸下工件。

对于这种顺序夹紧方式,由于工件的误差和定位、夹紧元件的误差依次传递,逐个积累,故其只适用于在夹紧方向上没有加工要求的工件。

3)对向夹紧

如图 3-40 所示,两对向压板 1、4 利用球面垫圈及间隙构成浮动环节。当转动偏心轮 6 时,压板 4 夹紧右边的工件,同时拉杆 5 右移,使压板 1 将左边的工件夹紧。这类夹紧机构可以减小原始作用力,但增加了夹紧行程。

4)复合夹紧

由以上几种多件联动夹紧方式合理组合而成的机构,称为复合式多件联动夹紧机构。图 3-41 所示为平行式和对向式组合的复合式多件联动夹紧机构。

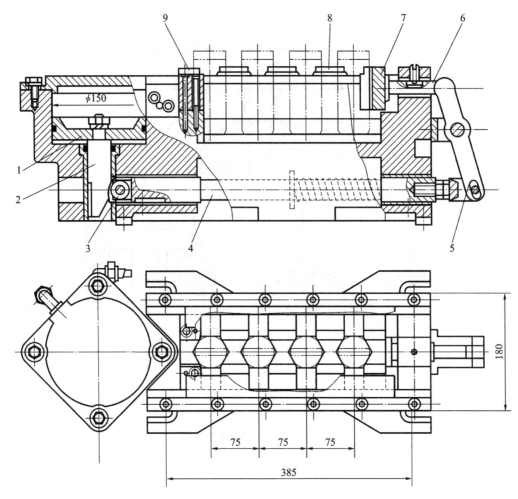

图 3-39　同时铣削四个工件的顺序夹紧铣床夹具

1—活塞;2—活塞杆;3—滚轮;4—推杆;5—杠杆;6—顶杆;

7—V 形块;8—浮动 V 形块;9—固定 V 形块

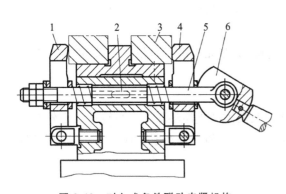

图 3-40　对向式多件联动夹紧机构

1,4—压板;2—键;3—工件;5—拉杆;6—偏心轮

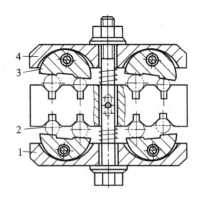

图 3-41　复合式多件联动夹紧机构

1,4—压板;2—工件;3—摆动压块

3. 设计联动夹紧机构时应注意的问题

(1)要设置浮动环节。为了使联动夹紧机构的各个夹紧点能同时、均匀地夹紧工件,各夹紧元件的位置应能协调浮动。例如,图 3-34 中的浮动压头、图 3-35 中的浮动盘(三点夹紧有两个浮动环节)、图 3-36 中的液性塑料、图 3-37 中的三个浮动压板、图 3-39 中的三个浮动 V 形块,都是为此目的而设置的,称为浮动环节。若有 n 个夹紧点,则应有 $n-1$ 个浮动环节。

(2)同时夹紧的工件数量不宜太多。

(3)有较大的总夹紧力和足够的刚度。

(4)力求设计成增力机构,并使结构简单、紧凑,以提高机械效率。

3.6　夹具动力装置

现代高效率的夹具大多采用机动夹紧方式。在机动夹紧中,一般都设有产生夹紧力的动力系统,这样可以大幅度地减少装夹工件的辅助时间,提高生产率和减轻劳动强度。常用的动力系统有:气动、液压、气液联合等快速高效传动装置。

1. 气动夹紧

气动夹紧是机动夹紧中应用最广泛的一种,目前不仅在大批量生产中已普遍采用,而且已逐步推广到成批和小批量生产中。

1)气压传动系统

如图 3-42 所示,电动机 1 带动空气压缩机 2 产生 0.7～0.9 MPa 的压缩空气,压缩空气经冷却器 3 进入储气罐 4 备用。压缩空气在进入机床夹具的气缸前必须进行处理:首先进入分水滤气器 7,分离出水分并滤去杂质,以免锈蚀元件及堵塞管路;再经调压阀 8,使压力降至工作压力(0.4～0.6 MPa)并稳定在该压力水平上;然后通过油雾器 9 混以雾化油,以保证系统中各元件的润滑;最后经单向阀 10、换向阀 11、节流阀 12 进入气缸。

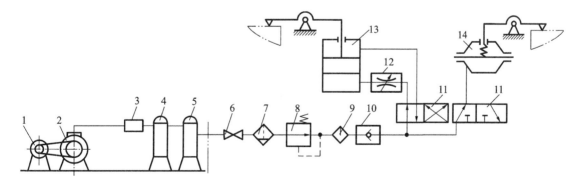

图 3-42　气压传动系统示意图

1—电动机;2—空气压缩机;3—冷却器;4—储气罐;5—过滤器;6—开关;7—分水滤气器;8—调压阀;

9—油雾器;10—单向阀;11—换向阀;12—节流阀;13—活塞式气缸;14—薄膜式气缸

2)气动夹紧的特点

(1)压缩空气来源于大气,取之不尽,废气可排入大气中,处理方便,没有污染。

(2)压缩空气在管道中流动的压力损失小,因此便于集中供应和远距离操纵,便于实现自动化。

(3)压缩空气在管道中的流动速度快,反应灵敏,可达到快速夹紧的目的。

(4)夹紧力基本稳定,但由于空气有压缩性,夹紧刚度差,故在重载切削或断续切削时,应设置自锁装置。

(5)压缩空气的工作压力较小,因此,与液压夹紧装置相比,其结构较庞大;另外,气动夹紧机构工作时有噪声。

2. 液压夹紧

液压夹紧的特点如下。

(1)液压油压力高、传动力大,在产生相同的原始作用力的情况下,液压缸的结构尺寸比气压缸的结构尺寸小许多倍,是应用广泛的夹具动力装置。

(2)油液的不可压缩性使夹紧刚度高,工作平稳、可靠。

(3)液压传动噪声小,劳动条件比气压的好。

(4)高压油液容易漏油,要求液压元件的材质和制造精度高,故夹具成本较高。

3. 气动-液压夹紧

为了综合应用气压夹紧和液压夹紧的优点,可以采用气液联合的增压装置。由于该种装置只利用气源即可获得高压油,因此成本低,维护方便。

气-液增压装置分为直接作用式和低、高压先后作用式两种。图 3-43 所示是直接作用式气-液增压虎钳示意图。工作时,先通过丝杠 2 将钳口 1 调至接近工件的位置;然后操纵换向阀,使压缩空气进入气缸的 A 腔,推动活塞 5 右移,B 腔中的废气经换气阀排出,此时活塞杆 4 对油腔 C(增压缸)加压,并使高压油液经油路 a 进入油腔 F(工作液压缸),推动活塞 3 左移,即可夹紧工件。

由于工作液压缸活塞的面积比气缸活塞杆 4 的横截面面积大得多,故液压缸活塞 3 可获得很大的作用力,其增力倍数的计算如下。假设活塞杆 4 作用于油液的单位压力为 p',则

$$p' = \frac{4}{\pi d^2} \cdot \frac{\pi D_1^2}{4} p = \left(\frac{D_1}{d}\right)^2 p$$

工作液压缸的活塞 5 产生的作用力为

$$F = \frac{\pi D_2^2}{4} p' \eta = \frac{\pi D_2^2}{4} \cdot \left(\frac{D_1}{d}\right)^2 p \eta = \frac{\pi}{4} \left(\frac{D_1 D_2}{d}\right)^2 p \eta$$

式中:D_1、d、D_2 为气缸、增压缸、工作液压缸活塞的直径,单位为 mm;p 为压缩空气的单位压力,单位为 Pa;η 为装置的机械效率,可取 $\eta = 0.85 \sim 0.90$。

这种装置的缺点是行程短。因油液可压缩性小,因此在增压缸内活塞杆 4 的移动容积和工

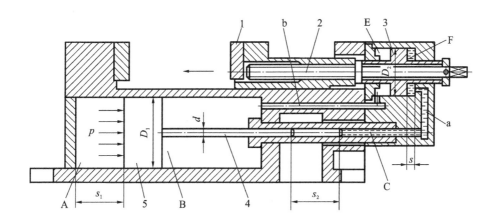

图 3-43 直接作用式气-液增压虎钳示意图

1—钳口；2—丝杠；3,5—活塞；4—活塞杆

作液压缸活塞 3 的移动容积相等，即 $\dfrac{\pi d^2}{4s_1} = \dfrac{\pi D_2^2}{4s}$，则有

$$s = \left(\dfrac{D_2}{d}\right)^2 s_1$$

式中，s_1 为气缸活塞杆 4 的行程，s 为工作液压缸活塞 5 的行程。

上式表明，工作液压缸活塞的作用力增大多少倍，相应地，行程就缩小多少倍。当夹紧机构需要较大的工作行程时，就需要增加气缸的行程，这势必使整个装置的长度增加。为了解决上述问题，可以采用图 3-44 所示的气-液增压器，其增压、夹紧和松夹过程分三步进行。

(1) 预夹紧。先将三位五通阀的手柄放到预夹紧的位置，压缩空气进入左气缸的 B 腔，推动气缸活塞 1 向右移动，油液由 b 腔经 a 腔输至高压缸 2 中，其活塞即以低压快速移动，对工件进行预夹紧。此时油液容量大，活塞的行程也较大。当缸径 $D=120\text{ mm}$，$d_1=90\text{ mm}$，气源气压为 $5.5 \times 10^5\text{ Pa}$ 时，低压油的压力约为 $9.9 \times 10^5\text{ Pa}$。

(2) 增压夹紧。在预夹紧后，把手柄移至高压位置，压缩空气即进入右气缸的 C 腔，推动活塞 3 向左移动，直径为 d_2 的柱塞将油腔 a 和 b 隔开，并对 a 腔的油液施加压力，使油压升高，并将油液输送至工作液压缸而实现高压夹紧。当 $D=120\text{ mm}$，$d_2=24\text{ mm}$ 时，高压油的压力可高达 $137.5 \times 10^5\text{ Pa}$。

(3) 松开工件。加工完毕后，把手柄转换到松夹的位置，压缩空气进入 A、D 两腔，气缸活塞 1 和活塞 3 作相反方向的移动，此时工作液压缸的活塞在弹簧力的作用下复位，松开工件，油液回到增压缸中。

该增压器为单独动力部件，可用于不同的工作液压缸，通常在生产规模不大的情况下使用。

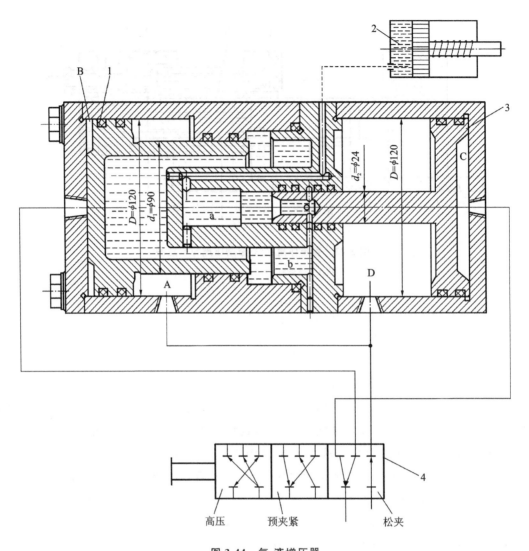

图 3-44 气-液增压器

1—气缸活塞；2—高压缸；3—活塞和柱塞；4—换向阀

【习题】

3-1 简述设计夹紧装置的基本要求。

3-2 简述确定夹紧力方向和作用点的基本原则。

3-3 简述斜楔夹紧机构、螺旋夹紧机构、偏心夹紧机构的特点。

3-4 简述铰链夹紧机构的特点。

3-5 简述定心夹紧机构的工作原理。

3-6 简述联动夹紧机构的特点及夹紧形式。

3-7 如何设置联动夹紧机构的浮动环节？

3-8 分析图 3-45 所示的夹紧力方向和作用点，并判断其合理性及如何改进。

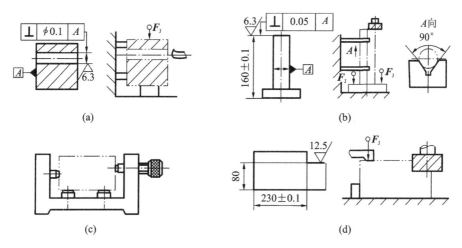

图 3-45 题 3-8 图

3-9 分析图 3-46 所示的夹紧机构是否合理,若不合理,提出改进方案。

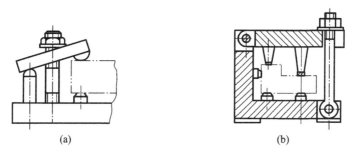

图 3-46 题 3-9 图

3-10 图 3-47 所示为简单螺旋夹紧机构,用螺钉夹紧直径 $d=120$ mm 的工件。已知切削力矩 $M_C=7$ N·m,各种摩擦系数 $f=0.15$,V 形块夹角 $\alpha=90°$。若选用 M10 螺钉,手柄直径 $d'=100$ mm,施于手柄上的原始作用力 $F_Q=100$ N,试分析夹紧是否可靠。

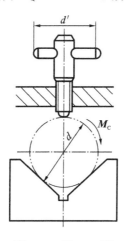

图 3-47 题 3-10 图

第4章
分度装置与夹具体

◀ **知识目标**

(1)了解分度装置的作用、类型和结构。

(2)掌握典型分度装置的组成。

(3)掌握分度装置的设计方法。

(4)了解夹具体的设计要点。

◀ **能力目标**

(1)能分析分度装置的各组成部分。

(2)能设计回转式分度装置。

4.1 分度装置的类型和结构

1. 概述

在机械加工中经常会遇到一些工件上有一组按一定角度或一定距离分布的形状和尺寸都相同的加工表面,如工件上的等分孔或等分槽等,如图 4-1 所示。

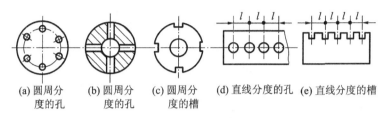

(a) 圆周分 度的孔　(b) 圆周分 度的孔　(c) 圆周分 度的槽　(d) 直线分度的孔　(e) 直线分度的槽

图 4-1　常见的等分表面

为了保证加工表面间的位置精度,减少装夹次数,通常多采用分度加工的方法。即一次装夹之后,先完成一个表面的加工,再依次使工件随同夹具的可动部分转过一定的角度或移动一定的距离,对下一个表面进行加工,直到完成全部的加工内容。具备这种功能的装置称为分度装置。

分度装置能使工件的加工工序集中,它广泛用于车、钻、铣和镗削加工。

图 4-2 所示为带有回转分度装置的钻模,它用于加工扇形工件 1 上的三个径向孔,孔间夹角均为 $20° \pm 10'$。工件以端面和内孔在定位轴 2 上定位,由螺母 10 和开口垫圈 9 夹紧。安装在夹具体 13 上的对定销 5 在弹簧的作用下插入分度盘 11 的定位套 4 中,以确定工件的加工位置。分度盘 11 的定位套数与工件的孔数相等,也是三个。转动手柄 7,将转体(包括定位轴、分度盘等一起转动的元件)锁紧。

分度时,首先反向转动手柄 7,将转体松开,使其在衬套 8 的孔中能灵活转动,用手向外拉把手 6,将对定销 5 从分度盘 11 中退出;其次将转体转动约 $20°$,对定销 5 又在弹簧的作用下插入分度盘 11 的下一个定位套 4 中,从而完成一次分度;最后转动手柄 7,锁紧转体,使定位稳定可靠。

2. 分度装置的类型

常见的分度装置有以下两类。

(1)回转分度装置:一种对圆周角分度的装置,又称圆分度装置,用于工件表面圆周分度孔或槽的加工。

(2)直线分度装置:对直线方向上的尺寸进行分度的装置,其分度原理与回转分度装置的相同。

由于回转分度装置在机械加工中应用广泛,而且直线分度装置的工作原理与设计方法又与回转分度装置的相似,因此,本章主要以回转分度装置来说明一般分度装置的设计方法。

回转分度装置有以下两种分类。

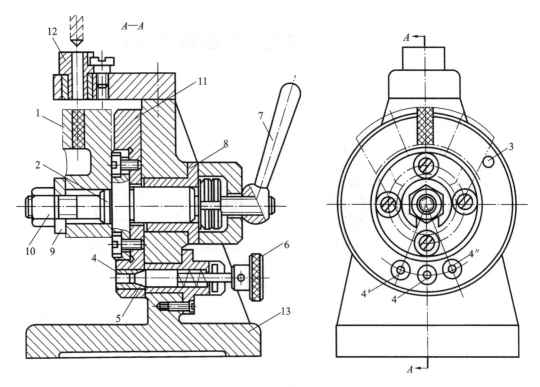

图 4-2　带有回转分度装置的钻模

1—工件；2—定位轴；3—挡销；4—定位套；5—对定销；6—把手；7—手柄；

8—衬套；9—开口垫圈；10—螺母；11—分度盘；12—钻套；13—夹具体

（1）按分度盘和对定销相对位置的不同，回转分度装置可分为轴向分度和径向分度两种基本形式，如图 4-3 所示。

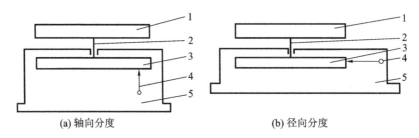

(a) 轴向分度　　　　　　　　　　　　　　　(b) 径向分度

图 4-3　回转分度装置的基本形式

1—回转工作台；2—转轴；3—分度盘；4—对定销；5—夹具体

对于轴向分度，对定销 4 的运动方向与分度盘 3 的回转轴线平行，结构较紧凑；对于径向分度，对定销 4 的运动方向与分度盘 3 的回转轴线垂直，由于分度盘的回转直径较大，故能使分度误差相应地减小，常用于分度精度较高的场合。

（2）按分度装置的使用特性，回转分度装置可分为通用和专用两大类。

在单件生产中，使用通用分度装置有利于缩短生产的准备周期，降低生产成本，如铣床通用夹具回转工作台和万能分度头。通用分度装置的分度精度较低，如 FW80 型万能分度头采用速比 1：40 的蜗杆、蜗轮副,其分度精度为±1′,故只能满足一般需要。在成批生产中,则广泛使用专用分度装置,以获得较高的分度精度和生产效率。

3. 分度装置的结构

回转分度装置主要由固定部分、转动部分、分度对定机构及操纵机构和抬起锁紧机构等组成。

(1)固定部分:分度装置的基体,其功能相当于夹具体,常与夹具体做成一体,如图 4-2 中的夹具体 13、衬套 8 等。

(2)转动部分:包括回转盘和转轴等,用于实现工件的转位,如图 4-2 中的分度盘 11、定位轴2 等。

(3)分度对定机构及操纵机构:由分度盘和对定销组成,其作用是在转盘转位后,使其相对于固定部分定位,保证工件正确的分度位置,如图 4-2 中的分度盘 11、对定销 5 等。分度盘有时与回转盘做成一体。

(4)抬起锁紧机构:分度对定后,应将转动部分与固定部分锁紧,以增大分度装置工作时的刚度,如图 4-2 中的手柄 7 及其套筒垫等。大型分度装置还需设置抬起机构。

4.2　分度装置的设计

1. 分度对定机构及操纵机构

1)分度对定机构

分度对定机构的结构形式较多,如图 4-4 所示。回转式分度盘上开有与对定销相适应的孔或槽。轴向分度盘沿轴向开孔(圆孔或锥孔),径向分度盘沿径向开槽(直、斜槽或型面)。

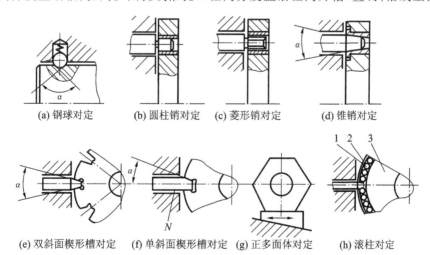

(a) 钢球对定　　(b) 圆柱销对定　　(c) 菱形销对定　　(d) 锥销对定

(e) 双斜面楔形槽对定　　(f) 单斜面楔形槽对定　　(g) 正多面体对定　　(h) 滚柱对定

图 4-4　分度对定机构

1—精密滚柱;2—套环;3—圆盘

(1)钢球对定。如图 4-4(a)所示,钢球对定是依靠弹簧的弹力将钢球压入分度盘锥孔中来实现分度定位的。钢球对定结构简单,在轴向、径向分度中均有应用,它常用于切削负荷小且分度精度低的场合,也可以作为分度装置的预分度定位。

(2)圆柱销对定。如图4-4(b)所示,圆柱销对定主要用于轴向分度,其结构简单,制造方便,它的缺点是分度精度低,一般为$\pm 1' \sim \pm 10'$。

(3)菱形销对定。如图4-4(c)所示,由于菱形销能补偿分度盘分度孔的中心距误差,故其结构工艺性良好,其应用特性与圆柱销对定的相同。

(4)圆锥销对定。如图4-4(d)所示,圆锥销对定主要用于轴向分度,圆锥角一般为10°,其特点是圆锥面能自动定心,故其分度精度较高,但对防尘要求较高。

(5)双斜面楔形槽对定。如图4-4(e)所示,由于斜面能自动消除间隙,因此双斜面楔形槽对定有较高的分度精度,其缺点是分度盘的制造复杂。

(6)单斜面楔形槽对定。如图4-4(f)所示,斜面产生的分力使分度盘始终反靠在平面上。图中的 N 面为分度对定的基准,只要其位置固定不变,就能获得很高的分度精度。单斜面楔形槽对定常用于高精度的径向分度,分度精度可达到$\pm 10''$左右。

(7)正多面体对定。如图4-4(g)所示,正多面体是具有精确角度的基准器件。图中为正六面体对定,能做2、3、6等分,其特点是制造容易、刚度好、分度精度高,但分度数不宜多。

(8)滚柱对定。如图4-4(h)所示,这种结构由圆盘3、套环2和精密滚柱1构成,相间排列的滚柱构成分度槽。为了提高分度盘的刚度,在滚柱与圆盘、套环之间应填充环氧树脂。对定销端部制成10°锥角,此时分度精度较高。

2)操纵机构

操纵机构的主要作用是使对定销从分度盘相应的孔或槽中拔出或插入,如图4-5所示。

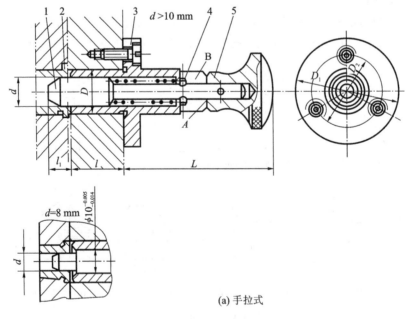

(a)手拉式

图4-5 操纵机构

1,6,8—对定销;2—衬套;3—导套;4—横销;5—捏手;7—手柄;9—小齿轮

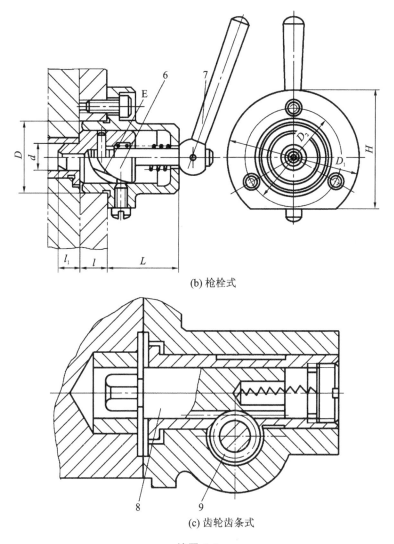

(b) 枪栓式

(c) 齿轮齿条式

续图 4-5

图 4-5(a)所示为 JB/T 8021.1—1999 手拉式定位器。将捏手 5 向外拉,即可将对定销 1 从孔中拔出。当横销 4 脱离 B 槽后,可将捏手 5 转过 90°,将横销 4 搁在导套 3 的端面 A 上,即可转位分度。此机构结构简单、工作可靠,主要参数 d 为 8 mm、10 mm、12 mm、15 mm 四种。

图 4-5(b)所示为 JB/T 8021.2—1999 枪栓式定位器。转动手柄 7,利用对定销 6 上的螺旋槽 E 可移动对定销 6。此机构操纵方便,主要参数 d 为 12 mm、15 mm、18 mm。

图 4-5(c)所示为齿轮齿条式操纵机构。转动小齿轮 9,即可移动对定销 8 进行分度。此机构操作方便、工作可靠。

2. 抬起锁紧机构

对于大型分度装置,在分度转位之前,为了使转盘灵活转动,需将转盘稍微抬起,在分度结束后,应将转盘锁紧,以增强分度装置的刚度和稳定性。为此,设置抬起锁紧机构,如图 4-6所示。

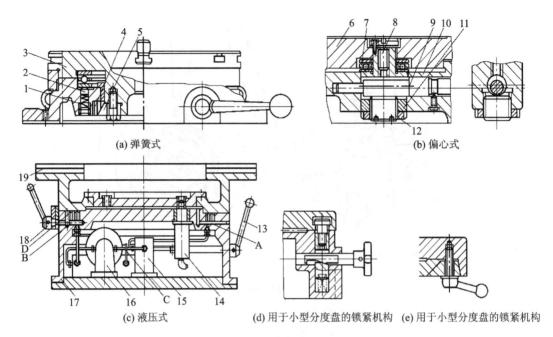

(a) 弹簧式　　　　　　　　　　　　　　　　　　　(b) 偏心式

(c) 液压式　　　　(d) 用于小型分度盘的锁紧机构　　(e) 用于小型分度盘的锁紧机构

图 4-6　抬起锁紧机构

1—弹簧;2—顶柱;3、19—转盘;4—锁紧圈;5—锥形圈;6—回转盘;7—轴承;

8—螺纹轴;9—圆偏心轴;10、17—转台;11—滑动套;12—螺钉;13—手柄;

14—液压缸;15—回油系统;16—油路系统;18—锁紧装置

图 4-6(a)所示为弹簧式抬起锁紧机构。顶柱 2 通过弹簧 1 把转盘 3 抬起,转盘 3 转位后可用锁紧圈 4 和锥形圈 5 锁紧。

图 4-6(b)所示是偏心式抬起锁紧机构,转动圆偏心轴 9,轴承 7 经滑动套 11 把回转盘 6 抬起;反向转动圆偏心轴 9,经螺钉 12、滑动套 11 和螺纹轴 8 即可将回转盘 6 锁紧。

图 4-6(c)所示为液压式抬起锁紧机构,最大型分度盘用液体静压抬起。压力油经油口 C、油路系统 16、油孔 B,在静压槽 D 处产生静压,从而抬起转盘 19;回油经油口 A 和回油系统 15 排出。静压使转盘抬起 0.1 mm。转盘 19 由锁紧装置 18 锁紧。

图 4-6(d)和图 4-6(e)所示为用于小型分度盘的锁紧机构。

除了常见的螺杆、螺母锁紧机构外,锁紧机构还有多种结构形式。如图 4-7 所示,图 4-7(a)所示为偏心锁紧机构,转动手柄 3,偏心轮 2 通过支板 1 将回转台 5 压紧在底座 4 上;图 4-7(b)所示为楔式锁紧机构,通过带斜面的梯形压紧钉 9 将回转台 6 压紧在底座上;图 4-7(c)所示为切向锁紧机构,转动手柄 11,使锁紧螺杆与锁紧套 12 相对运动,从而将转轴 10 锁紧。

3. 回转工作台

有些回转分度装置已设计成通用独立部件,称为回转工作台或回转台。在回转台工作表面上设有中心圆孔和 T 形槽,以供安装夹具之用。在设计专用夹具时,可以根据工件的加工要求和结构,仅设计夹具的其他部分,与通用回转台联合使用;也可以重新设计分度装置,使之与专用夹具成为一个整体。

图 4-8 所示为立轴式通用回转台。转盘 2 和轴套 3 由螺钉固定在一起,它们可在转台体 1

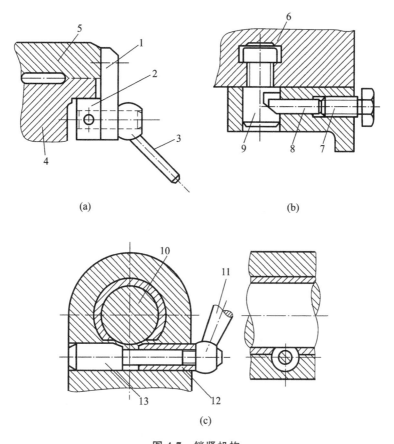

图 4-7　锁紧机构

1—支板；2—偏心轮；3,11—手柄；4—底座；5,6—回转台；7—螺钉；

8—滑柱；9—梯形压紧钉；10—转轴；12—锁紧套；13—锁紧螺杆

的衬套 4 中转动。分度销 13 的下端有齿条,齿条与齿轮套 11 相啮合。逆时针转动手柄 9,由于螺纹的作用,手柄轴 10 向后移,锁紧圈 7 松开,挡销 8 带动齿轮套 11 旋转,使分度销 13 从转盘的分度套 14 中退出,此时转盘即可自由分度。分度完成后,将手柄 9 顺时针转动,分度销 13 在弹簧 12 的作用下插入新的定位孔中。与此同时,手柄轴 10 向前移动,将弹性开口锁紧圈 7 顶紧,其锥面迫使锥形圈 5 下降,使转盘 2 压紧在转台体 1 上,从而达到锁紧的目的。调整螺钉 6 可以调节锁紧的松紧程度。

从以上分析可以看出,分度回转台主要由以下几部分组成。

(1)转动部分:转盘 2。

(2)固定部分:转台体 1。

(3)对定机构:分度销 13 和分度套 14 等。

(4)锁紧机构:手柄 9、手柄轴 10 及锁紧圈 7 等。

4. 分度误差

分度装置的实际分度值与理论值之差称为分度误差。

以回转分度中圆柱销对定分度为例进行分析计算。

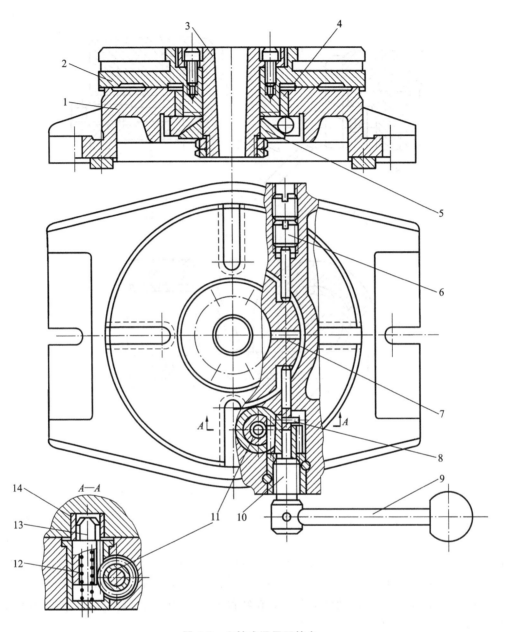

图 4-8 立轴式通用回转台

1—转台体;2—转盘;3—轴套;4—衬套;5—锥形圈;6—螺钉;7—锁紧圈;

8—挡销;9—手柄;10—手柄轴;11—齿轮套;12—弹簧;13—分度销;14—分度套

在回转分度中,分度销在分度盘相邻两个分度套中对定位的情况如图 4-9 所示,其回转分度误差为 $\Delta\alpha$。

根据图 4-9 中的几何关系可求出

$$\Delta\alpha = \alpha_{max} - \alpha_{min}$$

由于 $\dfrac{\Delta\alpha}{4} = \arctan\dfrac{\Delta F/4 + X_3/2}{R}$,所以

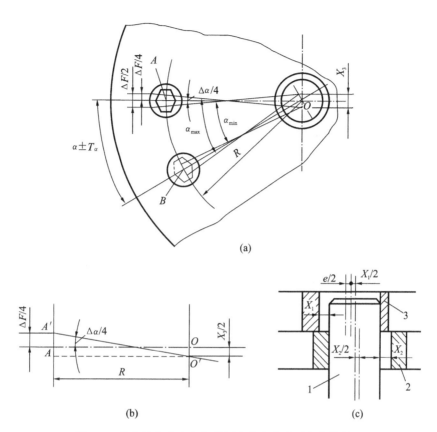

图 4-9　分度销在分度盘相邻两个分度套中对定位的情况

1—分度销；2—固定套；3—分度套

$$\Delta\alpha = 4\arctan\frac{\Delta F + 2X_3}{4R}$$

式中，$\Delta\alpha$ 为回转分度误差，ΔF 为分度销在分度套中的对定位误差，X_3 为分度盘回转轴与轴承间的最大间隙，R 为回转中心到分度套中心的距离。

从图 4-9(c) 中可以看出：在对定位 A 孔时，分度孔中心相对于固定套中心的最大偏移量为 $\pm(X_1 + X_2 + e)/2$；同理，在对定位 B 孔时，其最大偏移量也为 $\pm(X_1 + X_2 + e)/2$；同时分度盘 A、B 两孔间还存在孔距公差 $\pm\delta$。因此，分度销在分度套中的对定位误差为上述各项之和。用概率法计算，可得

$$\Delta F = \pm\sqrt{\delta^2 + X_1^2 + X_2^2 + e^2}$$

式中，X_1 为分度销与分度套的最大间隙，X_2 为分度销与固定套的最大间隙，δ 为分度盘相邻两孔角度公差所对应的弧长，e 为分度套的内外圆同轴度误差。

◀ 4.3　夹具体 ▶

夹具上的各种装置和元件通过夹具体连接成一个整体。因此，夹具体的形状及尺寸取决于

夹具上各种装置的布置及夹具与机床的连接。

1. 对夹具体的要求

1）有适当的精度和尺寸稳定性

夹具上的重要表面，如安装定位元件的表面、安装对刀或导向元件的表面及夹具的安装基面（与机床相连接的表面）等，应有适当的尺寸和形状精度，它们之间应有适当的位置精度。为了使夹具尺寸稳定，铸造夹具体要进行时效处理，焊接和锻造夹具体要进行退火处理。

2）有足够的强度和刚度

加工过程中，夹具体要承受较大的切削力和夹紧力。为了保证夹具不产生不允许的变形和振动，夹具体应有足够的强度和刚度。因此，夹具体需有一定的壁厚。铸造和焊接夹具体常设置加强筋，或在不影响工件装卸的情况下采用框架式夹具体，如图 4-10（c）所示。

3）结构工艺性好

夹具体应便于制造、装配和检验。铸造夹具体上安装各种元件的表面应铸出凸台，以减小加工面积。夹具体毛面与工件之间应留有足够的间隙，一般为 4～15 mm；夹具体结构形式应便于工件的装卸，如图 4-10 所示。图 4-10（a）所示为开式结构，图 4-10（b）所示为半开式结构，图 4-10（c）所示为框架式结构。

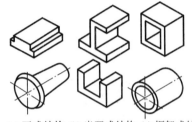

(a) 开式结构 (b) 半开式结构 (c) 框架式结构

图 4-10　夹具体结构形式

4）排屑方便

切屑多时，夹具体上应考虑排屑结构。图 4-11（a）所示为在夹具上开排屑槽；图 4-11（b）所示为在夹具体下部设置排屑斜面，斜角 α 可取 30°～50°。

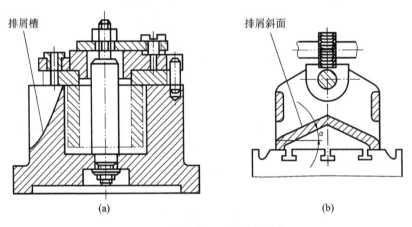

(a)　　　　　　　　　　(b)

图 4-11　夹具体上设置排屑结构

5）在机床上的安装稳定可靠

夹具体在机床上的安装都是通过夹具体上的安装基面与机床上相应表面的接触或配合来实现的。当夹具体在机床工作台上安装时，夹具体的重心应尽量低，重心越高，则支承面应越大；夹具体底面四边应凸出，使夹具体的安装基面与机床的工作台面接触良好。夹具体安装基面的形式如图 4-12 所示。图 4-12（a）所示为周边接触；图 4-12（b）所示为两端接触；图 4-12（c）所示为四个支脚接触，接触边或支脚的宽度应大于机床工作台梯形槽的宽度，接触边或支脚应一次加工出来,并保证一定的平面精度。当夹具体在机床主轴上安装时,夹具体安装基面与主轴相应表面应有较高的配合精度,并保证夹具体安装稳定可靠。

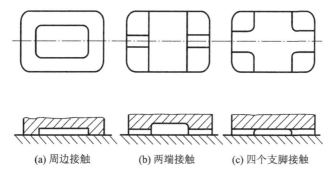

(a) 周边接触　　　　(b) 两端接触　　　　(c) 四个支脚接触

图 4-12　夹具体安装基面的形式

2. 夹具体毛坯的类型

1)铸造夹具体

如图 4-13(a)所示,铸造夹具体的优点是工艺性好,可铸出各种复杂形状,具有较好的抗压强度、刚度和抗振性,但其生产周期长,需进行时效处理,以消除内应力。铸造夹具体常用材料为灰铸铁(如 HT200),要求强度高时用铸钢(如 ZG270-500),要求重量轻时用铸铝(如 ZL104)。目前铸造夹具体应用较多。

2)焊接夹具体

如图 4-13(b)所示,焊接夹具体由钢板、型材焊接而成。这种夹具体制造方便、生产周期短、成本低、重量轻(壁厚比铸造夹具体的薄)。但焊接夹具体的热应力较大,易变形,需经退火处理,以保证夹具体尺寸的稳定性。

3)锻造夹具体

如图 4-13(c)所示,锻造夹具体适用于形状简单、尺寸不大、要求强度和刚度大的场合。锻造夹具体锻造后也需经退火处理。此类夹具体应用较少。

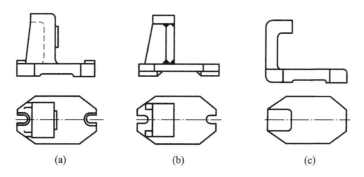

(a)　　　　　　　(b)　　　　　　　(c)

图 4-13　夹具体毛坯的类型

4)型材夹具体

小型夹具体可以直接用板料、棒料、管料等型材加工装配而成。这类夹具体取材方便、生产周期短、成本低、重量轻,如各种心轴类夹具的夹具体。

5）装配夹具体

如图 4-14 所示,装配夹具体由标准零部件及个别非标准零部件通过螺钉、销钉连接、组装而成。标准零部件由专业厂家生产。此类夹具体具有制造成本低、周期短、精度稳定等优点,有利于夹具标准化、系列化,也便于计算机辅助设计。

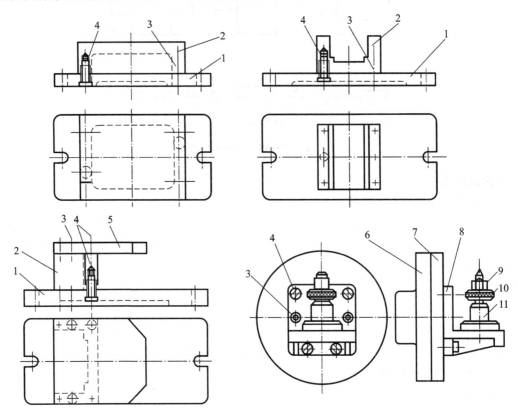

图 4-14 装配夹具体

1—底座;2—支承;3—销钉;4—螺钉;5—钻模板;6—过渡盘;

7—花盘;8—角铁;9—螺母;10—开口垫圈;11—定位心轴

【习题】

4-1 简述分度装置的作用和类型。

4-2 简述回转分度装置的类型、组成和各组成部分的作用。

4-3 简述径向分度与轴向分度的优缺点。

4-4 什么是分度误差？影响分度误差的因素有哪些？

4-5 简述夹具体的设计要求。

4-6 简述夹具体的类型及特点。

第5章
典型专用夹具设计

◀ **知识目标**

　　(1)掌握钻床夹具、铣床夹具、车床夹具和镗床夹具的特点、类型和设计要点。

　　(2)掌握专用夹具的设计方法。

　　(3)了解夹具的制造特点及其保证精度的方法。

◀ **能力目标**

　　(1)会根据工件的加工要求、生产类型等设计各类夹具。

　　(2)会进行各类夹具加工精度的分析与计算。

◀ 5.1 钻床夹具设计 ▶

5.1.1 钻床夹具的类型

在钻床上进行孔加工(钻、扩、铰、锪及攻螺纹)所用的夹具称为钻床夹具,也称为钻夹具或钻模。钻模上设置有钻套和钻模板,用以引导刀具。钻模主要用于加工中等精度、较小尺寸的孔或孔系。使用钻模可提高孔及孔系间的位置精度。钻模结构简单、制造方便,因此在各类机床夹具中占的比重最大。

钻模的类型有很多,有固定式、移动式、回转式、翻转式、盖板式和滑柱式等。

1. 固定式钻模

固定式钻模在使用过程中,钻模在机床上的位置是固定不动的。这类钻模加工精度较高,主要用于在立式钻床上加工直径较大的单孔,或在摇臂钻床上加工平行孔系。

固定式钻模如图 5-1(a)所示。图 5-1(b)是加工工序图,孔 $\phi68H7$ 与两端面已加工。本工序需加工孔 $\phi12H7$,要求孔中心至 N 面的距离为 (15 ± 0.1) mm,与孔 $\phi68H7$ 轴线的垂直度公差

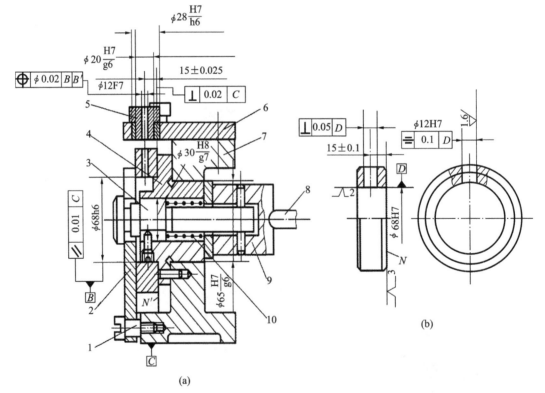

(a)

图 5-1 固定式钻模

1—螺钉;2—转动开口垫圈;3—拉杆;4—定位法兰;5—快换钻套;
6—钻模板;7—夹具体;8—手柄;9—圆偏心轮;10—弹簧

为 0.05 mm,对称度公差为 0.1 mm。为此,采用了图 5-1(a)所示的固定式钻模。加工时选定工件的端面 N 和孔 ϕ68H7 的圆柱表面为定位面,分别在定位法兰 ϕ68h6 的短外圆柱面和端面 N' 上定位,这样限制了工件的 5 个自由度。工件安装后扳动手柄 8,借助圆偏心轮 9 的作用,通过拉杆 3 与转动开口垫圈 2 夹紧工件;反方向扳动手柄 8,拉杆 3 在弹簧 10 的作用下松开工件。为了保证本工序的加工要求,在设计夹具和制订零件加工工艺规程时,应采取以下措施。

(1)孔 ϕ12H7 的尺寸精度与表面粗糙度由钻、扩、铰工艺和一定精度等级的铰刀保证。

(2)孔的位置尺寸(15 ±0.1) mm 由夹具上的定位法兰 4 的限位端面 N' 与快换钻套 5 的中心线之间的距离尺寸(15 ±0.025) mm 保证。

(3)对称度公差 0.1 mm 和垂直度公差 0.05 mm 由夹具的相应制造精度保证。

2. 移动式钻模

移动式钻模用于钻削中、小型工件同一表面上的多个孔。图 5-2 所示的移动式钻模用于加工连杆大、小头上的孔。工件以端面及两头圆弧面为定位面,在定位套 12 和 13、固定 V 形块 2、活动 V 形块 7 上定位。先通过手轮推动活动 V 形块 7 压紧工件,再转动手轮 8,带动螺钉 11 转动,压迫钢球 10,使两半圆键 9 向外胀开而锁紧。通过移动钻模,使钻头分别导入钻套 4、5 中,以加工两孔。

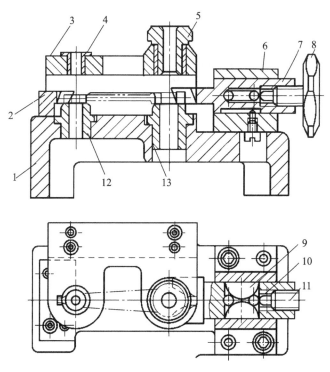

图 5-2 移动式钻模

1—夹具体;2—固定 V 形块;3—钻模板;4,5—钻套;6—支座;7—活动 V 形块;
8—手轮;9—半圆键;10—钢球;11—螺钉;12,13—定位套

3. 回转式钻模

带有回转分度装置的钻模称为回转式钻模。回转式钻模有立轴回转、卧轴回转和斜轴回转三种基本形式。

图 5-3 所示为一卧轴回转式钻模，它主要用来加工工件上的三个径向均布孔。在转盘 6 的圆周上有三个径向均布的钻套孔，其端面上有三个对应的分度锥孔。钻孔前，分度销 2 在弹簧的作用下插入分度锥孔中，反转手柄 5，螺套 4 通过锁紧螺母使转盘 6 锁紧在夹具体 1 上；钻孔后，正转手柄 5，将转盘 6 松开，同时螺套 4 上的端面凸轮将分度销 2 拔出，进行分度，直至分度销 2 重新插入第二个锥孔，然后锁紧，进行第二个孔的加工。

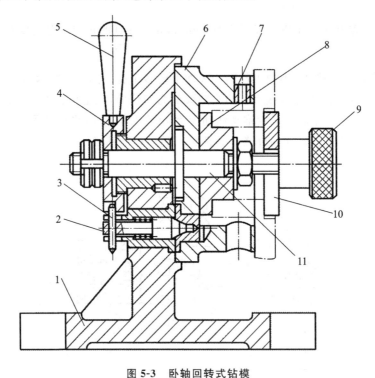

图 5-3 卧轴回转式钻模

1—夹具体；2—分度销；3—横销；4—螺套；5—手柄；6—转盘；
7—钻套；8—定位件；9—滚花螺母；10—开口垫圈；11—转轴

4. 翻转式钻模

翻转式钻模主要用于加工小型工件不同表面上的孔。图 5-4 所示为加工一个套类零件的十二个螺纹底孔所用的翻转式钻模。工件以端面 M 和内孔 $\phi30H8$ 分别在夹具定位件 2 的限位面 M' 和 $\phi30g6$ 圆柱销上定位，限制了工件的五个自由度。用开口垫圈 3、螺杆 4 和手轮 5 夹紧工件，翻转六次来加工圆周上的六个径向孔，然后将钻模翻转为轴线直立，即可加工端面上的六个孔。

翻转式钻模适用于夹具与工件的总质量不大于 10 kg、工件上钻削的孔径小于 $\phi8$、加工精度要求不高的场合。

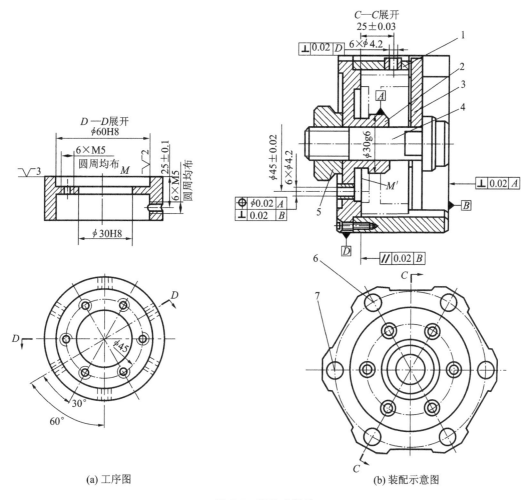

(a) 工序图　　　　　　　　　　　(b) 装配示意图

图 5-4　翻转式钻模

1—夹具体；2—定位件；3—开口垫圈；4—螺杆；5—手轮；6—销；7—沉头螺钉

5. 盖板式钻模

在一些大、中型工件上加工孔时，常用盖板式钻模。图 5-5 所示是为了加工车床溜板箱上的孔系而设计的盖板式钻模。工件在圆柱销 2、削边销 3 和三个支承钉 4 上定位。这类钻模可将钻套和定位元件直接装在钻模板上，不需要夹具体，有时也不需要夹紧装置，所以其结构简单。但由于必须经常搬动，故需要设置手把或吊耳，并尽可能减轻重量。如图 5-5 所示，在不重要处挖出三个大圆孔，以减轻重量。

6. 滑柱式钻模

滑柱式钻模是带有升降钻模板的通用可调夹具，如图 5-6 所示。钻模板 4 上除了可安装钻套外，还装有可以在夹具体 3 的孔内上下移动的滑柱 1 及齿条滑柱 2，借助于齿条的上下移动，可对安装在底座平台上的工件进行夹紧或松开。为了保证工件的加工与装卸，当钻模板 4 夹紧工件或升至一定高度后应能自锁。图 5-6 右下角所示为圆锥锁紧机构的工作原理图。齿轮轴 5 的左端制成螺旋齿，与滑柱上的螺旋齿条相啮合，其螺旋角为 45°；齿轮轴 5 的右端制成双向锥

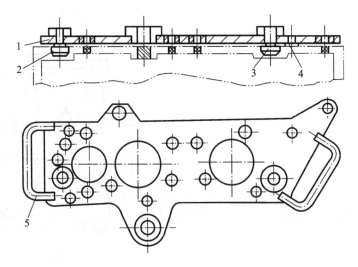

图 5-5 盖板式钻模

1—盖板;2—圆柱销;3—削边销;4—支承钉;5—把手

体,锥度为 1∶5,与夹具体 3 及套环 7 上的锥孔相配合。当钻模板 4 下降而夹紧工件时,齿轮轴 5 上产生轴向分力,使锥体楔紧在夹具体 3 的锥孔中,以实现自锁;当加工完毕,钻模板 4 上升到一定高度时,轴向分力使另一段锥体楔紧在套环 7 的锥孔中,从而将钻模板 4 锁紧,以免钻模板 4 因自重而下降。

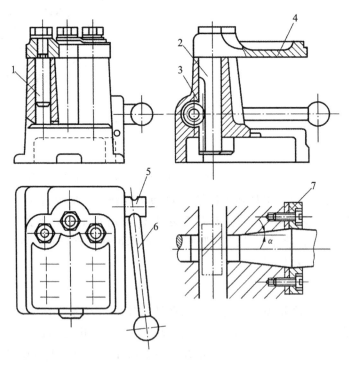

图 5-6 滑柱式钻模

1—滑柱;2—齿条滑柱;3—夹具体;4—钻模板;5—齿轮轴;6—手柄;7—套环

5.1.2 钻床夹具的设计要点

1. 选择钻模类型

在设计钻模时,需根据工件的尺寸、形状、质量和加工要求,以及生产批量、工厂的具体条件来考虑夹具的结构类型。

(1)工件上被钻孔的直径大于 10 mm(特别是钢件)时,钻模应固定在工作台上,以保证操作安全。

(2)翻转式钻模和移动式钻模适用于中、小型工件的孔加工。夹具和工件的总质量不宜超过 10 kg,以减轻操作者的劳动强度。

(3)当加工多个不在同一圆周上的平行孔系时,若夹具和工件的总质量超过 15 kg,宜采用固定式钻模在摇臂钻床上加工;若生产批量大,可以在立式钻床或组合机床上采用多轴传动头进行加工。

(4)对于孔与端面的精度要求不高的小型工件,可采用滑柱式钻模,以缩短夹具的设计与制造周期;但对于垂直度公差小于 0.1 mm、孔距精度小于 ±0.15 mm 的工件,则不宜采用滑柱式钻模。

(5)钻模板与夹具体的连接不宜采用焊接的方法,因为焊接应力不能彻底消除,会影响夹具制造精度。

(6)当孔的位置尺寸精度要求较高(公差小于 ±0.05 mm)时,宜采用固定式钻模板和固定式钻套的结构形式。

2. 钻模板

用于安装钻套的钻模板,按其与夹具体连接的方式可分为固定式、铰链式、分离式等。

1)固定式钻模板

固定在夹具体上的钻模板称为固定式钻模板。这种钻模板结构简单,钻孔精度高。

2)铰链式钻模板

当钻模板妨碍工件装卸或钻孔后需攻螺纹时,可采用图 5-7 所示的铰链式钻模板。销轴 2 与钻模板 4 的销孔之间采用 H7/h6 配合,销轴 2 与铰链座 1 的销孔之间采用 N7/h6 配合,钻模板 4 与铰链座 1 之间采用 H8/g7 配合。由于铰链结构存在间隙,所以铰链式钻模板的加工精度低于固定式钻模板的加工精度。

3)分离式钻模板

工件在夹具中每装卸一次,分离式钻模板也要装卸一次。这种钻模板的加工精度高,但装卸工件效率低。

3. 钻套

工件在机床上加工时,能否保证加工精度主要取决于

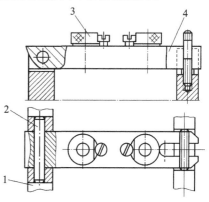

图 5-7 铰链式钻模板

1—铰链座;2—销轴;3—钻套;4—钻模板

刀具与工件间的相对位置,也就是说,首先要确定刀具加工的起始位置,即对刀。常用的对刀方法有三种:试切法对刀、样件法对刀和采用对刀或导向装置对刀。

钻套安装在钻模板上,其作用是用来确定工件上被加工孔的位置,引导刀具进行加工,并提高刀具在加工过程中的刚性和防止刀具在加工过程中振动。钻模的对刀是通过钻套引导来实现的。

1)钻套的种类

按钻套的结构和使用情况,可将钻套分为以下四种类型。

(1)固定钻套。固定钻套可分为 A 型和 B 型两种,如图 5-8(a)、图 5-8(b)所示。钻套安装在钻模板或夹具体中,其配合采用 $\frac{H7}{n6}$ 或 $\frac{H7}{r6}$。固定钻套结构简单,钻孔的位置精度高,主要用于中、小批量生产。

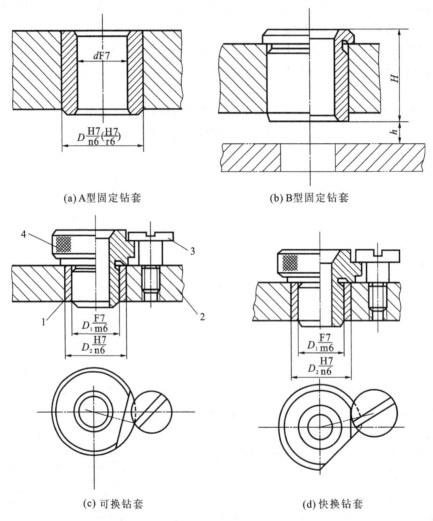

(a)A型固定钻套　　　　　　(b)B型固定钻套

(c)可换钻套　　　　　　(d)快换钻套

图 5-8　标准钻套

1—钻套;2—衬套;3—钻模板;4—螺钉

(2)可换钻套。如图 5-8(c)所示,钻套 1 的外圆与衬套 2 之间采用 $\frac{F7}{m6}$ 或 $\frac{F7}{k6}$ 配合,衬套 2 与钻模板 3 之间采用 $\frac{H7}{r6}$ 配合。可换钻套用螺钉 4 加以固定,防止加工过程中钻套转动及退刀时钻套随钻头退回而被带出。当可换钻套磨损报废后,可卸下螺钉 4,更换新的钻套。

(3)快换钻套。如图 5-8(d)所示,当工件上的被加工孔需要在一次装夹下依次进行钻、扩、铰孔加工时,由于刀具直径逐渐增大,因此需采用外径相同而内孔尺寸随刀具改变的钻套来引导刀具。这就需要使用快换钻套,以减少更换钻套的时间。快换钻套外圆与衬套之间也采用 $\dfrac{F7}{m6}$ 或 $\dfrac{F7}{k6}$ 配合,其紧固螺钉的凸肩比钻套台肩略高,从而形成轴向间隙,这样取出钻套时无须松开螺钉,只需将快换钻套沿逆时针方向转过一个角度,使钻套削边处正对螺钉头部,即可卸下快换钻套。

以上三种钻套均已标准化,故也称为标准钻套,其规格可参阅有关国家标准。

(4)特殊钻套。由于工件形状与被加工孔的位置的特殊性,因此钻套需要设计成特殊的结构形式,如图 5-9 所示。

图 5-9(a)所示为加长钻套,在加工凹面内的孔时使用。为了减小刀具与钻套的摩擦,可将钻套引导高度 H 以上的孔径放大。图 5-9(b)所示的钻套用于在斜面或圆弧面上钻孔。图 5-9(c)所示为小孔距钻套。图 5-9(d)所示为上、下钻套引导刀具的情况,这种钻套一般用于加工较深或有较高位置精度的孔。使用下钻套时,应注意防止切屑落在刀杆与钻套孔之间。刀杆与钻套选用 $\dfrac{H7}{h6}$ 配合。

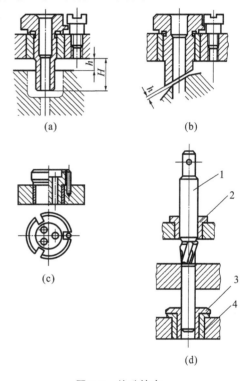

图 5-9 特殊钻套

1—刀杆;2—上钻套;3—下钻套;4—衬套

2)钻套结构尺寸的确定

钻套的类型选定之后,需确定钻套内孔的尺寸、公差及其他有关尺寸。

钻套内孔 d 的尺寸及其公差是根据刀具的种类和被加工孔的尺寸精度来确定的。钻套内孔的基本尺寸取刀具的最大极限尺寸,钻套孔径公差按 F8 或 G7 制造,若被加工孔的尺寸精度高于 IT8,则按 F7 或 G6 制造。

例如,被加工孔为 $\phi 15 \text{H7}$,分钻、扩、铰三个工步完成,所用刀具及快换钻套孔径的尺寸公差分别为:

(1)麻花钻头尺寸为 $\phi 13.3$,上偏差为零,则钻套孔径尺寸为 $\phi 13.3 \text{F8} = \phi 13.3^{+0.040}_{+0.016}$;

(2)扩孔钻尺寸为 $\phi 15^{-0.21}_{-0.25}$,则扩套孔径尺寸为 $\phi 14.79 \text{F8} = \phi 14.79^{+0.040}_{+0.016}$;

(3)铰刀尺寸为 $\phi 15^{+0.015}_{+0.007}$,则铰套孔径尺寸为 $\phi 15.015 \text{G6}(\phi 15.015^{+0.017}_{+0.006}) = \phi 15^{+0.032}_{+0.021}$。

钻套的引导高度 H 增大,则导向性能增强,刀具的刚度增大,加工精度提高,但钻套与刀具间的磨损加剧。一般常取引导高度 H 与钻套的孔径 d 之比为

$$\frac{H}{d} = 1 \sim 1.25$$

钻套端面与工件之间的距离 h 是起排屑作用的,此值不宜过大,否则影响钻套的导向作用,

一般取为

$$h=(1/3\sim1)d$$

加工铸铁或黄铜等脆性材料时,h 取小值;加工钢质工件时,h 取大值。

4. 钻模安装

一般夹具在机床上的安装有两种形式:一种是安装在机床的工作台面上(如铣床、镗床、钻床等),另一种是安装在机床的回转主轴上(如车床、内外圆磨床等)。

钻模是一种安装在钻床工作台上的夹具。为了减小夹具底面与钻床工作台的接触面积,使夹具平稳放置,一般要在夹具体上设置支脚,其结构形式如图 5-10 所示。根据需要,支脚截面可采用矩形或圆形。支脚可与夹具体做成一体,也可为装配式的,但要注意以下几点。

(1)支脚必须有 4 个。有 4 个支脚能立即发现夹具是否放置平稳。

(2)矩形支脚的宽度或圆形支脚的直径必须大于工作台 T 形槽的宽度,以免支脚陷入其中。

(3)夹具的重心、钻削压力必须落在 4 个支脚所形成的支承面内。

(4)钻套轴线应与支脚所形成的支承面垂直或平行,这样可使钻头正常工作,防止其折断,同时还能保证被加工孔的位置精度。

装配支脚已标准化,可参阅支脚标准 JB/T 8028.1—1999 和 JB/T 8028.2—1999。

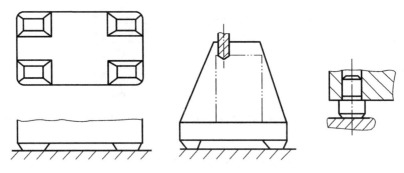

图 5-10　支脚的结构形式

5. 钻模对刀误差 ΔT 的计算

如图 5-11 所示,刀具与钻套的最大配合间隙 X_{max} 的存在会引起刀具的偏斜,导致加工孔产生偏移量 X_2。偏移量 X_2 的计算公式为

$$X_2=\frac{B+h+H/2}{H}X_{max}$$

式中,B 为工件厚度,H 为钻套高度,h 为排屑空间的高度。

若工件厚,则按 X_2 计算对刀误差,$\Delta T=X_2$;若工件薄,则按 X_{max} 计算对刀误差,$\Delta T=X_{max}$。

实践证明,用钻模钻孔时,加工孔的偏移量远小于上述理论值。由于钻套的约束,加工孔的中心很接近钻套的中心。

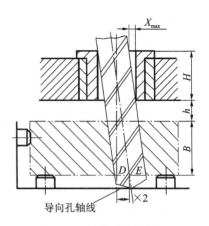

图 5-11　钻模对刀误差

5.1.3 钻模设计实例

图 5-12 所示为托架工序图,工件的材料为铸铝,年产 2 000 件,已加工面为孔 $\phi 33H7$ 及其两面 A、C 和距离为 44 mm 的两侧面 B。本工序加工螺孔 $2 \times M12$ 的底孔 $\phi 10$,试设计钻模。

工件加工要求如下:

(1)孔 $2 \times \phi 10$ 轴线与孔 $\phi 33H7$ 轴线的夹角为 $25°\pm 20'$;

(2)孔 $2 \times \phi 10$ 到孔 $\phi 33H7$ 轴线的距离为 (88.5 ± 0.15) mm;

(3)两加工孔相对于 $2 \times R18$ 轴线组成的中心面对称(未注公差)。

加工孔的工序基准为孔 $\phi 33H7$ 轴线、面 A 和 $2 \times R18$ 的对称面。

由于主要工序基准孔 $\phi 33H7$ 轴线与加工孔 $2 \times \phi 10$ 轴线之间的夹角为 $25°\pm 20'$,因此主要限位基准轴线与钻套轴线之间的夹角也应为 $25°\pm 20'$。主要定位元件的轴线相对于钻套倾斜的钻模称为斜孔钻模。

孔 $2 \times \phi 10$ 应在一次装夹中加工,因此需设计分度装置。工件加工部位的刚度较差,设计时应注意。

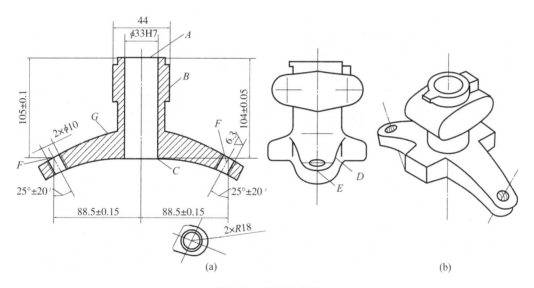

图 5-12 托架工序图

1. 定位方案

方案 1:选取孔 $\phi 33H7$ 和面 A、B 为定位面,其结构如图 5-13(a)所示。用心轴及其端面限制了五个自由度,活动定位支承板 1 限制了一个自由度,从而实现六点定位。加工部位增设两个辅助支承钉 2,以增加工艺系统的刚性。

此方案的定位基准 B 面与工序基准不重合,结构不紧凑,夹紧装置与导向装置易相互干扰。

方案 2:选取孔 $\phi 33H7$、面 A 及 $R18$ 的圆弧面作为定位面,其结构如图 5-13(b)所示。心轴及其端面限制了五个自由度,在 $R18$ 处用活动 V 形块 3 限制了一个自由度,加工部位设置有两个辅助支承钉 2。

此方案基准完全重合且定位误差小,但夹紧装置与导向装置易互相干扰,而且结构较大。

方案 3:选取孔 $\phi33H7$ 和面 C、D 作为定位面,其结构如图 5-13(c)所示。心轴及其端面限制了五个自由度,两侧面设置有四个可调螺钉 4,其中一个起定位作用,限制了一个自由度,其他三个起辅助夹紧作用,加工孔下方同样设置有两个辅助支承钉 2。

此方案结构紧凑,使用了辅助夹紧机构,进一步提高了工艺系统的刚性,但定位基准 C 面及 D 面与工序基准不重合,并且工件装卸不方便。

方案 4:选取孔 $\phi33H7$、面 C 及 $R18$ 的圆弧面作为定位面,其结构如图 5-13(d)所示。心轴及其端面限制了五个自由度,在 $R18$ 处用活动 V 形块 3 限制了一个自由度,在加工孔下方用两个斜楔做辅助支承。

此方案结构紧凑,工件装夹方便,但定位基准 C 面与工序基准不重合。

比较四个方案,第四个方案的优点多,故选取第四个方案。

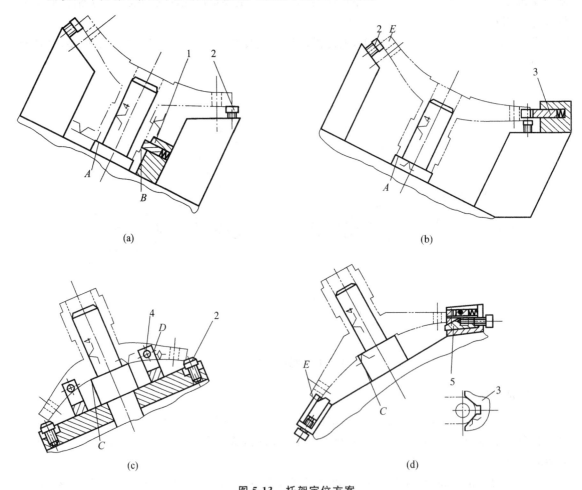

(a) (b) (c) (d)

图 5-13　托架定位方案

1—活动定位支承板;2—辅助支承钉;3—活动 V 形块;
4—可调螺钉;5—斜楔辅助支承

2. 导向方案

由于两个加工孔是螺纹底孔,可直接钻出,加之年产量也不大,宜用固定钻套。在工件装卸方便的情况下,尽可能选用固定式钻模板。导向方案如图 5-14(a)所示。

3. 夹紧方案

为了便于快速装卸工件,采用螺钉及开口垫圈夹紧机构,如图 5-14(b)所示。

4. 分度方案

由于孔 $2\times\phi10$ 对孔 $\phi33H7$ 的对称度要求不高(未标注公差),因此设计一般精度的分度装置即可。如图 5-14(c)所示,回转轴 1 与定位心轴做成一体,用销钉将其与分度盘 3 连接,使其在夹具体 6 的回转套 5 中回转。采用圆柱分度销 2 对定,用锁紧螺母 4 锁紧。此分度装置结构简单、制造方便,能满足加工要求。

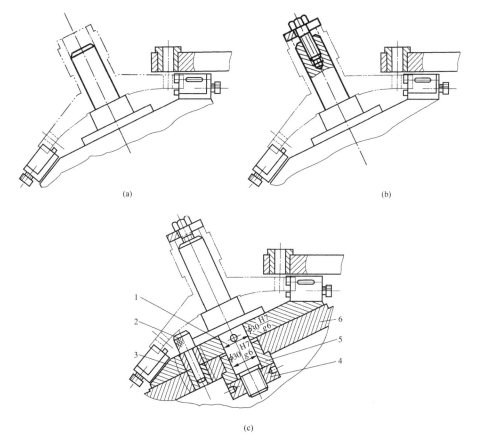

图 5-14 托架导向、夹紧、分度方案

1—回转轴;2—圆柱分度销;3—分度盘;4—锁紧螺母;5—回转套;6—夹具体

5. 夹具体

选用焊接夹具体,夹具体上安装分度盘的表面与夹具体底面成 $25°\pm10'$ 倾斜角,夹具体底面支脚的尺寸应大于钻床 T 形槽的尺寸。

图 5-15 所示为托架钻模总图。由于工件可随分度装置转出,所以装卸很方便。

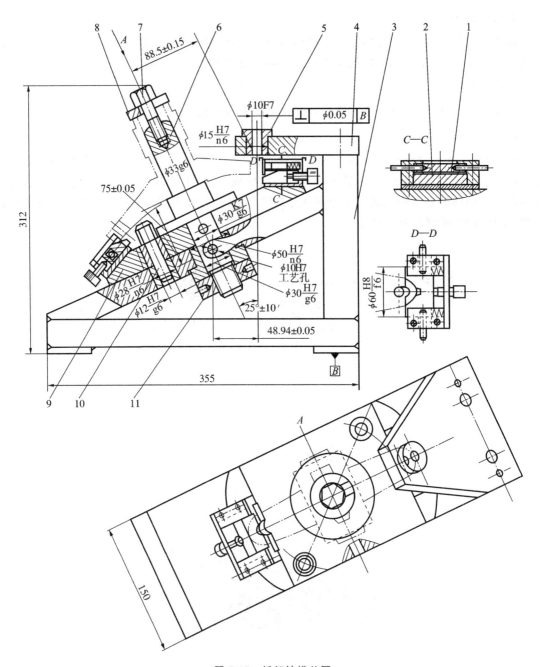

图 5-15 托架钻模总图

1—活动 V 形块;2—斜楔辅助支承;3—夹具体;4—钻模板;5—钻套;6—定位心轴;
7—夹紧螺钉;8—开口垫圈;9—分度盘;10—圆柱分度销;11—锁紧螺母

6. 斜孔钻模上工艺孔的设置与计算

在斜孔钻模上,限位基准与钻套轴线倾斜,其相互位置无法直接标注和测量。为此,常在夹具的适当部位设置工艺孔,利用此孔间接确定钻套与定位元件之间的尺寸,以保证加工精度。

如图 5-16 所示,在夹具体斜板的侧面设置了工艺孔 $\phi 10 H7$。

工艺孔的设置应注意以下几点。

(1)工艺孔的位置必须便于加工和测量,一般设置在夹具体的暴露面上。

(2)工艺孔的位置必须便于计算,一般设置在定位元件或钻套的轴心线上,在两者交点上则更好。

(3)工艺孔的尺寸应选与标准心棒相配套的尺寸,一般为 $\phi 6$、$\phi 8$ 和 $\phi 10$,与标准心棒的配合采用 H7/h6。

本方案的工艺孔符合以上原则。工艺孔到定位心轴限位端面的距离取为 $J = 75$ mm。通过图 5-16 所示的几何关系,可以求出工艺孔到钻套轴线的距离 l,即

$$l = BD = BF\cos\alpha = [AF-(OE-EA)\tan\alpha]\cos\alpha$$
$$= [88.5-(75-1)\times\tan25°]\times\cos25° \text{ mm} = 48.94 \text{ mm}$$

在制造夹具时,通过控制 (75 ± 0.05) mm 及 (48.94 ± 0.05) mm 两个尺寸,即可间接地保证尺寸 (88.5 ± 0.15) mm。

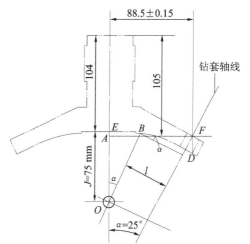

图 5-16　用工艺孔确定钻套位置

7. 总图上尺寸、公差及技术要求的标注

如图 5-15 所示,主要标注尺寸和技术要求如下。

(1)夹具最大轮廓尺寸 S_L:355 mm、150 mm、312 mm。

(2)影响工件定位精度的尺寸和公差 S_D:定位心轴与工件的配合尺寸 $\phi 33 g6$。

(3)影响导向精度的尺寸和公差 S_T:钻套导向孔的尺寸及公差 $\phi 10 F7$。

(4)影响夹具精度的尺寸和公差 S_J:工艺孔到定位心轴限位端面的距离 $J = (75 \pm 0.05)$ mm,工艺孔到钻套轴线的距离 $l = (48.94 \pm 0.05)$ mm,钻套轴线对安装基面的垂直度 $\phi 0.05$,钻套轴线与定位心轴轴线间的夹角 $25° \pm 10'$,圆柱分度销与分度套及夹具体上固定套的配合尺寸 $\phi 12 \dfrac{H7}{g6}$。

(5)其他重要尺寸:回转轴与分度盘的配合尺寸 $\phi 30 \dfrac{K7}{g6}$,分度套与分度盘及固定衬套与夹具体的配合尺寸 $\phi 28 \dfrac{H7}{n6}$,钻套与钻模板的配合尺寸 $\phi 15 \dfrac{H7}{n6}$,活动 V 形块与座架的配合尺寸 $\phi 60 \dfrac{H7}{f6}$ 等。

(6)需标注的技术要求:工件随分度盘转离钻模板后再进行装夹;工件定位夹紧后才能拧动辅助支承的旋钮,拧紧力应适当;夹具的非工作表面喷涂灰色漆。

8. 加工精度分析

本工序的主要加工要求是:尺寸 (88.5 ± 0.15) mm 和角度 $25° \pm 20'$。加工孔轴线与 $2 \times R18$ 圆弧面的对称度要求不高,可不进行精度分析。具体计算如图 5-17 所示。

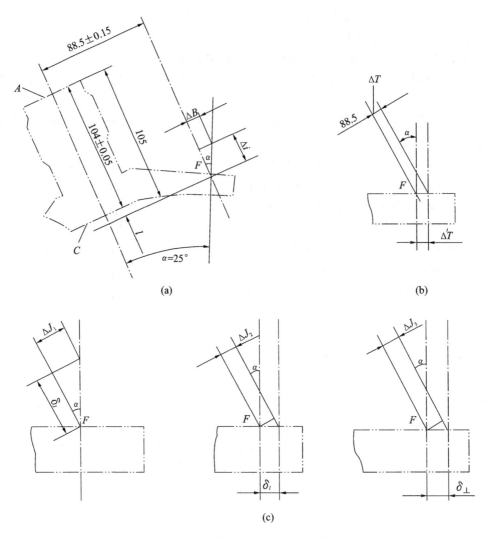

图 5-17　各项误差对加工尺寸的影响

（1）定位误差 ΔD。定位孔尺寸为 $\phi 33 \text{H}7 \left(^{+0.025}_{0} \right)$，圆柱心轴尺寸为 $\phi 33 \text{g}6 \left(^{-0.009}_{-0.025} \right)$，在尺寸 88.5 mm 方向上的基准位移误差为

$$\Delta Y = X_{\max} = (0.025 + 0.025) \text{ mm} = 0.05 \text{ mm}$$

由于定位基准 C 面与工序基准 A 面不重合，在圆柱心轴的轴线方向上存在基准不重合误差 ΔB，其不重合误差为尺寸 (104 ± 0.05) mm 的公差，因此 $\Delta i = 0.1$ mm。如图 5-17（a）所示，Δi 给尺寸 88.5 mm 造成的误差为

$$\Delta B = \Delta i \tan\alpha = 0.1 \times \tan 25° \text{ mm} = 0.047 \text{ mm}$$

因此，尺寸 88.5 mm 的定位误差为

$$\Delta D = \Delta Y + \Delta B = (0.05 + 0.047) \text{ mm} = 0.097 \text{ mm}$$

（2）对刀误差 ΔT。因加工孔处的工件较薄，故可不考虑钻头的偏斜。钻套导向孔尺寸为 $\phi 10 \text{F}7 \left(^{+0.028}_{+0.013} \right)$，钻头尺寸为 $\phi 10 ^{0}_{-0.036}$，则对刀误差为

$$\Delta T' = (0.028 + 0.036) \text{ mm} = 0.064 \text{ mm}$$

如图 5-17(b)所示,在尺寸 88.5 mm 方向上的对刀误差为
$$\Delta T = \Delta T' \cos\alpha = 0.064 \times \cos25° \text{ mm} = 0.058 \text{ mm}$$

(3)安装误差 ΔA。安装误差为
$$\Delta A = 0$$

(4)夹具误差 ΔJ。夹具误差由以下几项组成。

如图 5-17(c)所示,尺寸 J 的公差 $\delta_J = \pm0.05$ mm,它在尺寸 88.5 mm 方向上产生的误差为
$$\Delta J_1 = \delta_J \tan\alpha = 0.1 \times \tan25° \text{ mm} = 0.047 \text{ mm}$$

尺寸 l 的公差 $\delta_l = \pm0.05$ mm,它在尺寸 88.5 mm 方向上产生的误差为
$$\Delta J_2 = \delta_l \cos\alpha = 0.1 \times \cos25° \text{ mm} = 0.09 \text{ mm}$$

钻套轴线对底面的垂直度 $\delta_\perp = \phi0.05$,它在尺寸 88.5 mm 方向上产生的误差为
$$\Delta J_3 = \delta_\perp \cos\alpha = 0.05 \times \cos25° \text{ mm} = 0.045 \text{ mm}$$

回转轴与夹具体回转套的配合间隙给尺寸 88.5 mm 造成的误差为
$$\Delta J_4 = X_{max} = (0.021 + 0.02) \text{ mm} = 0.041 \text{ mm}$$

因此,夹具误差为
$$\Delta J = \sqrt{\Delta J_1^2 + \Delta J_2^2 + \Delta J_3^2 + \Delta J_4^2} = \sqrt{0.047^2 + 0.09^2 + 0.045^2 + 0.041^2} \text{ mm} = 0.118 \text{ mm}$$

钻套轴线与定位心轴轴线的角度误差 $\Delta J_a = 20'$,它直接影响角度尺寸 $25°\pm20'$ 的精度。

(5)加工方法误差 ΔG。对于尺寸 (88.5 ± 0.15) mm,$\Delta G = (0.3/3)$ mm $= 0.1$ mm;对于角度 $25°\pm20'$,$\Delta G_a = 40'/3 = 13.3'$。具体计算如表 5-1 所示。

表 5-1 托架斜孔钻模加工精度计算

加工要求 误差类型	角度 $25°\pm20'$	孔距 (88.5 ± 0.15) mm
定位误差 ΔD	0	0.097 mm
对刀误差 ΔT	0	0.058 mm
夹具误差 ΔJ	$20'$	0.118 mm
加工方法误差 ΔG	$13.3'$	0.1 mm
加工总误差 $\sum\Delta$	$\sum\Delta = \sqrt{\Delta D^2 + \Delta T^2 + \Delta J^2 + \Delta G^2}$ $= \sqrt{(20')^2 + (13.3')^2} = 24'$	$\sum\Delta = \sqrt{\Delta D^2 + \Delta T^2 + \Delta J^2 + \Delta G^2}$ $= \sqrt{0.097^2 + 0.058^2 + 0.118^2 + 0.1^2}$ mm $= 0.192$ mm
夹具精度储备 J_c	$40' - 24' = 16' > 0$	$(0.3 - 0.192)$ mm $= 0.108$ mm > 0

经计算,该夹具有一定的精度储备,能满足加工尺寸的精度要求。

5.2 铣床夹具设计

5.2.1 铣床夹具的分类及其结构形式

铣床夹具主要用于加工工件上的平面、键槽、台阶及成形表面等。由于铣削加工的切削力

较大，又是断续切削，加工过程中易引起振动，因此要求铣床夹具的受力元件有足够的强度，夹紧力应足够大，且有较好的自锁性。此外，铣床夹具一般通过对刀装置来确定刀具与工件的相对位置，其夹具体底面大多设有定位键，通过定位键与铣床工作台 T 形槽的配合来确定夹具在机床上的位置。夹具安装后用螺栓紧固在铣床的工作台上。

铣床夹具一般按工件的进给方式，可分为直线进给式和圆周进式给两种类型。

1. 直线进给式铣床夹具

在铣床夹具中，直线进给式铣床夹具用得最多。一般根据工件的加工要求、结构及生产批量，将夹具设计成单件装夹、多件串联或多件并联的结构。铣床夹具也可采用分度等形式。

图 5-18 所示是铣削垫块直角面的直线进给式铣床夹具。工件以底面、槽及端面在夹具体 3 和定位块 6 上定位。拧紧螺母 5，通过螺杆带动浮动杠杆 10，即能使两块压板 4、8 同时均匀地夹紧工件。该夹具可同时加工三个工件，提高了生产效率。工件的加工要求由夹具相应的精度来保证。

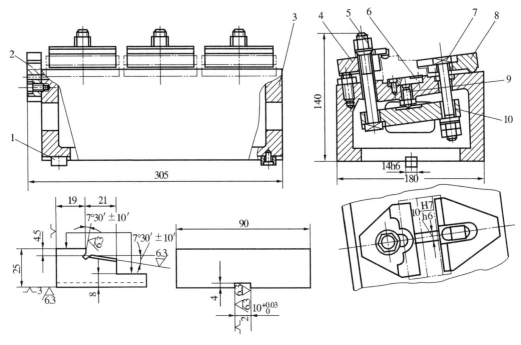

图 5-18　铣削垫块直角面的直线进给式铣床夹具

1—定位键；2—对刀块；3—夹具体；4、8—压板；5—螺母；

6—定位块；7—螺栓；9—支承钉；10—浮动杠杆

2. 圆周进给式铣床夹具

圆周进给式铣床夹具可在不停车的情况下装卸工件，因此生产率高，适用于大批量生产。

图 5-19 所示是在立式铣床上圆周进给铣拨叉的夹具。通过电动机、蜗轮副传动机构带动工作台 6 回转。夹具上可同时装夹 12 个工件。工件以一端的孔、端面及侧面在夹具的定位板、定位销 2 及挡销 4 上定位。由液压缸 5 驱动拉杆 1，通过开口垫圈 3 夹紧工件。图中 AB 是切削区域，CD 为工件的装卸区域。

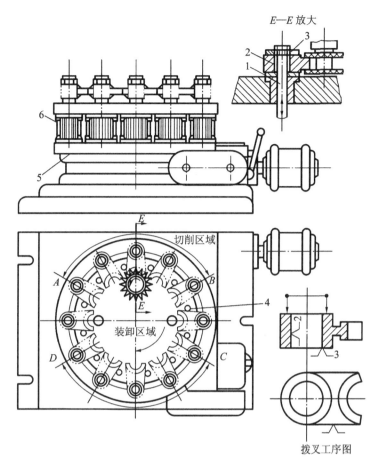

图 5-19　在立式铣床上圆周进给铣拨叉的夹具

1—拉杆；2—定位销；3—开口垫圈；4—挡销；5—液压缸；6—工作台

设计圆周铣床夹具时应注意下列问题。

(1)沿圆周排列的工件应尽量紧凑，以减小铣刀的空行程和转台的尺寸。

(2)尺寸较大的夹具不宜制成整体式，可将定位、夹紧元件或装置直接安装在转台上。

(3)夹紧用手柄、螺母等元件，最好沿转台外沿分布，以便操作。

(4)应设计合适的工作节拍，以减轻操作者的劳动强度，并注意安全。

5.2.2　铣床夹具的设计要点

1. 夹具体

为了提高铣床夹具在铣床上安装的稳固性，除了要求夹具体有足够的强度和刚度外，还应使被加工表面尽量靠近工作台面，以降低夹具的重心。因此，夹具体的高宽比应限制在 $H/B\leqslant$ 1 内，如图 5-20 所示。

铣床夹具与工作台的连接部分称为耳座。因连接要牢固稳定，故铣床夹具上耳座两边的表面要加工平整。为此，常在该处做一凸台，以便于加工，如图 5-20(a)所示；也可以沉下去，如图 5-20(b)所示。若夹具体的宽度尺寸较大，可设置四个耳座，但耳座间的距离一定要与铣床工作台 T 形槽间的距离相一致。耳座的结构尺寸已标准化,设计时可参考有关设计手册。

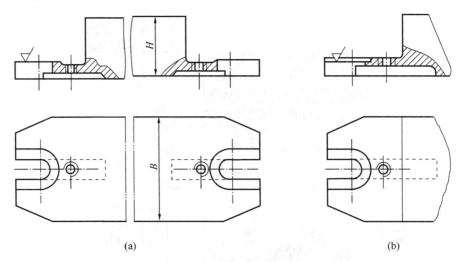

(a)   (b)

图 5-20 铣床夹具体与耳座

2. 铣床夹具在铣床上的安装方式及连接元件

铣床夹具是一种安装在铣床工作台上的夹具,夹具体的底面便是夹具的安装基准面。夹具体的底面应经过比较精密的加工(如磨、刮研等)。为了保证夹具的定位元件相对于切削运动方向准确,有时在夹具的底面安装两个定位键,或在夹具体侧面加工一窄长的找正面,以便于安装夹具时找正。

定位键的结构尺寸已经标准化。定位键有 A 型和 B 型两种结构形式,如图 5-21 所示。定位键与工作台 T 形槽的配合采用 H8/h8 或 H7/h6,与夹具体上键槽的配合采用 H7/h6 或 JS6/h6。定位键的材料为 45 钢,热处理后其硬度为 40～45 HRC。

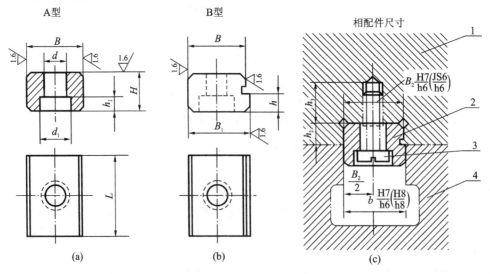

A型   B型   相配件尺寸

(a)   (b)   (c)

图 5-21 夹具体与机床的连接

1—夹具体;2—定位键;3—螺钉;4—机床工作台

为了提高夹具的安装精度,两个定位键的间距尽可能布置得大一些。为了避免定位键与 T 形槽间的配合间隙对安装精度的影响,在精度要求较高时,可以将定位键紧靠工作台 T 形槽一侧,使定位元件的工作表面相对于工作台的进给方向有正确的位置。

3. 对刀元件

对刀元件主要由对刀块和塞尺组成,用以确定夹具和刀具的相对位置,对刀元件的结构形式取决于加工表面的形状。图 5-22(a)、图 5-22(b)所示为圆形对刀块和方形对刀块,它们主要用于加工平面时的对刀;图 5-22(c)所示为直角对刀块,它主要用于加工两相互垂直面或铣槽时的对刀;图 5-22(d)所示为侧装对刀块,它主要用于加工两相互垂直面或铣槽时的对刀。这些标准对刀块的结构参数均可从有关手册中查取。

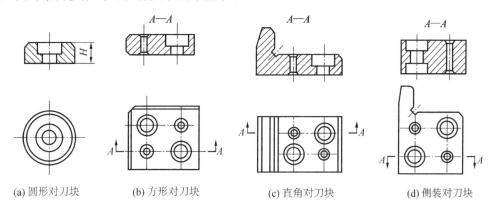

(a) 圆形对刀块　　(b) 方形对刀块　　(c) 直角对刀块　　(d) 侧装对刀块

图 5-22　标准对刀块

使用对刀元件进行对刀时,在刀具和对刀块之间用塞尺进行调整,以免损坏切削刃或造成对刀块磨损,从而保证正常走刀。图 5-23 所示为常用标准塞尺:图 5-23(a)所示为对刀平塞尺,图 5-23(b)所示为对刀圆柱塞尺。常用塞尺的基本尺寸 s 为 1~5 mm;圆柱塞尺的基本尺寸 d 为 $\phi3$ 或 $\phi5$,公差按 h6 制造。在夹具总图上应注明塞尺的尺寸及公差。

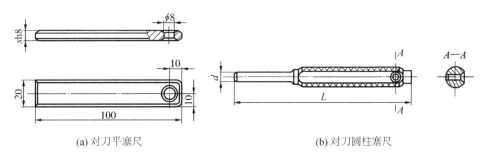

(a) 对刀平塞尺　　　　　　　　　　　　(b) 对刀圆柱塞尺

图 5-23　常用标准塞尺

对刀块通常制成单独的元件,用螺钉和销钉紧固在夹具上,其位置应便于使用塞尺对刀和不妨碍工件的装卸。

标准对刀块的材料为 20 钢,渗碳深度为 0.8~1.2 mm,淬火硬度为 55~60 HRC;标准塞尺的材料为 T8,淬火硬度为 55~60 HRC。

图 5-24 所示为各种对刀块的使用情况。图 5-24(a)、图 5-24(b)是标准对刀块,图 5-24(c)、

图 5-24(d)是用于铣削成形表面的特殊对刀块。

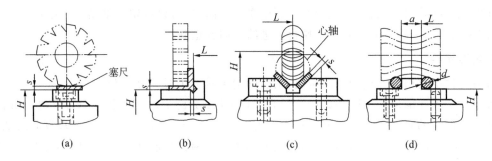

图 5-24　各种对刀块的使用情况

5.2.3　铣床夹具设计实例

如图 5-25 所示,在一道工序中铣车床尾座顶尖套上的键槽和油槽,试设计大批量生产时所需的铣床夹具。

根据工艺规程,在铣双槽之前,其他表面均已加工好。本工序的加工要求如下。

(1)键槽宽度为 12H11 mm,键槽侧面对外圆 ϕ70.8h6 轴线的对称度为 0.1 mm,平行度为 0.08 mm,槽深控制尺寸为 64.8 mm,键槽距右端面的距离为(60 ±0.4) mm。

(2)油槽半径为 3 mm,圆心在轴的圆柱面上,油槽长度为 170 mm。

(3)键槽与油槽的对称面应在同一平面内。

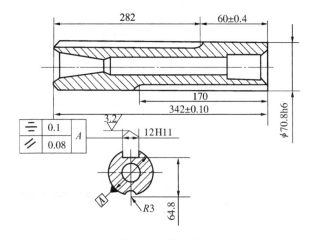

图 5-25　顶尖套

1. 定位方案

若先铣键槽后铣油槽,则按照加工需要,铣键槽时应限制五个自由度,铣油槽时应限制六个自由度。由于是大批量生产,为了提高生产效率,可在铣床主轴上安装两把直径相等的铣刀,同时对两个工件铣键槽和油槽,每走刀一次,即能得到一个键槽和油槽均已加工好的工件。为达此目的,有图 5-26 所示的两种定位方案。

方案 1:工件以外圆 ϕ70.8h6 在两个互相垂直的平面上定位,端面加止推销,如图 5-26(a)

所示。

方案 2：工件以外圆 $\phi70.8h6$ 在 V 形块上定位,端面加止推销,如图 5-26(b)所示。

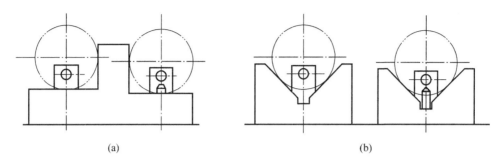

(a)   (b)

图 5-26 顶尖套铣双槽夹具的定位方案

为了保证油槽和键槽对称且在同一平面内,两种方案中的第二工位(铣油槽工位)都需用一短销插入已铣好的键槽内,以限制工件绕轴线转动的自由度。由于键槽和油槽的长度不等,要同时走刀完毕,需将两个止推销错开适当距离。

比较以上两种方案,方案 1 使加工尺寸 64.8 mm 的定位误差为零,方案 2 则使对称度的定位误差为零。由于尺寸 64.8 mm 未标注公差,加工要求低,而对称度的公差较小,故选用方案 2 较好;从承受切削力的角度来看,方案 2 也较可靠。

2. 夹紧方案

如图 5-27 所示,根据夹紧力的方向应朝向主要限位面和作用点应落在定位元件的支承范围内的原则,夹紧力的作用线应落在 β 区域内(N' 为接触点的法线),夹紧力与垂直方向的夹角应尽量小,以保证夹紧稳定可靠。铰链压板的两个弧形面的曲率半径应大于工件的最大半径。

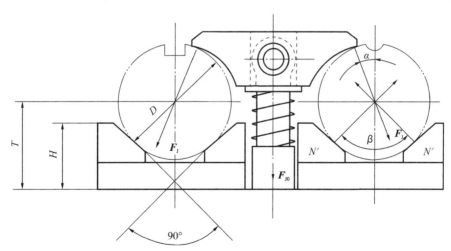

图 5-27 夹紧力的方向和作用点

由于顶尖套较长,因此需用两块压板在两处夹紧。如果采用手动夹紧,则工件装卸所花时间较多,不能适应大批量生产的要求。

若用气动夹紧,则夹具体积太大,不便于安装在铣床工作台上。因此,宜用液压夹紧,如图

5-28所示。液压缸5固定在Ⅰ、Ⅱ工位之间,采用联动夹紧机构,使两块压板7同时均匀地夹紧工件。液压缸的结构形式和活塞直径可参考夹具设计手册。

3.对刀方案

键槽铣刀需在两个方向对刀,故应采用直角对刀块。由于两铣刀的直径相等,因此油槽深度由两工位V形块定位高度之差保证,两铣刀的间距则由两铣刀间的轴套长度确定。

4.夹具体与定位键

为了在夹具体上安装油缸和联动夹紧机构,夹具体应有适当的高度,中部应有较大的空间。为了保证夹具体在工作台上安装稳定,应按照夹具体的高宽比不大于1.25的原则来确定其宽度,并在两端设置耳座,以便固定。

为了保证槽的对称度要求,夹具体底面应设置定位键,两定位键的侧面应与V形块的对称面平行。为了减小夹具的安装误差,宜采用有沟槽的方形定位键。

顶尖套铣双槽夹具总图如图5-28所示。

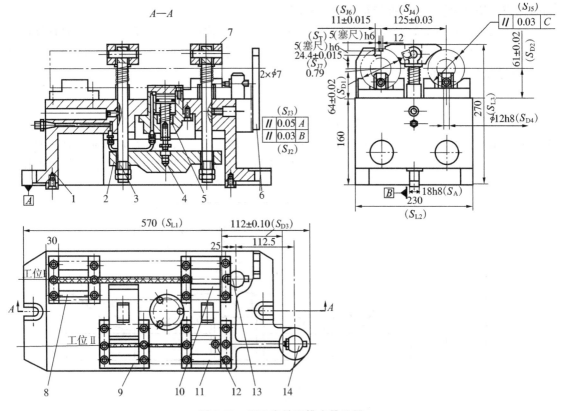

图5-28　顶尖套铣双槽夹具总图

1—夹具体;2—浮动杠杆;3—拉杆;4—顶柱;5—液压缸;6—对刀块;

7—压板;8,9,10,11—V形块;12—定位销;13,14—止推销

5.夹具总图上尺寸、公差和技术要求的标注

(1)夹具最大外形轮廓尺寸 S_L:570 mm、230 mm、270 mm。

（2）影响工件定位精度的尺寸和公差 S_D：两组 V 形块的定位高度（64±0.02）mm、（61±0.02）mm，两止推销的距离（112±0.10）mm，定位销与工件上键槽的配合尺寸 $\phi 12h8$。

（3）影响夹具在机床上的安装精度的尺寸和公差 S_A：定位键与工作台 T 形槽的配合尺寸 18h8 mm（T 形槽的尺寸为 18H8 mm）。

（4）影响夹具精度的尺寸和公差 S_J：定位键与夹具体的配合尺寸 $18\dfrac{H7}{h6}$ mm，工位 I 的 V 形块 8、10 的限位基准对定位键侧面 B 的平行度 0.03 mm，工位 I 的 V 形块 8、10 的限位基准对夹具底面 A 的平行度 0.05 mm，工位 I 的 V 形块与工位 II 的 V 形块的距离尺寸（125±0.03）mm，工位 I 的 V 形块与工位 II 的 V 形块的限位基准间的平行度 0.03 mm，对刀块的位置尺寸（11±0.015）mm、（24.4±0.015）mm。

确定对刀块位置的尺寸称为对刀尺寸，它是定位元件的限位基准到对刀块工作面的距离。它确定了对刀块与定位元件间的位置关系，最终确定了刀具与定位元件间准确的相对位置。

对刀块的位置尺寸应从限位基准标起。标注时，要考虑定位基准在加工尺寸方向的最小位移量（$i_{\min}$）。

当最小位移量使加工尺寸增大时

$$h = H \pm S - i_{\min}$$

当最小位移量使加工尺寸减小时

$$h = H \pm S + i_{\min}$$

式中，h 为对刀块的位置尺寸，H 为限位基准至加工表面的距离，S 为塞尺厚度。

当工件以圆孔在心轴上定位或者以圆柱面在定位套中定位，且定位基准单方向移动时

$$i_{\min} = \frac{X_{\min}}{2}$$

式中，$X_{\min}$ 为圆柱面与圆孔的最小配合间隙。当工件以圆柱面在 V 形块上定位时，$i_{\min}=0$。

本例中，由于工件定位面直径 $\phi 70.8h6$ 的平均尺寸为 $\phi 70.79$，塞尺厚度为 5h8 mm，所以对刀块水平方向的位置尺寸为

$$h_1 = (6+5)\,\text{mm} = 11\,\text{mm} \quad （基本尺寸）$$

对刀块垂直方向的位置尺寸为

$$H = (64.8 - 70.79/2)\,\text{mm} = 29.4\,\text{mm}$$

$$h_2 = (29.4 - 5)\,\text{mm} = 24.4\,\text{mm} \quad （基本尺寸）$$

由于对刀块位置尺寸的公差一般取工件相应尺寸公差的 1/3～1/5，因此

$$h_1 = (11 \pm 0.015)\,\text{mm}, \quad h_2 = (24.4 \pm 0.015)\,\text{mm}$$

（5）影响对刀精度的尺寸和公差 S_T：塞尺的厚度尺寸 5h8 mm $= 5_{-0.018}^{\ 0}$ mm。

（6）夹具总图上应标注的技术要求：键槽铣刀与油槽铣刀的直径应相等。

6. 加工精度分析

键槽侧面对外圆 $\phi 70.8h6$ 轴线的对称度和平行度要求较高，应进行精度分析，其他加工要求未标注公差或公差较大，可不进行精度分析。

1)键槽侧面对外圆 $\phi 70.8h6$ 轴线的对称度的加工误差

(1)定位误差 ΔD。由于对称度的工序基准是外圆 $\phi 70.8h6$ 轴线,定位基准也是此轴线,故 $\Delta B=0$;由于 V 形块的对中性,$\Delta Y=0$。因此,对称度的定位误差为零。

(2)安装误差 ΔA。定位键与 T 形槽的配合为 $18\dfrac{\text{H8}}{\text{h8}}$ mm。定位键在 T 形槽中有两种位置,如图 5-29 所示。

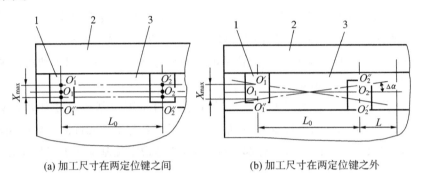

(a)加工尺寸在两定位键之间   (b)加工尺寸在两定位键之外

图 5-29   顶尖套铣双槽夹具的安装误差

1—定位键;2—工作台;3—T 形槽

若加工尺寸在两定位键之间,则按图 5-29(a)所示计算,于是有

$$\Delta A = X_{\max} = (0.027+0.027)\ \text{mm} = 0.054\ \text{mm}$$

若加工尺寸在两定位键之外,则按图 5-29(b)所示计算,于是有

$$\Delta A = X_{\max} + 2L\tan\Delta\alpha$$

$$\tan\Delta\alpha = X_{\max}/L_0$$

(3)对刀误差 ΔT。对称度的对刀误差等于塞尺厚度的公差,即 $\Delta T=0.018$ mm。

(4)夹具误差 ΔJ。工位 I 的 V 形块限位基准对定位键侧面 B 的平行度为 0.03 mm,对刀块水平位置尺寸 (11 ± 0.015) mm 的公差为 0.03 mm,所以

$$\Delta J = (0.03+0.03)\ \text{mm} = 0.06\ \text{mm}$$

2)键槽侧面对外圆 $\phi 70.8h6$ 轴线的平行度的加工误差

(1)定位误差 ΔD。由于两 V 形块 8、10(见图 5-28)一般在装配后一起精加工 V 形面,它们的相互位置误差极小,可视为一长 V 形块,所以 $\Delta D=0$。

(2)安装误差 ΔA。当定位键的位置如图 5-29(a)所示时,$\Delta A=0$;当定位键的位置如图 5-29(b)所示时,$\Delta A = L_{\text{j}}\tan\Delta\alpha = 282\times\dfrac{0.054}{400}$ mm = 0.038 mm,式中 L_{j} 为两定位键间距。

(3)对刀误差 ΔT。由于平行度不受塞尺厚度的影响,所以 $\Delta T=0$。

(4)夹具误差 ΔJ。影响平行度的制造误差是工位 I 的 V 形块限位基准与定位键侧面 B 的平行度 0.03 mm,所以 $\Delta J=0.03$ mm。

将以上各项归纳于表 5-2 中。由表 5-2 可知,顶尖套铣双槽夹具不仅可以保证加工要求,还具有一定的精度储备。

表 5-2　顶尖套铣双槽夹具的加工误差

误 差 类 型	加 工 要 求	
	对称度 0.1 mm	平行度 0.08 mm
定位误差 ΔD/mm	0	0
安装误差 ΔA/mm	0.054	0.038
对刀误差 ΔT/mm	0.018	0
夹具误差 ΔJ/mm	0.06	0.03
加工方法误差 ΔG/mm	$0.1 \times \frac{1}{3} = 0.033$	$0.08 \times \frac{1}{3} = 0.027$
加工总误差 $\sum \Delta$ /mm	$\sqrt{0.054^2 + 0.018^2 + 0.06^2 + 0.033^2} = 0.089$	$\sqrt{0.038^2 + 0.03^2 + 0.027^2} = 0.055$
夹具精度储备 J_c/mm	0.1−0.089=0.011	0.08−0.055=0.025

◀ 5.3　车床夹具设计 ▶

车床夹具简称车夹具,它是安装在回转主轴上的夹具。夹具安装在车床回转主轴上,随主轴回转,以加工出回转表面。车刀作进给运动。车削过程中,车床主轴中心、夹具中心和车削生成的表面中心三者相关联。

5.3.1　车床夹具的主要类型

1. 圆盘式车床夹具

圆盘式车床夹具的夹具体为圆盘形。在圆盘式车床夹具上加工的工件,大多数的定位基准是与加工圆柱面垂直的端面,夹具上的平面定位元件与车床主轴的轴线垂直。

图 5-30 所示为十字槽轮精车圆弧 $\phi 23^{+0.023}_{0}$ 的工序简图。本工序要求保证四处圆弧 $\phi 23^{+0.023}_{0}$、对角圆弧位置尺寸(18 ±0.02) mm、对称度公差 0.02 mm 及圆弧 $\phi 23^{+0.023}_{0}$ 轴线与外圆 $\phi 5.5h6$ 轴线的平行度公差 $\phi 0.01$。

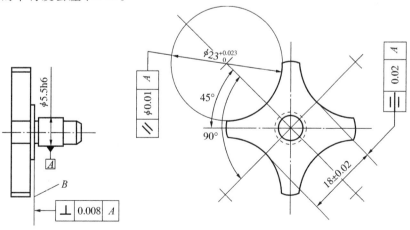

图 5-30　十字槽轮精车圆弧 $\phi 23^{+0.023}_{0}$ 的工序简图

图 5-31 所示为该工序的圆盘式车床夹具。工件以 $\phi5.5$h6 外圆面、B 端面和半精车的 $\phi22.5$h8 圆弧面(精车第二个圆弧面时则用已经车好的 $\phi23^{+0.023}_{0}$ 圆弧面)作为定位面,夹具上的定位套 1 的内孔表面与端面、定位销 2(安装在定位套 3 中,限位表面尺寸为 $\phi22.5^{0}_{-0.01}$;安装在定位套 4 中,限位表面尺寸为 $\phi23^{0}_{-0.08}$。图中未画出,精车第二个圆弧面时使用)的外圆表面为相应的限位基面。这样限制了工件的六个自由度,符合基准重合原则。同时加工三件工件,利于测量尺寸。

该夹具保证工件加工精度的措施如下。

(1)圆弧 $\phi23^{+0.023}_{0}$ 尺寸由刀具调整保证。

(2)对角圆弧位置尺寸(18 ± 0.02) mm 及对称度公差 0.02 mm,由定位套孔与工件采用 $\phi5.5\dfrac{G5}{h6}$ 配合,由限位基准与安装基面 B 的垂直度公差 0.005 mm,以及限位基准与安装基准 A(孔 $\phi20$H7 轴线)的距离 $20.5^{+0.010}_{+0.002}$ mm 来保证,且在工艺规程中要求同一工件的四个圆弧必须在同一定位套中定位,使用同一组定位销定位来进行加工。

(3)夹具体上止口 $\phi120$ 与过渡盘上凸台 $\phi120$ 采用过盈配合,设计时要求就地加工过渡盘端面及凸台,以减小夹具的对刀误差和定位误差。

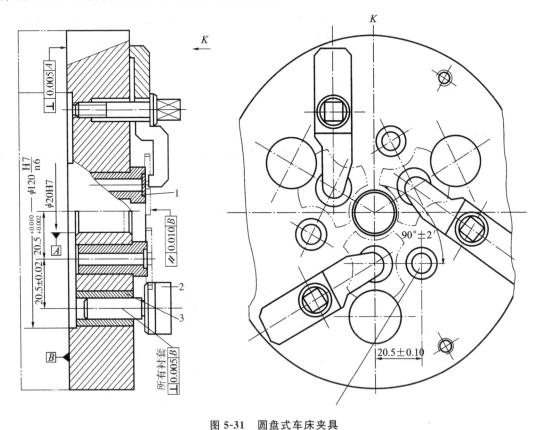

图 5-31　圆盘式车床夹具

1,3,4—定位套;2—定位销

2. 角铁式车床夹具

夹具体呈角铁状的车床夹具称为角铁式车床夹具,其结构不对称,常用于加工壳体、支座、杠杆、接头等零件上的回转面和端面。

图 5-32 所示为角铁式车床夹具,它主要用于加工壳体零件的孔和端面。工件以底面及两孔定位,并用两个钩形压板夹紧。镗孔中心线与零件底面之间的夹角 8° 由角铁的角度来保证。为了控制端面尺寸,在夹具上设置了供测量用的测量基准(圆柱棒端面),同时设置了供检验和校正夹具用的工艺孔。

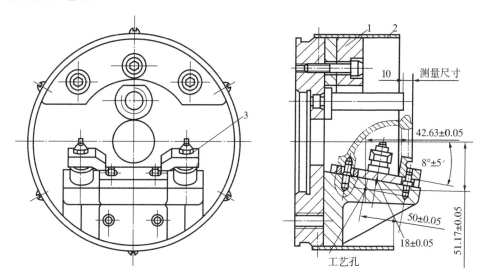

图 5-32　角铁式车床夹具

1—平衡块;2—防护罩;3—钩形压板

5.3.2　车床夹具的设计要点

1. 安装基面

为了使车床夹具在机床主轴上安装正确,除了在过渡盘上用止口孔定位以外,常常在车床夹具上设置找正孔、校正基圆或其他测量元件,以保证车床夹具精确地安装到车床主轴回转中心上。

2. 夹具配重

加工时,因工件随夹具一起转动,其重心如不在回转中心上,将产生离心力,且离心力随转速的增加而急剧增大,使得在加工过程中产生振动,对加工精度、表面质量及车床主轴轴承都会有较大的影响。所以,要注意车床夹具各装置之间的布局,必要时设计配重块加以平衡。

3. 夹紧装置

由于车床夹具在加工过程中要受到离心力、重力和切削力的作用,其合力的大小与方向是变化的,所以夹紧装置要有足够的夹紧力和良好的自锁性,以保证夹紧安全可靠。但夹紧力不能过大,且要求受力布局合理,不破坏工件的定位精度。图 5-33 所示为在车床上镗轴承座孔的角铁式车床夹具。图 5-33(a)所示的施力方式是正确的;图 5-33(b)所示的结构比较复杂,但从总体上看更合理;图 5-33(c)所示的结构简单,但夹紧力会引起角铁悬伸部分及工件的变形,破坏了工件的定位精度,故不合理。

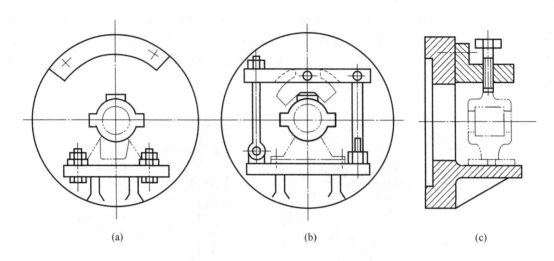

(a)	(b)	(c)

图 5-33　在车床上镗轴承座孔的角铁式车床夹具

4. 对车床夹具总体结构的要求

车床夹具一般都是在悬臂状态下工作的。为了保证加工过程的稳定性,车床夹具结构应力求简单、紧凑、轻便且安全,悬伸长度要尽量小,重心靠近主轴前支承。

为了保证安全,装在夹具体上的各个元件的径向尺寸不允许超过夹具体的直径。此外,还应考虑切屑的缠绕、切削液的飞溅等影响安全操作的问题。

车床夹具的设计要点也适用于在外圆磨床上使用的夹具。

5. 车床夹具的安装

车床夹具安装在车床回转主轴上,与主轴一同旋转。夹具与主轴的连接精度直接影响到夹具的回转精度,从而影响工件的加工精度。因此,要求夹具安装面的轴心线与回转主轴轴心线具有较高的同轴度。

车床夹具与车床回转主轴的连接形式取决于车床回转主轴前端的结构形式。当车床型号确定后,可由车床使用说明书或有关手册查阅车床回转主轴前端的结构形式。图 5-34 所示为常用车床回转主轴前端结构及其与夹具的连接方式。

夹具与车床回转主轴的连接方式一般根据夹具径向尺寸的大小而定。如图 5-34(a)所示,对于夹具的径向尺寸 $D<140$ mm 或 $D<(2\sim3)d$ 的小型车床夹具,一般通过锥柄将夹具安装在主轴锥孔中,并从主轴后端用拉杆拉紧,以防加工中夹具受力松脱。这种连接方式结构简单,夹具与车床的安装精度较高。

对于径向尺寸较大的夹具,一般通过过渡盘将夹具与车床主轴相连接。

如图 5-34(b)所示,过渡盘以内锥面定心,端面紧贴在主轴凸缘端面 M 上,然后将主轴前端的大螺母锁紧。这种连接方式定心精度较高,但过渡盘的制造比较困难。

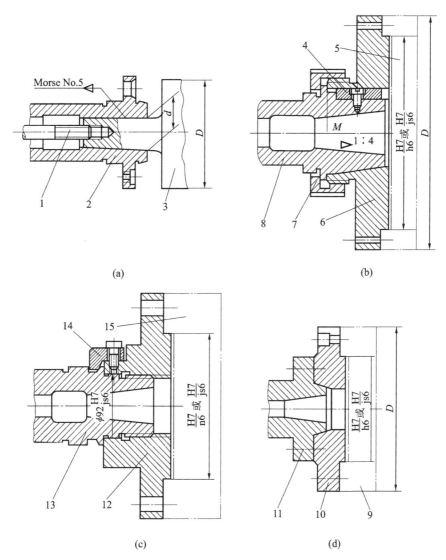

图 5-34　常用车床回转主轴前端结构及其与夹具的连接方式

1—拉杆;2,8,11,13—主轴;3,5,9,15—夹具体;4—键;

6,10,12—过渡盘;7—大螺母;14—压块

如图 5-34(c)所示,过渡盘与主轴前端轴颈采用 $\phi92\dfrac{H7}{h6}$ 或 $\dfrac{H7}{js6}$ 配合定心,以螺纹与主轴连接。为了安全起见,用两个带锥面的压块 14,借助螺钉的作用将过渡盘紧贴在主轴凸缘端面上,以防止过渡盘因倒车惯性力的作用而松脱。

如图 5-34(d)所示,过渡盘与主轴前端通过短锥面配合,过渡盘推入主轴后,其端面与主轴端面只允许有 $0.05\sim0.1\,\mathrm{mm}$ 间隙。用螺钉均匀拧紧,这样既保证了端面与锥面全部接触,又使定心准确,刚度好。过渡盘与夹具多采用止口结构定位,采用 $\dfrac{H7}{h6}$、$\dfrac{H7}{js6}$ 或 $\dfrac{H7}{n6}$ 配合,并用螺钉紧固。过渡盘常为车床附件备用,但止口的凸缘与大端面可以由用户根据需要就地加工。

5.3.3 车床夹具设计实例

如图 5-35 所示,加工油泵上体的三个阶梯孔,中批量生产,试设计所需的车床夹具。

根据工艺规程,在加工阶梯孔之前,工件的顶面与底面、两对角孔 $\phi8H7$ 和两对角孔 $\phi8$ 均已加工好。本工序的加工要求有:三个阶梯孔的距离(25 ±0.1) mm、三孔轴心线与底面的垂直度、中间阶梯孔与四个小孔的位置度。后两项未标注公差,加工要求较低。

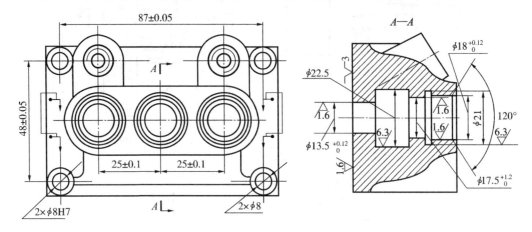

图 5-35 油泵上体

1.定位装置

根据加工要求和基准重合原则,应以底面和两对角孔 $\phi8H7$ 定位,定位元件采用"一面两销",定位孔与定位销的主要尺寸如图 5-36 所示。

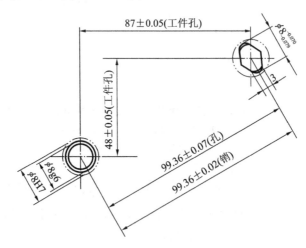

图 5-36 定位孔与定位销的主要尺寸

(1)两定位孔中心距 L 及两定位销中心距 l。

$$L=\sqrt{87^2+48^2}\ \text{mm}=99.36\ \text{mm}$$

$$L_{\max}=\sqrt{87.05^2+48.05^2}\ \text{mm}=99.43\ \text{mm}$$

$$L_{min} = \sqrt{86.95^2 + 47.95^2} \ \text{mm} = 99.29 \ \text{mm}$$

由此可得,中心距 L 的尺寸为 $(99.36 \pm 0.07) \ \text{mm}$。

所以,定位销的中心距为 $l = (99.36 \pm 0.02) \ \text{mm}$。

(2)取圆柱销直径为 $\phi 8 \text{g6} = \phi 8 _{-0.014}^{-0.005}$

(3)查表得菱形销尺寸 $b = 3 \ \text{mm}$。

(4)菱形销的直径为

$$X_{2min} = \frac{b(T_{L_D} + T_{L_d})}{D_{2min}} = \frac{3 \times (0.14 + 0.04)}{8} \ \text{mm} = 0.07 \ \text{mm}$$

所以

$$d_{2max} = D_{2min} - X_{2min} = (8 - 0.07) \ \text{mm} = 7.93 \ \text{mm}$$

菱形销直径的公差取 IT6(IT6 = 0.009 mm),可得菱形销的直径为 $\phi 8 _{-0.079}^{-0.070}$。

2. 夹紧装置

因为是中批量生产,可以不必采用复杂的动力装置。为了使夹紧可靠,宜用两副移动式螺旋压板夹压在工件顶面的两端,如图 5-37 所示。

3. 分度装置

油泵上体的三个阶梯孔成直线分布,要在一次装夹中加工完毕,需设计直线分度装置。在图 5-37 中,花盘 6 为固定部分,分度滑块 8 为移动部分。分度滑块 8 与花盘 6 之间用导向键 9 连接,用两对 T 形螺钉 3 和螺母锁紧。由于孔距公差为 $\pm 0.1 \ \text{mm}$,分度精度不高,因此用手拉式圆柱分度销即可。为了不妨碍操作和观察,对定机构不宜轴向布置,而应径向安装。

4. 夹具在车床主轴上的安装

由于本工序在 CA6140 车床上进行,因此过渡盘应以短圆锥面和端面在主轴上定位,用螺钉紧固,有关尺寸可查阅夹具手册。夹具体用止口与过渡盘配合。

5. 夹具总图上尺寸、公差和技术要求的标注

(1)夹具最大外形轮廓尺寸 S_L：$\phi 285$ 和长度 180 mm。

(2)影响工件定位精度的尺寸和公差 S_D：两定位销孔的中心距 $(99.36 \pm 0.02) \ \text{mm}$、圆柱销与工件孔的配合尺寸 $\phi 8 \dfrac{\text{H7}}{\text{g6}}$、菱形销的直径 $\phi 8 _{-0.079}^{-0.070}$。

(3)影响夹具精度的尺寸和公差 S_J：分度销导向孔轴心线与夹具体止口轴心线的距离 $(40 \pm 0.1) \ \text{mm}$、相邻两对定套的距离 $(25 \pm 0.02) \ \text{mm}$、分度销与对定套的配合尺寸 $\phi 10 \dfrac{\text{H7}}{\text{g6}}$、分度销与导向孔的配合尺寸 $\phi 14 \dfrac{\text{H7}}{\text{g6}}$、对定套与分度滑板的配合尺寸 $\phi 18 \dfrac{\text{H7}}{\text{n6}}$、导向键与分度滑板的配合尺寸 $20 \dfrac{\text{N7}}{\text{h6}}$、导向键与夹具体的配合尺寸 $20 \dfrac{\text{G7}}{\text{h6}}$。

(4)影响夹具在车床上的安装精度的尺寸和公差 S_A：夹具体与过渡盘的配合尺寸

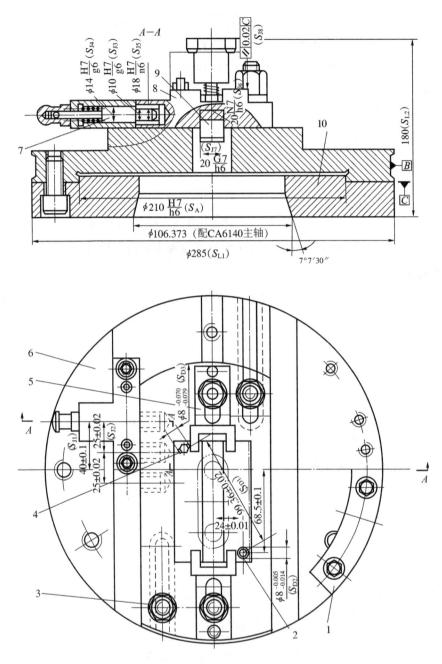

图 5-37　油泵上体镗三孔夹具

1—平衡块;2—圆柱销;3—T形螺钉;4—菱形销;5—螺旋压板;

6—花盘;7—分度销;8—分度滑块;9—导向键;10—过渡盘

$\phi 210 \dfrac{H7}{h6}$。

6.加工精度分析

本工序的主要加工要求是:三个阶梯孔的孔距尺寸(25 ±0.1) mm。此尺寸主要受分度误差的影响。因此,只要算出分度误差即可。

直线分度的分度误差为

$$\Delta F = 2 \sqrt{\delta^2 + X_1^2 + X_2^2 + e^2}$$

式中:δ 为两相邻对定套的距离尺寸公差,因两相邻对定套的距离为 (25 ± 0.02) mm,所以 $\delta = 0.04$ mm;X_1 为分度销与对定套的最大配合间隙,因两者的配合尺寸是 $\phi 10 \dfrac{\text{H7}}{\text{g6}}$,$\phi 10\text{H7} = \phi 10^{+0.015}_{0}$,$\phi 10\text{g6} = \phi 10^{-0.005}_{-0.014}$,所以 $X_1 = (0.015 + 0.014)$ mm $= 0.029$ mm;X_2 为分度销与导向孔的最大配合间隙,因两者的配合尺寸是 $\phi 14 \dfrac{\text{H7}}{\text{g6}}$,$\phi 14\text{H7} = \phi 14^{+0.018}_{0}$,$\phi 14\text{g6} = \phi 14^{-0.008}_{-0.017}$,所以 $X_2 = (0.018 + 0.017)$ mm $= 0.035$ mm;E 为分度销的对定部分与导向部分的同轴度,设 $e = 0.01$ mm。因此

$$\Delta F = 2 \sqrt{0.04^2 + 0.029^2 + 0.035^2 + 0.01^2} \text{ mm} = 0.12 \text{ mm}$$

由于 $\Delta F < 0.2$ mm(工序尺寸公差),故此夹具能够保证加工精度。

◀ 5.4 镗床夹具设计 ▶

5.4.1 镗床夹具的类型

镗床夹具又称为镗模,它与钻床夹具相似,也采用了引导刀具的镗套和安装镗套的镗模架。采用镗模可以不受镗床精度的影响而加工出具有较高精度的工件。

镗床夹具主要用于加工箱体、支座等零件上的孔或孔系。由于箱体孔系的加工精度一般要求较高,因此镗模本身的制造精度比钻模的制造精度高得多。

图 5-38 所示为镗削车床尾座孔的镗模。镗模上有两个引导镗刀杆的支承,并分别设置在刀具的两侧,镗刀杆 9 和主轴之间通过浮动接头 10 连接。工件以底面、槽及侧面在定位板 3、4 及可调支承钉 7 上定位,限制了工件的全部自由度。该镗模采用联动夹紧机构,拧紧夹紧螺钉 6,压板 5、8 便同时将工件夹紧。镗模支架 1 上装有滚动回转镗套 2,用以支承和引导镗杆。镗模以底面 A 安装在机床工作台上,其位置用 B 面找正。

按镗模支架在镗模上布置形式的不同,可将镗模分为单支承镗模、双支承镗模等。

1. 单支承镗模

镗杆在镗模中只有一个位于刀具前面或后面的镗套引导。这时,镗杆与机床主轴采用刚性连接,机床主轴的回转精度会影响工件的镗孔精度。单支承镗模适用于小孔和短孔的加工。

1)前单支承镗模

如图 5-39(a)所示,镗套布置在刀具前面,这种镗模即为前单支承镗模。前单支承镗模便于观察和测量,特别适用于锪平面或攻螺纹的工序。其缺点是切屑易带入镗套中,刀具切入与切出行程较长,多用在 $D > \phi 60$ 的场合。

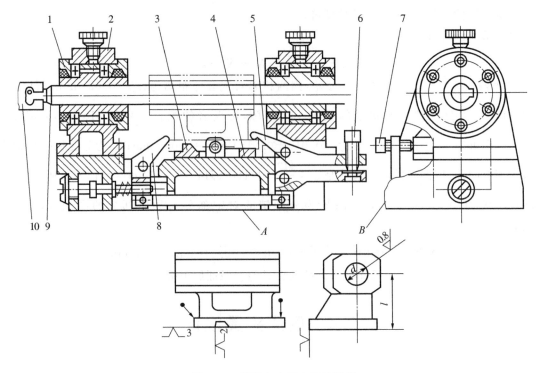

图 5-38　镗削车床尾座孔的镗模

1—支架；2—镗套；3,4—定位板；5,8—压板；6—夹紧螺钉；

7—可调支承钉；9—镗刀杆；10—浮动接头

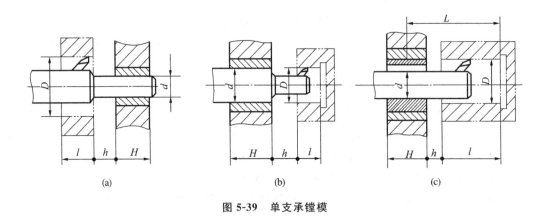

图 5-39　单支承镗模

2）后单支承镗模

图 5-39（b）所示为后单支承镗模，适用于 $D < \phi60$ 的通孔或盲孔，工件的装卸比较方便。

当所镗孔的 $l/D < 1$ 时，镗杆引导部分直径 d 可大于孔径，镗杆的刚性较好（见图 5-39（b））；当 $1 \leqslant l/D \leqslant 1.25$ 时，镗杆的直径应制成同一尺寸并小于加工孔直径（见图 5-39（c）），以便缩短镗杆悬伸长度，保证镗杆具有一定的刚度。

图 5-39 中的尺寸 h 为镗套端面至工件的距离，其值应根据更换刀具、装卸工件、测量尺寸及方便排屑来考虑，但又不宜过长。在卧式镗床上镗孔时，h 一般取 $20 \sim 80$ mm，或 $h = (0.5 \sim$

1)D;在立式镗床上镗孔时,与钻模情况类似,可以参考钻模设计中 h 的取值。

镗套长度一般取 $H=(2\sim3)d$,或按刀具悬伸长度来取,即 $H\geqslant h+l$。

2. 双支承镗模

采用双支承镗模时,镗杆和机床主轴采用浮动连接。所镗孔的位置精度主要取决于镗模架上的镗套孔间的位置精度,而不受机床主轴精度的影响。因此,两镗套孔的轴心线必须严格调整在同一轴线上。

1)前后双支承镗模

如图 5-40 所示,前后双支承镗模的两个镗套分别布置在工件的前方与后方。这种镗模主要用于加工孔径较大的孔或一组同轴孔系,且孔距精度或同轴度精度要求较高。前后双支承镗模的缺点是:镗杆较长,刚性较差,更换刀具不方便。

注意:当 $L>10d$ 时,应设置中间支承;当采用单刃刀具镗削同一轴线上的几个等直径孔时,镗模应设计让刀机构。一般采用工件抬起一个高度的方法。此时所需要的最小抬起量(让刀量)为 h_{min},如图 5-41 所示,即

$$h_{min}=t+\Delta_1$$

式中:t 为孔的单边余量,mm;Δ_1 为刀尖通过毛坯所需的间隙,mm。

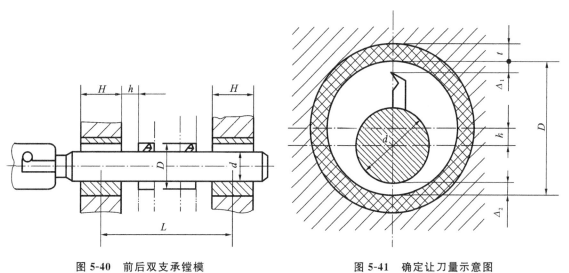

图 5-40 前后双支承镗模　　　　图 5-41 确定让刀量示意图

镗杆最大直径为

$$d_{max}=D-2(h_{min}+\Delta_2)$$

式中:D 为毛坯孔直径,mm;Δ_2 为镗杆与毛坯间所需的间隙,mm。

镗套长度 H 的取值为:

固定式镗套　　　　　　$H=(1.5\sim2)d$

滑动回转式镗套　　　　$H=(1.5\sim3)d$

滚动回转式镗套　　　　$H=0.75d$

2)后双支承镗模

后双支承镗模适用于不能使用前后双支承镗模的情况。这种镗模既有前后双支承镗模的

优点,又避免了其缺点,如图 5-42 所示。由于后双支承镗模的镗杆为悬臂梁,故镗杆伸长的距离一般不大于镗杆直径的 5 倍,以免镗杆悬伸过长。镗杆的引导长度 $H>1.5L$,这样有利于增强镗杆的刚性和轴向移动的平稳性。

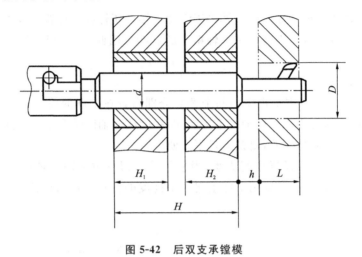

图 5-42 后双支承镗模

5.4.2 镗模的设计要点

1.镗套

1)镗套的选择和设计

镗套的结构与精度直接影响着被加工孔的位置精度与表面粗糙度。常用的镗套有以下两类。

(1)固定式镗套。在镗孔过程中,不随镗杆一起转动的镗套称为固定式镗套。图 5-43 所示的 A 型、B 型镗套现已标准化,其中 B 型镗套内孔中开有油槽,以便能在加工过程中进行润滑,从而减小磨损。固定式镗套的优点是外形尺寸小、结构简单、精度高。但镗杆在镗套内既有相对转动,又有相对轴向移动,因此镗套易磨损。所以,固定式镗套只适用于低速镗孔。使用时摩擦面的线速度一般控制在 0.2 m/s 以下。固定式镗套的导向长度 $L=(1.5\sim2)d$。

(2)回转式镗套。回转式镗套随镗杆一起转动,镗杆与镗套只有相对移动而无相对转动。因而镗套与镗杆之间的磨损小,可避免发热而出现"卡死"的现象。因此,回转式镗套适用于高速镗孔。

回转式镗套可分为滑动式回转镗套和滚动式回转镗套两种。

图 5-44(a)所示为滑动式回转镗套,其优点是结构尺寸较小、回转精度高、减振性好、承载能力强,但需要充分的润滑,摩擦面的线速度不宜超过 0.4 m/s。图 5-44(b)、图 5-44(c)所示为滚动式回转镗套,由于导套与支架之间安装了滚动轴承,所以旋转线速度可大大提高,一般摩擦面的线速度可大于 0.4 m/s,但径向尺寸大,回转精度受轴承精度的影响。因此,常采用滚针轴承来减小径向尺寸,采用高精度的轴承来提高回转精度。图 5-44(c)所示为立式滚动回转镗套,它

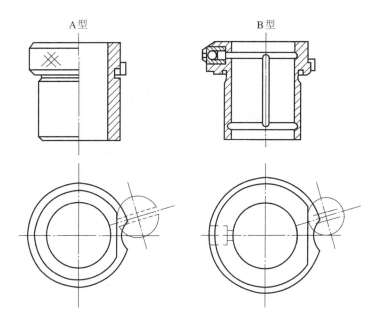

图 5-43　固定式镗套

的工作条件差,工作时受切屑和切削液的影响,故结构上应设有防屑保护装置,以免加速镗杆磨损。

回转式镗套的导向长度 $L=(1.5\sim3)d$。

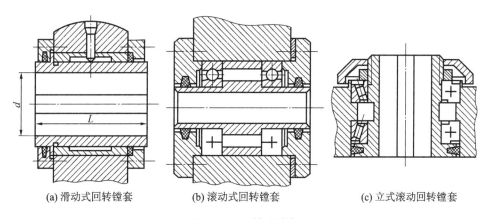

(a) 滑动式回转镗套　　(b) 滚动式回转镗套　　(c) 立式滚动回转镗套

图 5-44　回转式镗套

当工件孔径大于镗套孔径时,需在镗套上设引刀槽,使装好刀的镗杆能通过镗套。图 5-45 所示的镗套上装有传动键。键的头部做成尖头,便于和镗杆上的螺旋导向槽啮合而进入镗杆的键槽中,进而保证引刀槽与镗刀对准。

2) 镗套的材料及技术要求

镗套的材料常用 20 钢或 20Cr 钢渗碳淬火,渗碳深度为 $0.8\sim1.2$ mm,热处理后的硬度为 $55\sim60$ HRC。有时采用磷青铜做固定式镗套,因其自润滑、耐磨性好而不易与镗杆咬住,也可用于高速镗孔,但成本较高。对于大直径镗套,或单件小批量生产用的镗套,可采用铸铁。

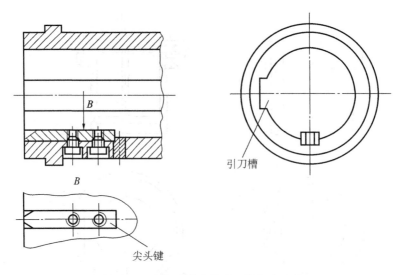

图 5-45　回转式镗套的引刀槽及尖头键

镗套内径公差采用 H6 或 H7,外径公差采用 g6 或 g5;镗套内孔与外圆的同轴度公差一般为 $\phi0.005\sim\phi0.01$;内孔的圆度、圆柱度公差一般为 0.002～0.01 mm;镗套内孔表面粗糙度 Ra 为 0.4 μm 或 0.8 μm,外圆表面粗糙度 Ra 为 0.8 μm。

2. 镗杆和浮动卡头

镗杆是镗床夹具中的一个重要部件。设计镗杆时主要是根据所镗孔的直径 D 及刀具截面尺寸 $B\times B$ 来确定镗杆直径(参考表 5-3),以及确定镗杆的恰当长度的。为了保证加工精度,镗杆直径 d 应尽可能大,以使其有足够的刚度。

镗杆直径、所镗孔直径与刀具截面之间的关系如表 5-3 所示。

表 5-3　镗杆直径、所镗孔直径与刀具截面之间的关系　　　　　　　　　单位:mm

所镗孔直径	30～40	40～50	50～70	70～90	90～100
镗杆直径	20～30	30～40	40～50	50～65	65～90
刀具截面	8×8	10×10	12×12	16×16	20×20

常用的镗杆结构有整体式和镶条式两种。当 $d\leqslant50$ mm 时,直接在镗杆上车出螺旋油槽。当 d 较大时,则采用在导向部分装有镶条的结构形式,镶条数量为 4～6 条(见图 5-46),材料为青铜,因为其耐磨且摩擦系数小,有利于提高切削速度。镶条磨损后,可以在镶条底部加垫再磨外圆的方法修理补救。

若镗套内开有键槽,则镗杆的导向部分相应有键,一般键下装有弹簧,如图 5-46(b)所示。镗杆进入时键被压下,并且键可在镗杆的回转过程中自动进入键槽。

若镗套内装有键,则镗杆上将铣有长键槽来与其配合。这时镗杆前端多做成螺旋引导结构,如图 5-47 所示,其螺旋角一般小于 45°,便于使尖头键能顺利进入镗杆键槽中。

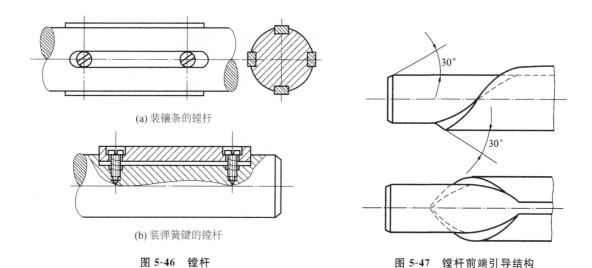

(a) 装镶条的镗杆

(b) 装弹簧键的镗杆

图 5-46　镗杆

图 5-47　镗杆前端引导结构

镗杆长度过长会影响孔的加工精度。设计时,应尽量缩短前后镗套之间的距离。对于有前后引导的镗杆,其工作长度与镗杆直径之比不超过 $10:1$,最大不超过 $20:1$;对于悬臂工作状态的镗杆,其悬伸长度 L 与导向部分直径 d 之比 L/d 以 $4\sim5$ 为宜。

镗刀在镗杆上的安装应根据加工示意图确定。当装数把镗刀时,应尽可能对称布置,以使径向切削力平衡,减少镗杆变形。

镗杆的精度一般比加工孔的精度高两级。镗杆的直径公差,粗镗时选 g6,精镗时选 g5;表面粗糙度 Ra 为 $0.2\sim0.4~\mu m$;圆柱度为直径公差的一半;直线度要求为 $500:0.01$(单位为 mm)。

镗杆的材料常选用 45 钢或 40Cr 钢调质处理后表面淬火 $40\sim45$ HRC,也可用 20Cr 钢渗碳淬火或选用 38CrMoAlA 氮化钢经渗氮处理等。

双支承镗模的镗杆与镗床均采用浮动连接。图 5-48 所示为浮动卡头。镗杆 1 装在浮动卡头体 2 的孔中,并存在浮动间隙。浮动卡头体 2 通过莫氏锥柄与镗床主轴连接。主轴的回转运动通过拨动销 3 传给镗杆。

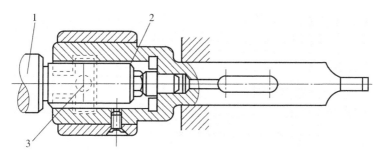

图 5-48　浮动卡头

1—镗杆;2—浮动卡头体;3—拨动销

◀ 5.5 专用夹具的设计方法 ▶

5.5.1 专用夹具设计概述

1. 专用夹具设计的基本要求

1) 保证工件的加工精度

专用夹具应有合理的定位方案,尤其对于精加工工序,应有合适的尺寸、公差和技术要求,并进行必要的精度分析,确保工件的尺寸公差和形位公差等。

2) 提高生产效率

专用夹具的复杂程度及先进性应与工件的生产纲领相适应,根据工件生产批量的大小进行合理设置,以缩短辅助时间,提高生产效率。

3) 工艺性好

专用夹具的结构应简单、合理,便于加工、装配、检验和维修。

4) 使用性好

专用夹具的操作应简便、省力、安全可靠、排屑方便,必要时可设置排屑结构。

5) 经济性好

应能保证夹具有一定的使用寿命和较低的夹具制造成本。适当提高夹具元件的通用化和标准化程度,以缩短夹具的制造周期,降低夹具成本。

专用夹具设计必须使上述几个方面达到辩证的统一,其中保证加工质量是最基本的要求。为了提高生产率而采用先进的结构和机械传动装置,往往会增加夹具的制造成本,但当工件的批量增加到一定数量时,由于数量的分摊、效率的提高,工件总的制造成本可降低。因此,所设计夹具的复杂程度和工作效率必须与零件的生产类型相适应,这样才能使效率和经济性相统一。

但是,任何技术方案都会有所侧重。如对于位置精度要求很高的加工,往往着眼于保证加工精度;对于位置精度要求不高而加工批量较大的情况,则着重考虑提高夹具的工作效率。

总之,在考虑上述几个因素的要求时,应在满足加工要求的前提下处理好几个因素的关系。

2. 专用夹具的设计方法

专用夹具设计流程图如图 5-49 所示。

3. 专用夹具的设计步骤

1) 明确设计任务与收集设计资料

(1) 了解加工零件的生产纲领、每次投产的批量和生产率要求,以便决定装夹工件的数量和选择相应的夹紧机构,以及确定夹具的自动化程度。

(2) 分析加工零件的零件图,了解零件的作用、形状、结构特点、材料及毛坯制造方法和加工余量,分析加工技术要求。

(3) 详细分析零件加工工艺过程,确定本工序的加工表面与其他已成形表面间的关系,寻求合理的定位和夹紧方案。

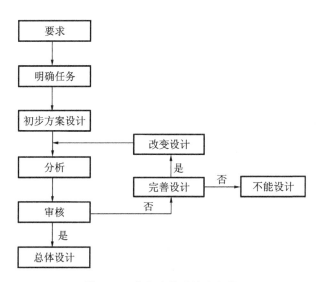

图 5-49　专用夹具设计流程图

（4）了解使用该夹具的机床的技术参数以及所用切削刀具的结构、尺寸、运动及与夹具的配合方式等。

（5）熟悉夹具零部件的国家标准、部颁标准和厂定标准,各类夹具图册及手册等,收集一些同类夹具的设计图纸。

2）拟订夹具结构方案,绘制夹具结构方案草图

（1）根据加工要求、工件结构和定位原理,在保证加工精度的基础上确定定位方案,选择定位元件、机构,必要时对定位精度进行初步估算。

（2）根据工件结构、加工情况、切削力大小及工件重量,确定夹紧力的作用点、方向和计算夹紧力大小,选择合适的夹紧装置。

（3）确定其他装置及元件的结构形式,如对刀装置、导向装置、分度装置等。

（4）确定夹具体的结构形式及夹具在机床上的安装方式。

（5）绘制夹具结构方案草图,并标注尺寸、公差及技术要求。

3）审核方案,改进设计

夹具结构方案草图画出后,应征求有关人员的意见,并送有关部门审核,然后根据他们的意见对夹具结构方案做进一步修改。

4）绘制夹具总图

夹具总图应按国家制图标准绘制。图形大小尽量采用 1∶1 比例,以具有良好的直观性,工件过大时可用 1∶2 或 1∶5 的比例,过小时可用 2∶1 的比例。主视图应选取面对操作者的工作位置。

绘制夹具总图时应注意以下几点。

（1）用双点画线将工件的外形轮廓、定位面、夹紧表面及加工表面绘制在各个视图的合适位置上。在夹具总图中工件可看作透明体,不遮挡后面的线条。

（2）依次绘出定位装置、夹紧装置、其他装置及夹具体。

（3）合理标注尺寸、公差和技术要求。

（4）编制夹具明细表及标题栏。

5）夹具零件设计及绘制

对夹具中的非标准零件进行设计，画出零件图，并按夹具总图的要求，确定零件的尺寸、公差及技术要求。

5.5.2 夹具精度及夹具总图尺寸

1.夹具总图上应标注的尺寸和公差

现以图 5-50、图 5-51 为例说明夹具总图上尺寸、公差和技术要求的标注方法。

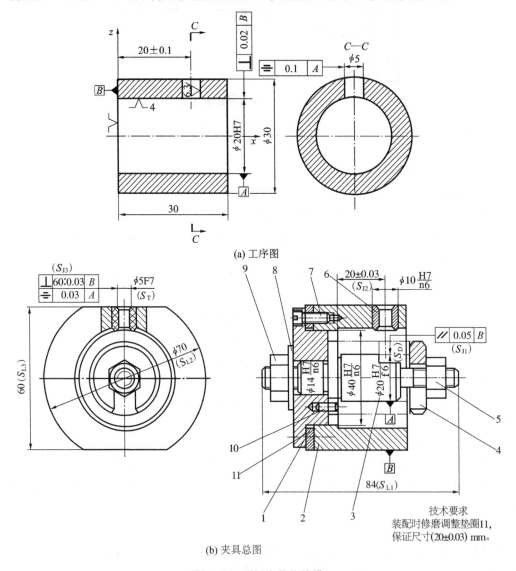

(a) 工序图

(b) 夹具总图

图 5-50 型材夹具体钻模

1—盘；2—套；3—定位心轴；4—开口垫圈；5—夹紧螺母；6—固定钻套；

7—螺钉；8—垫圈；9—锁紧螺母；10—防转销钉；11—调整垫圈

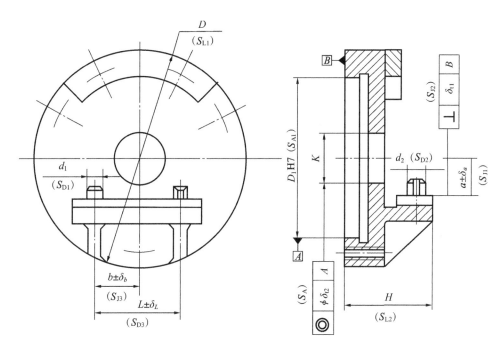

图 5-51　车床夹具尺寸标注

1）最大轮廓尺寸 S_L

若夹具上有活动部分，则应用双点画线画出最大活动范围，或标出活动部分的尺寸范围。如图 5-50 中的最大轮廓尺寸 S_L 为 84 mm、$\phi70$ 和 60 mm。在图 5-51 所示的车床夹具中，最大轮廓尺寸 S_L 为 D 及 H。

2）影响定位精度的尺寸和公差 S_D

影响定位精度的尺寸和公差主要指工件与定位元件及定位元件与定位元件之间的尺寸、公差，如图 5-50 中标注的定位基面与限位基面的配合尺寸 $\phi20\dfrac{H7}{f6}$，图 5-51 中标注的圆柱销及菱形销的尺寸 d_1、d_2 及销心距 $L\pm\delta_L$。

3）影响对刀精度的尺寸和公差 S_T

影响对刀精度的尺寸和公差主要指刀具与对刀元件或导向元件之间的尺寸、公差，如图 5-50 中标注的钻套导引孔的尺寸 $\phi5F7$。

4）影响夹具在机床上安装精度的尺寸和公差 S_A

影响夹具在机床上安装精度的尺寸和公差主要指夹具安装基面与机床相应配合表面之间的尺寸和公差，如图 5-51 中标注的安装基面 A 与车床主轴的配合尺寸 D_1H7。在图 5-50 中，钻模的安装基面是平面，可不必标注。

5）影响夹具精度的尺寸和公差 S_D

影响夹具精度的尺寸和公差主要指定位元件、对刀元件、安装基面三者之间的位置尺寸和公差，如图 5-50 中标注的钻套轴心线与限位基面间的尺寸（20±0.03）mm、钻套轴心线相对于定位心轴的对称度 0.03 mm，钻套轴心线相对于安装基面 B 的垂直度 60∶0.03、定位心轴相对于安装基面 B 的平行度 0.05 mm，又如图 5-51 中标注的限位基面到安装基面的距离 $a\pm\delta_a$、限位基面相对于安装基面 B 的垂直度 δ_{t1}、找正面相对于安装基面 A 的同轴度 δ_{t2}。

6）其他重要尺寸和公差

其他重要尺寸和公差为一般机械设计中应标注的尺寸和公差，如图 5-50 中标注的 $\phi14\dfrac{H7}{n6}$、$\phi40\dfrac{H7}{n6}$、$\phi10\dfrac{H7}{n6}$ 等。

2. 夹具总图上应标注的技术要求

夹具总图上无法用符号标注而又必须说明的问题，可作为技术要求用文字写在总图的空白处，如几个支承钉采用装配后修磨达到等高、活动 V 形块应能灵活移动、夹具装饰漆颜色、夹具使用时的操作顺序等。图 5-50 中标注装配时修磨调整垫圈 11，保证尺寸（20 ±0.03）mm。

3. 夹具总图上公差值的确定

夹具总图上标注公差值的原则是在满足工件加工要求的前提下，尽量降低夹具的制造精度。

1）直接影响工件加工精度的夹具公差 T_j

夹具总图上标注的第 2～5 类尺寸的尺寸公差和位置公差均直接影响工件的加工精度。

取

$$T_j = (1/5 \sim 1/2)T_i$$

式中，T_j 为夹具总图上的尺寸公差或位置公差，T_i 为与 T_j 相对应的工件尺寸公差或位置公差。

当工件批量大、加工精度低时，T_j 取小值，因为这样可延长夹具的使用寿命，又不增加夹具的制造难度；反之，取大值。

例如，图 5-50 中的尺寸公差、位置公差均取相应工件公差的 1/3 左右。

对于直接影响工件加工精度的配合尺寸，在确定了配合性质后，应尽量选用优先配合，如图 5-50 中的 $\phi20\dfrac{H7}{f6}$。

工件的加工尺寸未标注公差时，工件的尺寸公差 T_i 视为 IT12～IT14，夹具上的相应尺寸公差按 IT9～IT11 标注；工件的位置要求未标注公差时，工件的位置公差 T_i 视为 9～11 级，夹具上的相应位置公差按 7～9 级标注；工件的加工角度未标注公差时，工件的角度公差 T_i 视为 $\pm10' \sim \pm30'$，夹具上的相应角度公差标为 $\pm3' \sim \pm10'$（相应边长为 10～400 mm，边长短时取大值）。

2）夹具上其他重要尺寸的公差与配合

这类尺寸的公差与配合的标注对工件的加工精度有间接影响。在确定配合性质时，应考虑减小其影响，其公差等级可参照机械设计手册标注，如图 5-50 中的 $\phi14\dfrac{H7}{n6}$、$\phi40\dfrac{H7}{n6}$、$\phi10\dfrac{H7}{n6}$。

5.5.3　工件在夹具中的加工精度的分析

现以图 5-50 所示的型材夹具体钻模为例进行分析计算。

（1）定位误差 ΔD。加工尺寸（20 ±0.1）mm 的定位误差 $\Delta D = 0$。

对称度 0.1 mm 的定位误差为工件定位孔与定位心轴配合的最大间隙。工件定位孔的尺寸为 $\phi20\text{H7}(^{+0.021}_{0})$，定位心轴的尺寸为 $\phi20\text{f6}(^{-0.020}_{-0.033})$。

$$\Delta D = X_{\max} = (0.021 + 0.033)\ \text{mm} = 0.054\ \text{mm}$$

（2）对刀误差 ΔT。如图 5-50 所示，钻头与钻套间的间隙会导致钻头产生位移或倾斜，造成加工误差。由于过渡套壁厚较薄，因此可只计算钻头位移引起的误差。钻套导向孔尺寸为 $\phi 5 \text{F7}(^{+0.022}_{+0.010})$，钻头尺寸为 $\phi 5^{\ 0}_{-0.03}$。尺寸 (20 ± 0.1) mm 及对称度 0.1 mm 的对刀误差均为钻头与导向孔的最大间隙。

$$\Delta T = X_{\max} = (0.022 + 0.03)\ \text{mm} = 0.052\ \text{mm}$$

（3）夹具的安装误差 ΔA。图 5-50 中夹具的安装基面为平面，因而没有安装误差，$\Delta A = 0$。

（4）夹具误差 ΔJ。图 5-50 中影响尺寸 (20 ± 0.1) mm 的夹具误差为导向孔对安装基面 B 的垂直度 ΔJ_3，且 $\Delta J_3 = 0.03$ mm，导向孔轴心线到定位端面的尺寸公差 $\Delta J_2 = 0.06$ mm，则 $\Delta J = \sqrt{\Delta J_2^2 + \Delta J_3^2} = \sqrt{0.06^2 + 0.03^2}$ mm $= 0.067$ mm。

影响对称度 0.1 mm 的夹具误差为导向孔对定位心轴的对称度 ΔJ，且 $\Delta J = \Delta J_2 = 0.03$ mm。

（5）加工方法误差 ΔG。因该项误差的影响因素多，又不便于计算，所以在设计夹具时常根据经验取加工方法误差为工件对应尺寸公差的 1/3。计算时可设 $\Delta G = T_i / 3$。

过渡套钻 $\phi 5$ 孔时加工精度的计算如表 5-4 所示。

表 5-4　过渡套钻 $\phi 5$ 孔时加工精度的计算

加工要求 误差类型	尺寸 (20 ± 0.1) mm	对称度 0.1 mm
定位误差 ΔD/mm	0	0.054
对刀误差 ΔT/mm	0.052	0.052
安装误差 ΔA/mm	0	0
夹具误差 ΔJ/mm	0.067	0.03
加工方法误差 ΔG/mm	0.067	0.033
加工总误差 $\sum \Delta$/mm	$\sqrt{0.052^2 + 0.067^2 + 0.067^2} = 0.108$	$\sqrt{0.054^2 + 0.052^2 + 0.03^2 + 0.033^2} = 0.087$
夹具精度储备 J_c/mm	$0.2 - 0.108 = 0.092 > 0$	$0.1 - 0.087 = 0.013 > 0$

由表 5-4 可知，该钻模能满足工件的各项精度要求，且有一定的精度储备。

5.5.4　夹具的制造特点及保证其制造精度的方法

1. 夹具的制造特点

夹具通常是单件生产，且制造周期很短。为了保证工件的加工要求，很多夹具要有较高的制造精度。夹具制造中，除了生产方式与一般产品的不同外，在应用互换性原则方面也有一定的限制,经常采用修配方法,而夹具的制造主要在企业的工具车间中进行,一般工具车间有多种加工设备,这些设备都具有较好的加工性能和加工精度,以保证夹具的制造精度。

2. 保证夹具制造精度的方法

夹具上与工件加工尺寸直接有关且精度较高的部位,在夹具制造时常用修配法和调整法来保证其精度。

对于需要采用修配法的零件,可在其图样上注明"装配时精加工"或"装配时与××件配作"等字样。图 5-52 所示为一钻模保证钻套孔距尺寸(15 ±0.02) mm 的方法。在夹具体 2 和钻模板 1 的图样上分别注明"配作"字样,其中钻模板 1 上的孔可先加工至留 1 mm 余量的尺寸,待测量出正确的孔距尺寸后,即可与夹具体合并,加工出销孔 B。显然,原图上的 A_1、A_2 尺寸已被修正。

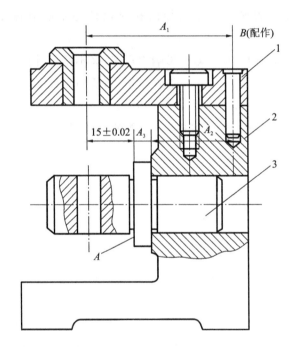

图 5-52　钻模保证钻套孔距尺寸(15 ±0.02) mm **的方法**
1—钻模板;2—夹具体;3—定位轴

镗模也常采用修配法。例如,将镗套的内孔与所使用的镗杆的单配间隙控制在 0.008~0.01 mm 内,即可使镗模具有较高的导向精度。

调整法与修配法相似,在夹具上通常可设置调整垫圈、调整垫板、调整套等元件来控制装配尺寸。调整法较简易,调整件选择得当即可补偿其他元件的误差,以提高夹具的制造精度。

将图 5-52 中的钻模进行结构调整,将定位轴台肩尺寸做成略小于 A_3,在其外圈增设一个环形支承板,其厚度尺寸略大于 A_3,待钻模板装配后再按测量尺寸修正支承板的尺寸 A_3,使其符合要求即可。

【习题】

5-1 钻床夹具分为哪些类型？各有何特点？

5-2 在工件上钻铰 $\phi14H7$ 孔，铰削余量为 0.1 mm，铰刀直径为 $\phi14m6$，试设计所需钻套（计算导向孔尺寸，画出钻套零件图，标注尺寸及技术要求）。

5-3 如图 5-53 所示，在工件上加工 $\phi9H7$ 孔，工件的其他表面均已加工好，试设计所需的夹具（画出草图），标注尺寸并进行精度分析。

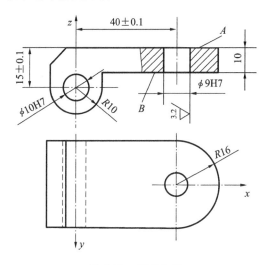

图 5-53 题 5-3 图

5-4 铣床夹具中定位键和定向键各有何作用？如何使用？

5-5 铣床夹具设计时怎样选择或设计对刀块？如何使用对刀块？

5-6 在图 5-54 所示的接头上铣槽 28H11，其他表面均已加工好，试设计所需的夹具（画出草图），标注尺寸并进行精度分析。

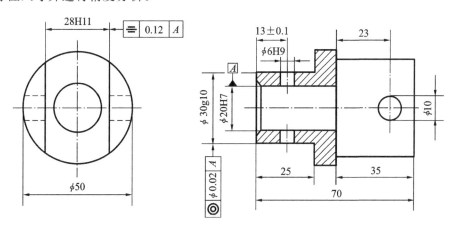

图 5-54 题 5-6 图

5-7 车床夹具可分为哪几类？各有何特点？

5-8 车床夹具与车床主轴的连接方式有哪些？

5-9 在车床 C6140 上镗图 5-55 所示的轴承座上的 $\phi32K7$ 孔，A 面和两个 $\phi9H7$ 孔已加工好，试设计所需的夹具（画出草图），标注尺寸并进行加工精度分析。

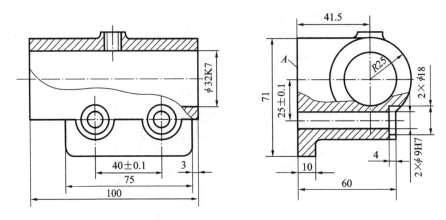

图 5-55 题 5-9 图

第 6 章
机械制造工艺规程设计

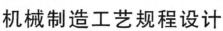

◀ **知识目标**

　　(1)掌握机械制造工艺规程的格式、内容、作用和设计原则。

　　(2)掌握零件工艺规程的设计步骤和方法。

　　(3)了解工艺过程中技术经济分析方法和提高生产率的各种措施。

◀ **能力目标**

　　(1)会根据零件图的加工要求对零件进行结构工艺性分析。

　　(2)会拟订零件的加工工艺路线。

　　(3)会用工艺尺寸链和工序尺寸网进行工序尺寸的相关计算。

工艺规程是在具体的生产条件下，规定产品或零件制造工艺过程的工艺文件。根据生产过程工艺性质的不同，有毛坯制造、零件机械加工、热处理、表面处理、装配及特种加工等不同的工艺规程。其中，规定零件加工工艺过程的工艺文件称为机械加工工艺规程；规定产品或部件装配工艺过程的工艺文件称为机械装配工艺规程。它们是在具体的生产条件下确定的较合理的制造过程，并按规定格式填写的工艺文件，用来指导制造过程。

◀ 6.1　概　述 ▶

6.1.1　工艺规程的格式和内容

1. 机械加工工艺规程

常用的机械加工工艺规程有机械加工工艺过程卡片和机械加工工序卡片。

1）机械加工工艺过程卡片

机械加工工艺过程卡片的格式如表 6-1 所示。

此卡片主要列出了零件加工所经过的路线，主要用来了解零件的加工流向，是制订其他工艺文件的基础，也是准备生产技术、编制作业计划和组织生产的依据。

机械加工工艺过程卡片是以工序为单位详细说明整个工艺过程的工艺文件，其内容包括零件的材料、质量，毛坯的制造方法及各工序的加工内容等，用于指导工人生产和帮助车间管理人员和技术人员掌握整个零件加工过程。在这种卡片中，各工序的说明不具体，多作为生产管理使用。

在单件小批量生产中，通常不编制其他更详细的工艺文件，而以这种卡片来指导生产。

2）机械加工工序卡片

机械加工工序卡片的格式如表 6-2 所示。

此卡片详细地写明了零件的各个工序的加工过程。在这种卡片中，要画出工序简图，说明该工序的加工表面及应达到的尺寸和公差、工件的装夹方法、刀具的类型和位置、进刀方向和切削用量等。

在大批量或中批量生产重要零件时要采用这种卡片。

2. 机械装配工艺规程

常用的机械装配工艺规程有机械装配工艺过程卡片、机械装配工序卡片和装配工艺系统图。单件小批量生产时仅要求填写机械装配工艺过程卡片；中批量生产时通常只需要填写机械装配工艺过程卡片，对于复杂的产品，则还需填写机械装配工序卡片；大批量生产时，不仅需要填写机械装配工艺过程卡片，还需填写机械装配工序卡片，以便指导装配。

1）机械装配工艺过程卡片

机械装配工艺过程卡片的格式如表 6-3 所示。

表 6-1 机械加工工艺过程卡片

| 机械加工工艺过程卡片 | | 产品型号 | | 零(部)件图号 | | | |
| | | 产品名称 | | 零(部)件名称 | | | |

| 材料牌号 | | 毛坯种类 | 毛坯外形尺寸 | 每个毛坯可制件数 | | 每台件数 | | 备注 | |

工序号	工序名称	工序内容		车间	设备	工艺设备			工时	
						夹具	刀具	量具	准终	单件

描图								
描校								
底图号								
装订号								

| | | | | | | | | 编制(日期) | 审核(日期) | 会签(日期) | 标准化(日期) | 批准(日期) |
| 标记 | 处数 | 更改文件号 | 签字 | 日期 | 标记 | 处数 | 更改文件号 | 签字 | 日期 | | | |

表 6-2　机械加工工序卡片

| 机械加工工序卡片 | 产品型号 | | 零(部)件图号 | |
| 机械加工工序卡片 | 产品名称 | | 零(部)件名称 | |

	施工车间	工序号	工序名称
	材料牌号	同时加工件数	冷却液
	设备名称	设备型号	设备编号
	夹具编号	夹具名称	工序工时
			准终	单件
	工位器具编号	工位器具名称	

工步号	工步内容	工艺装备			主轴转速/(r/s)	切削速度/(m/s)	进给量/mm	切削深度/mm	走刀次数	工时定额	
		刀具	量具	辅具						机动	辅助

描图

描校

底图号

装订号

| | | | | | | | | 编制(日期) | 审核(日期) | 会签(日期) | 标准化(日期) | 批准(日期) |
| 标记 | 处数 | 更改文件号 | 签字 | 日期 | 标记 | 处数 | 更改文件号 | 签字 | 日期 | | | |

表 6-3　机械装配工艺过程卡片

		机械装配工艺过程卡片	产品型号		零(部)件图号				
			产品名称		零(部)件名称		共( )页	第( )页	
工序号	工序名称	工序内容			装配部门	设备及工艺装备	辅助材料	工时定额/min	
描　图									
描　校									
底图号									
装订号									
							设计(日期)	审核日期	标准化(日期)	会签(日期)
标记	处数	更改文件号	签字	日期	标记	处数	更改文件号	签字	日期

机械装配工艺过程卡片上应简要说明每道工序的工作内容、所需设备、时间定额等。

2)机械装配工序卡片

机械装配工序卡片的格式如表 6-4 所示。

表 6-4　机械装配工序卡片

	机械装配工序卡片	产品型号		零(部)件图号				
		产品名称		零(部)件名称		共(　)页		第(　)页
工序号		工序名称	车间		工程设备		工序工时	
	简　图							
	工步号	工步内容				工艺装备	辅助材料	工时定额 /min
描　图								
描　校								
底图号								
装订号								
						设计 (日期)	审核 日期	标准化 (日期) 会签 (日期)
	标记 处数 更改文件号 签字 日期				标记 处数 更改文件号 签字 日期			

在大批量生产时,不仅要制订机械装配工艺过程卡片,还要为每一道工序制订机械装配工序卡片,详细说明工序的工艺内容、所需工艺装备、工人技术等级等。

3)装配工艺系统图

装配工艺系统图可以清晰地表示装配顺序,它分为产品装配系统图和部件装配系统图,其格式如图 6-1 所示。

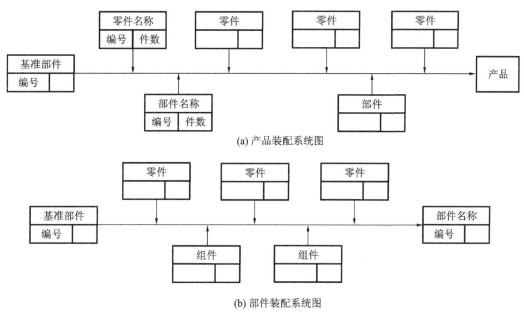

(a) 产品装配系统图

(b) 部件装配系统图

图 6-1 装配工艺系统图

6.1.2 工艺规程的作用

经审定批准的工艺规程是工厂生产活动中的关键性指导文件,它主要有以下几个方面的作用。

1. 是指导生产的主要技术文件

生产工人必须严格按工艺规程进行生产,检验人员必须按照工艺规程进行检验,一切有关生产人员必须严格执行工艺规程,不容擅自更改,这是严肃的工艺纪律,否则可能造成废品,或者产品质量和生产效率下降,甚至会引起整个生产过程的混乱。

但是,工艺规程也不是一成不变的。随着科学技术的发展和工艺水平的提高,今天合理的工艺规程,明天有可能落后。因此,工艺规程要与时俱进,要注意及时吸收国内外已成熟的先进技术。工厂除了定期进行工艺整顿、修改工艺文件外,经过一定的审批手续,还可临时对工艺文件进行修改,使之更加完善。

2. 是生产组织管理和生产准备的依据

生产计划的制订,原材料和毛坯的供应,工艺装备的设计、制造和采购,机床负荷的调整,作业计划的编排,劳动力的组织,工时定额及成本的核算等,都要以工艺规程为依据。

3. 是新设计和扩建工厂(车间)的依据

新设计和扩建工厂(车间)时,生产所需设备的种类和数量,机床的布置,车间的面积,生产工人的工种、等级和数量及辅助部门的安排等都是以工艺规程为基础,根据生产类型确定的。

除此之外,先进的工艺规程起着推广和交流的作用。典型的工艺规程可指导同类产品的生产。

6.1.3　工艺规程的设计原则

工艺规程的设计原则是:在一定的生产条件下,在保证产品质量的前提下,应尽量提高生产率和降低成本,以获得良好的经济效益和社会效益。设计工艺规程时应注意以下四个方面的问题。

1. 技术上的先进性

所谓技术上的先进性,是指高质量、高效益的获得不是建立在提高工人劳动强度和操作水平的基础上,而是依靠采用相应的技术措施来保证的。因此,在设计工艺规程时,要了解国内外本行业工艺技术的发展,通过必要的工艺试验,尽可能采用先进的工艺和工艺装备。

2. 经济上的合理性

在一定的生产条件下,可能会有几个都能满足产品质量要求的工艺方案,此时应通过成本核算,选择经济上最合理的方案,使产品成本最低。

3. 有良好的劳动条件,避免环境污染

在设计工艺规程时,要注意保证良好而安全的劳动条件,尽可能地采用先进的技术措施。同时,要符合国家环境保护法的有关规定,避免环境污染。

4. 格式上的规范性

工艺规程应做到正确、完整、统一和清晰,所用术语、符号、计量单位、编号等都要符合相应标准。

6.1.4　工艺规程设计的原始资料

设计工艺规程时,必须具备下列原始资料。

(1)产品的装配图和零件图。

(2)产品验收的质量标准。

(3)产品的生产纲领。

(4)毛坯的生产条件或协作关系。

(5)现有的生产条件和资料,如现有设备的规格、性能、所能达到的精度等级及负荷情况,现有工艺装备和辅助工具的规格和使用情况,工人的技术水平,专用设备和工艺装备的制造能力和水平及各种工艺资料和技术标准等。

(6)国内外先进工艺及生产技术发展情况。结合本厂的生产实际加以推广应用,使制订的工艺规程具有先进性。

6.1.5　零件机械加工工艺规程的设计步骤

(1)分析产品的装配图和零件图,包括了解零件在产品中的功用,分析零件的加工工艺性、主要加工表面,对结构不合理的地方提出修改意见等。

(2)选择毛坯。选择毛坯的类型和制造方法,应全面考虑毛坯的制造成本和机械加工成本,以降低零件制造总成本。

（3）拟订工艺路线，包括选择定位基准、选择零件表面加工方法、划分加工阶段、安排加工顺序和组合工序等。

（4）工序设计，包括确定加工余量，计算工序尺寸，确定各工序的切削用量和时间定额，确定各工序的设备、刀具、量具和夹具等。

（5）填写工艺文件。

本章和第 7 章介绍零件的加工工艺规程设计，第 8 章介绍产品的装配工艺规程设计。

◀ 6.2 分析图纸 ▶

设计零件的机械加工工艺规程的第一步是分析产品的装配图和零件图，主要进行以下三个方面的分析。

1. 整体分析

通过认真分析零件图和产品的装配图，熟悉产品的性能、用途、工作条件，结合总装图、部件图，了解零件在产品中的安装位置、功用、工作条件，掌握零件上影响产品性能的关键加工部位和关键技术要求，以便在设计工艺规程时采用相应的措施予以重点保证。

2. 技术要求分析

审查图纸的正确性、合理性，如视图是否正确、完整，尺寸标注是否合理，材料选择、热处理和表面处理是否恰当等。

3. 结构分析

审查零件结构工艺性。零件结构工艺性是指所设计的零件在能满足使用要求的条件下制造的可行性和经济性。零件的结构要根据其用途和使用要求进行设计。但是，其结构是否完善还要看它是否符合工艺方面的要求，即在保证使用要求的前提下，能否用生产率高、劳动量小、材料消耗低和生产成本低的方法制造出来。

零件结构工艺性由零件结构要素的工艺性和零件整体结构的工艺性两部分组成。

1）零件结构要素的工艺性

组成零件的各加工表面称为零件结构要素。零件结构要素的工艺性主要表现在以下几个方面。

（1）各结构要素的形状尽量简单、面积尽量小、规格尽量统一和标准，以减少加工时调整刀具的次数。

（2）能采用普通设备和标准刀具进行加工，刀具易进入、退出和顺利通过，避免内端面加工，防止碰伤已加工面。

（3）加工面与非加工面应明显分开，应使加工时刀具有较好的切削条件，以提高刀具的寿命并保证加工质量。

2）零件整体结构的工艺性

零件整体结构的工艺性主要表现在以下几个方面。

（1）尽量采用标准件、通用件和相似件。

（2）有位置精度要求的表面应尽量在一次装夹下加工出来。如箱体零件上的同轴孔，其孔径应当同向或双向递减，以便在单面或双面镗床上一次装夹而加工出来。

（3）零件应有足够的刚性，以防止在加工过程中（尤其是在高速和多刀切削时）变形，影响加工精度。

（4）有便于装夹的基准或定位面。例如图 6-2 所示的机床立柱，应在其上增设工艺凸台，以便加工时作为辅助定位基准。

表 6-5 列举了生产中常见的结构工艺性定性分析的实例，以供参考和借鉴。

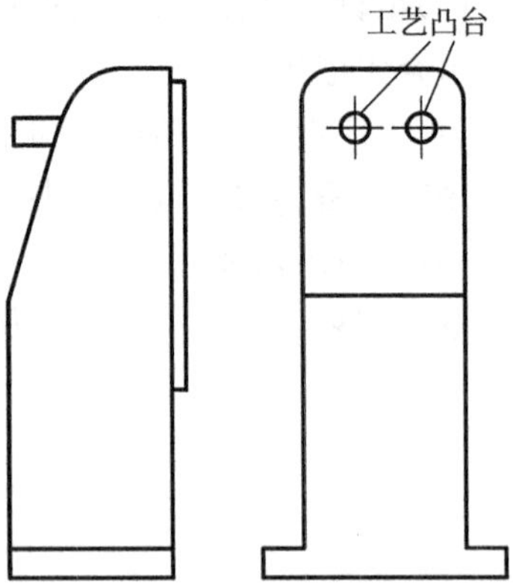

图 6-2　机床立柱的工艺凸台

表 6-5　常见的结构工艺性定性分析的实例

序号	结构工艺性内容	不好	好
1	尽量减少大平面的加工	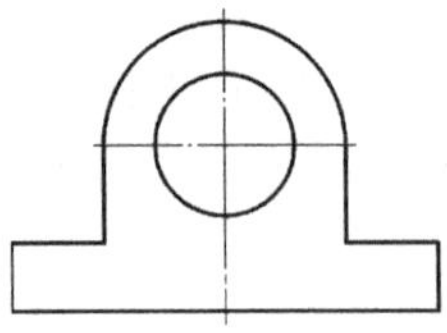	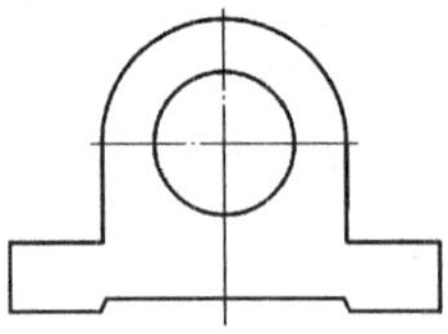
2	尽量减少长孔加工	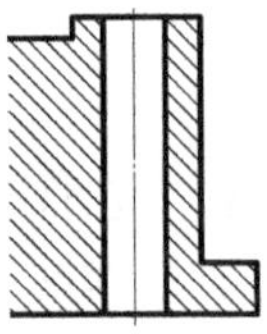	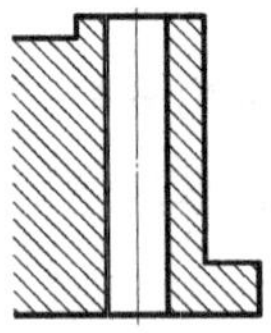
3	键槽布置在同一方向可减少刀具调整次数	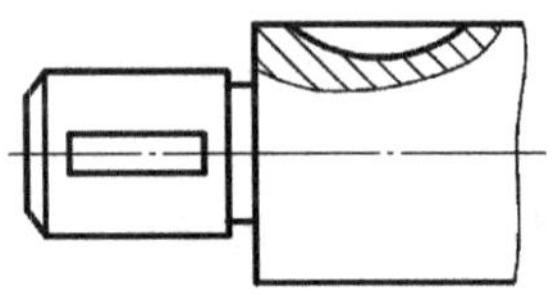	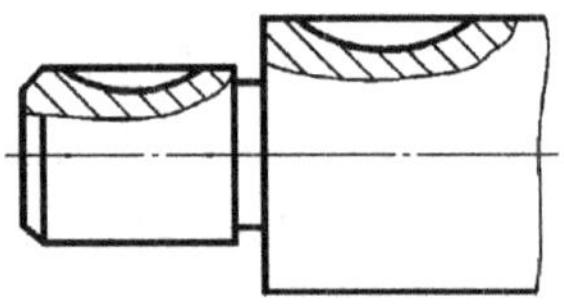
4	（1）加工面与非加工面应明显分开； （2）凸台高度应相同，以便于一次加工	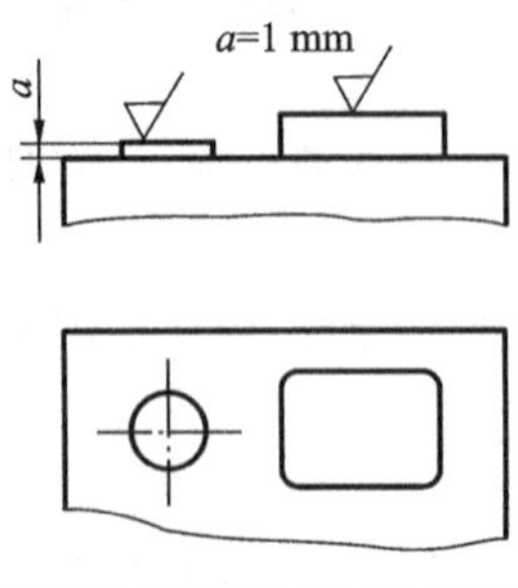	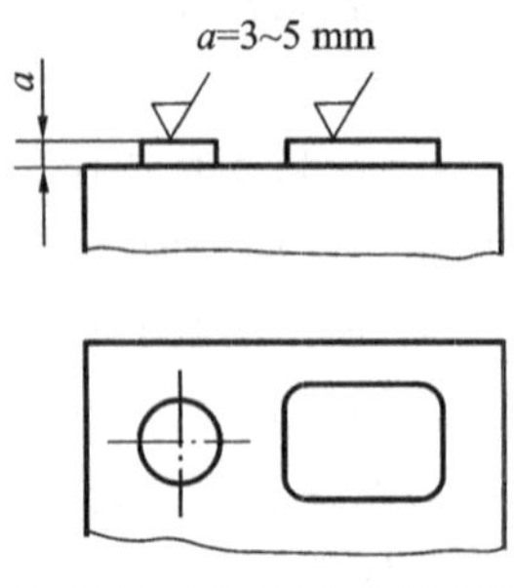

序号	结构工艺性内容	不好	好
5	槽的宽度一致		
6	磨削表面应有退刀槽		
7	(1)内螺纹孔口应倒角; (2)根部应有退刀槽		
8	孔距离箱壁太近,需用加长钻头加工		
9	槽底与孔素线平行,易划伤加工面		
10	磨削锥面时易碰伤加工面		
11	(1)斜面钻孔,易偏; (2)出口有阶梯,钻头易折断		

◀ 6.3　选择毛坯 ▶

设计零件的机械加工工艺规程的第二步是选择毛坯。

毛坯制造是零件生产过程的一部分。根据零件的技术要求、结构特点、材料、生产纲领等，合理地确定毛坯的种类和制造方法，同时还要从工艺角度出发，对毛坯的结构、形状提出要求。因此，必须正确选择毛坯。

6.3.1　毛坯的种类

毛坯的种类有很多，同样的毛坯又有很多制造方法。机械制造中常用的毛坯有以下几种。

1. 铸件

形状复杂的毛坯宜采用铸造方法制造。按铸造材料的不同，铸造可分为铸铁铸造、铸钢铸造和有色金属铸造。根据制造方法的不同，铸件可分为下列类型。

1）砂型铸造铸件

砂型铸造铸件是一种应用最广的铸件，其精度低，生产效率低，加工表面留有较大的余量，适用于单件小批量生产或大型工件的铸造。

2）金属型铸造铸件

金属型铸造铸件是将熔融的金属浇注到金属模具中，依靠金属自重充满金属模型腔而获得的铸件。这种铸件比砂型铸造铸件的精度高，表面质量和力学性能好，生产效率较高，但需专用的金属型腔模，适用于大批量生产中的尺寸不大的有色金属铸件。

3）离心铸造铸件

离心铸造铸件是将熔融的金属注入高速旋转的金属型腔内，在离心力的作用下金属液充满型腔而形成的铸件。这种铸件晶粒细，金属组织致密，铸件的力学性能好，外圆精度及表面质量高，但内孔精度差，需要专门的离心浇铸机，适用于批量较大的中小型回转体铸件。

4）压力铸造铸件

压力铸造铸件是将熔融的金属在一定的压力下，以较高的速度注入金属型腔内而获得的铸件。这种铸件的精度高，可达 IT11～IT13，表面粗糙度小，可达 $0.4～3.2~\mu m$，铸件的力学性能好，可同时制造各种结构复杂的零件，铸件上的各种孔眼、螺纹、文字及花纹图案均可铸出，但需要一套昂贵的设备和金属压铸模具，适用于批量较大的形状复杂、尺寸较小的有色金属铸件。

5）精密铸造铸件

将石蜡通过型腔模压制成与工件一样的蜡制件，再在蜡制件周围粘上特殊型砂，凝固后将其烘干焙烧，蜡被蒸发出去，留下与工件形状相同的模壳，用来浇铸。这种铸造方法精度高，表面质量好，一般用于铸造形状复杂的铸件，可节省材料、降低成本，是先进的铸造工艺。

2. 锻件

机械强度较高的钢制件一般要采用锻件毛坯。锻件有自由锻造锻件和模锻件两种。

自由锻造锻件是在锻锤或压力机上用手工操作而成的锻件，其精度低、加工余量大、生产率低，适用于单件小批量生产及大型锻件。

模锻件是在锻锤或压力机上通过专用锻模锻制而成的锻件,它的精度和表面质量均比自由锻件的好,加工余量小,机械强度高,生产率高,但需要专用的模具,且设备的吨位比自由锻的大,主要适用于批量较大的中小型零件。

3. 型材

型材有冷拉和热轧两种。热轧的精度低、价格便宜,用于一般零件的毛坯;冷拉的尺寸较小、精度高,易于实现自动送料,但价格贵,多用于批量较大、在自动机床上进行加工的毛坯。型材按截面形状可分为圆钢、方钢、六角钢、扁钢、角钢、槽钢及其他截面形状的型材。

4. 焊接件

焊接是将型材或钢板焊接成所需的结构的一种方法,适用于单件小批量生产中的大型零件,其优点是制造简单、周期短、毛坯重量轻,缺点是焊接件的抗振性差、焊接变形大,因此在机械加工前要进行时效处理。

5. 冲压件

冲压件是在压力机上用冲模将板料冲制而成的。冲压件的尺寸精度高,可以不再进行加工或只进行精加工,生产率高,适用于批量较大而厚度较小的中小型零件。

6. 冷挤压件

冷挤压件是在压力机上通过挤压模挤压而成的,其生产率高、毛坯精度高、表面粗糙度小,可以不再进行机械加工,但要求材料塑性好,主要为有色金属和塑性好的钢材,适用于大批量生产中制造简单的小型零件。

7. 粉末冶金

粉末冶金是以金属粉末为原料,在压力机上通过模具压制成坯料后经高温烧结而成的,其生产效率高、表面粗糙度小,一般可不再进行精加工,但粉末冶金成本较高,适用于大批量生产中压制形状较简单的小型零件。

6.3.2 毛坯的选择

毛坯的种类和制造方法对零件的加工质量、生产率、材料消耗及加工成本都有影响。提高毛坯精度可减少机械加工工作量、提高材料利用率、降低机械加工成本,但毛坯制造成本会增加,两者是相互矛盾的。在选择毛坯时应综合考虑以下因素。

1. 零件的材料及力学性能的要求

零件的材料大致确定了毛坯的种类。例如,零件的材料是铸铁或青铜时,只能选铸件毛坯,不能用锻件。若零件的材料是钢材,当零件的力学性能要求较高时,不管形状简单还是复杂,都应选锻件;当零件的力学性能无过高要求时,可选型材。

2. 零件的结构形状与外形尺寸

大型零件受设备条件的限制,一般只能用自由锻和砂型铸造;中小型零件根据需要可选用模锻和各种先进的铸造方法。

形状复杂的毛坯一般采用铸造方法制造;一般用途的阶梯轴,如各段直径相差不大,可选用圆棒料,如各段直径相差较大,为了减少材料消耗和机械加工量,宜选用锻件毛坯。

3. 生产类型

大批量生产时,应选毛坯精度和生产率都较高的先进的毛坯制造方法,使毛坯的形状、尺寸尽量接近零件的形状、尺寸,以节约材料,减少机械加工量,由此而节约的费用会远远超过毛坯制造所增加的费用,经济效益好;单件小批量生产时,采用先进的毛坯制造方法所节约的材料和机械加工成本,相对于毛坯制造所增加的设备和专用工艺装备费用就多得多,故应选毛坯精度和生产率均比较低的一般的毛坯制造方法,如自由锻和砂型铸造等。

4. 生产条件

选择毛坯时,应考虑现有生产条件,如现有毛坯的制造水平和设备现状、外协的可能性等,应尽可能组织外协,实现毛坯制造的社会专业化生产,以获得好的经济效益。

5. 充分考虑利用新工艺、新技术和新材料

随着毛坯制造专业化生产的发展,目前毛坯制造方面的新工艺、新技术和新材料的应用越来越多,如精铸、精锻、冷轧、冷挤压、粉末冶金和工程塑料的应用日益广泛,这些方法可大大减少机械加工量,节约材料,有十分显著的经济效益,在选择毛坯时,应予以充分考虑并尽量采用。

◀ 6.4 拟订工艺路线 ▶

工艺路线是指在零件的生产过程中,由毛坯到成品所经过的工序先后顺序。工艺路线的拟订是制订工艺规程的重要内容,其主要任务是:①选择定位基准;②选择表面加工方法;③划分加工阶段;④确定工序数量(工序集中和分散原则);⑤安排工序的顺序。

6.4.1 选择定位基准

定位基准有粗基准和精基准之分。零件开始加工时,所有面都未加工,只能以毛坯面作为定位基准。这种以毛坯面作为定位基准称为粗基准。在随后的工序中,用加工过的表面作为定位基准称为精基准。有时为了便于装夹工件和保证所需的加工精度,在工件上专门制出用于定位的表面,这种定位基准称为辅助基准。

在加工时,首先使用的是粗基准,然后是精基准。但在选择定位基准时,为了保证零件的加工精度,首先考虑的是选择精基准,精基准选择之后,再考虑选择合理的粗基准。

1. 精基准的选择

选择精基准时,重点考虑的是如何保证加工表面之间的位置精度及尺寸精度,同时也要考虑工件的装夹方便、可靠、准确,一般应遵循以下原则。

1)基准重合原则

直接选用设计基准或工序基准作为定位基准的原则称为基准重合原则。采用基准重合原则可以避免因定位基准和设计基准不重合而引起的基准不重合误差,工件的加工精度能更加容易和可靠地得到保证。

2)基准统一原则

工件的多道工序尽可能选择同一个(或一组)定位基准作为精基准定位的原则称为基准统

一原则。采用基准统一原则可以保证各加工表面间的相互位置精度,避免或减少因基准转换而引起的误差,并且简化了夹具的设计和制造工作,降低了成本,缩短了生产准备时间。

在实际生产中,经常使用的统一基准形式有:①轴类零件常使用两顶尖孔作为统一基准;②盘套类零件常使用止口面(一端面+一短圆孔)作为统一基准;③套类零件常使用一长孔和一止推面作为统一基准;④箱体类零件常使用一面两孔(一个较大的平面和两个距离较远的销孔)作为统一基准。

采用统一基准原则的优点是:①有利于保证各加工表面之间的位置精度;②可以简化夹具设计,减少工件搬动和翻转次数。

采用统一基准原则的缺点是:常常会带来基准不重合问题。此时,需针对具体问题进行具体分析,根据实际情况选择精基准。对尺寸精度要求较高的表面应服从基准重合原则,以避免允许的工序尺寸实际变动范围减小,给加工带来困难。除此之外,主要考虑基准统一原则。

3)自为基准原则

精加工和光整加工工序要求余量小而均匀。用加工表面本身作为精基准的原则称为自为基准原则。加工表面与其他表面之间的相互位置精度则由先行工序保证。

如图 6-3 所示,磨削车床床身导轨面时,为了使加工余量小而均匀,以提高导轨面的加工精度,常在磨头上安装百分表,在床身下安装可调支承,以导轨面本身作为精基准来调整找正。此外,用浮动铰刀铰孔,用拉刀拉孔,用无心磨床磨外圆、珩磨内孔等均为自为基准原则的实例。采用自为基准原则加工时,只能提高加工表面的尺寸精度,不能提高加工表面间的位置精度。

4)互为基准原则

为了使各加工表面间有较高的位置精度,或为了使加工表面具有均匀的加工余量,有时可采用两个加工表面互为基准的反复加工的原则,这种原则称为互为基准原则。图 6-4 所示为精密齿轮的加工,先以齿面为基准加工内孔,再以内孔为基准加工齿面。又如,为了保证机床主轴轴颈和前端锥孔的同轴度,常采用互为基准原则。

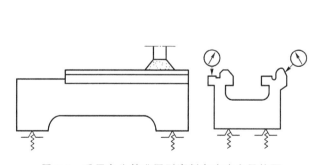

图 6-3　采用自为基准原则磨削车床床身导轨面

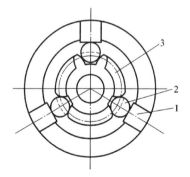

图 6-4　精密齿轮的加工

1—卡爪;2—滚柱;3—齿轮

5)装夹方便原则

所选精基准应能保证工件定位准确、稳定,装夹方便、可靠,夹具结构简单。定位面应有足够大的接触面积,以使能承受较大的切削力,使定位稳定可靠。

2. 粗基准的选择

粗基准的选择要重点考虑如何保证加工面与不加工面的相互位置精度,保证各个加工表面的加工余量合理分配,同时还要为后续工序提供可靠的精基准,一般按下列原则选择。

1)保证相互位置要求原则

选取与加工表面的相互位置精度要求较高的不加工表面作为粗基准。如果零件上有多个不加工面,应选择其中与主要加工表面有较高位置精度要求的不加工表面作为第一次装夹的粗基准。

如图 6-5 所示,要求不加工的外圆和加工的内孔有较高的同轴度。此时粗基准有两种选择方式:一是以外圆为粗基准,如图 6-5(a)所示,加工后,孔表面切除的厚度,即加工余量不均匀,但壁厚均匀,同轴度得到保证;二是以内孔为粗基准,如图 6-5(b)所示,加工后,孔的加工余量均匀,但壁厚不均匀,同轴度得不到修正。因此,应选择外圆表面作为粗基准,这样可以保证加工面与不加工面的位置精度。

2)保证加工表面余量合理分配原则

(1)以加工余量最小的表面作为粗基准,以保证各个表面都有足够的余量。

如图 6-6 所示,阶梯轴锻件毛坯大、小端外圆的偏心距为 3 mm,大端外圆的加工余量是 8 mm,而小端外圆的加工余量是 5 mm。若以大端外圆为粗基准,则小端外圆无法加工出来,所以应选择加工余量较小的小端外圆为粗基准。

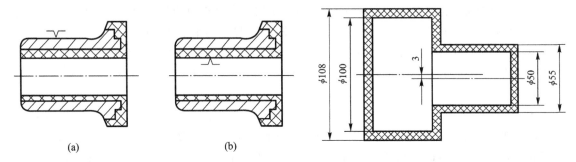

图 6-5　以不加工表面为粗基准　　　　图 6-6　以加工余量小的表面为粗基准

(2)选择零件上的重要表面作为粗基准。

图 6-7 所示为机床导轨面加工,先以导轨面作为粗基准来加工床脚底面,然后以床脚底面作为精基准来加工导轨面,如图 6-7(a)所示,这样才能保证床身的重要表面——导轨面加工时所切去的金属层尽可能薄且均匀,以保留组织紧密、耐磨的表面层,而图 6-7(b)所示的则为不合理的定位方案。

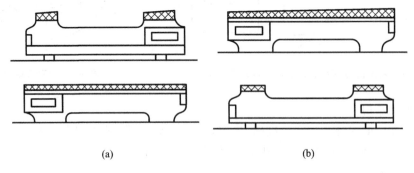

图 6-7　机床导轨面加工

(3)选择零件上那些平整的、足够大的表面作为粗基准,以使零件表面上总的金属切削量减少。机床导轨面的加工也符合该原则。

3)便于工件装夹原则

选择毛坯上平整、光滑的表面(不能有毛边、浇口、冒口或其他缺陷)作为粗基准,以使定位可靠、夹紧牢固。

4)粗基准尽量避免重复使用原则

因为粗基准未经加工,表面较为粗糙,在第二次安装时,其在机床上(或夹具中)的实际位置与第一次安装时的可能不一样,如图 6-8 所示,外圆 A 和外圆 C 的偏心距较大。

对于复杂的大型零件,从兼顾各方面的要求出发,可采用划线找正的方法来选择粗基准,以便于合理地分配余量。

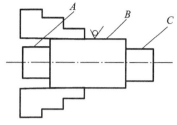

图 6-8　重复使用粗基准

3. 辅助基准的选择

工艺搭子、轴加工用的中心孔等都是典型的辅助基准,这些结构在零件工作时没有用处,只是出于加工的要求而设计的,有些可在加工完成后切除。

4. 实例

图 6-9 所示为车床进刀轴架,已知其工艺过程为:①划线;②粗、精刨底面和凸台;③粗、精镗孔 $\phi32H7$;④钻、扩、铰孔 $\phi16H9$。试选择各工序的定位基准并确定限制的自由度。

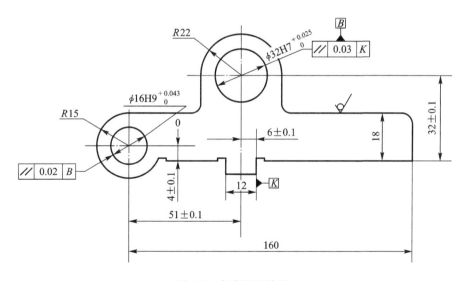

图 6-9　车床进刀轴架

解　工序 1　划线。当毛坯误差较大时,采用划线的方法能同时兼顾到几个不加工面对加工面的位置精度要求。选择不加工面 $R22$ 外圆和 $R15$ 外圆为粗基准,同时兼顾不加工的上平面与底面的距离 18 mm 的要求,划出底面和凸台的加工线。

工序 2　按划线找正刨底面和凸台。

工序 3　粗、精镗孔 $\phi32H7$。加工要求为尺寸(32 ± 0.1) mm、(6 ± 0.1) mm 及凸台侧面 K 的平行度 0.03 mm。根据基准重合原则选择底面和凸台为定位基准,底面限制三个自由度,凸台限制两个自由度,无基准不重合误差。

工序 4 钻、扩、铰孔 ϕ16H9。除了孔本身的精度要求外,本工序应保证的位置精度要求为尺寸(4±0.1)mm、(51±0.1)mm 及两孔的平行度 0.02 mm。根据精基准的选择原则,可以有三种不同的方案。

(1)底面限制三个自由度,K 面限制两个自由度。

此方案加工孔时采用了基准统一原则,夹具比较简单。尺寸(4±0.1)mm 的基准重合;尺寸(51±0.1)mm 有基准不重合误差,其大小等于 0.2 mm;两孔的平行度 0.02 mm 也有基准不重合误差,其大小等于 0.03 mm。由分析可知,此方案的基准不重合误差已经超过了允许的范围,故不可行。

(2)孔 ϕ32H7 限制四个自由度,底面限制一个自由度。

采用此方案时,尺寸(4±0.1)mm 有基准不重合误差,且定位销细长,刚性较差,所以也不可行。

(3)底面限制三个自由度,孔 ϕ32H7 限制两个自由度。

此方案可通过将工件套在一个长的菱形销上来实现。三个位置精度要求均为基准重合,唯有孔 ϕ32H7 对底面的平行度误差将会影响两孔在垂直平面内的平行度,应当在镗孔 ϕ32H7 时加以限制。

综上所述,第三个方案的基准重合,夹具结构也不太复杂,装夹方便,故采用第三个方案。

6.4.2 选择表面加工方法

1.加工经济精度

实践证明,各种表面加工方法(如车、铣、刨、磨、钻等)所能达到的加工精度和表面粗糙度是有一定的范围的。任何一种表面加工方法如果由技术水平高的熟练工人在精密完好的设备上仔细操作,所谓"精工出细活",必然使加工误差减小,可以得到较高的加工精度和较小的表面粗糙度,但却使成本增加;反之,若由技术水平较低的工人在精度较差的设备上快速操作,虽然成本下降,但得到的加工误差必然较大,使加工精度降低。

统计资料表明,采用各种表面加工方法加工时,加工误差和零件成本之间的关系如图 6-10 所示。图中横坐标是加工误差 Δ,纵坐标是零件成本 S。从图中可以看出,加工精度越高,即允许的加工误差越小,零件成本越高。这一关系在曲线 AB 段比较正常;当 $\Delta<\Delta_A$ 时,两者之间的关系十分敏感,即加工误差减小一点,成本增加很多;当 $\Delta>\Delta_B$ 时,即使加工误差增大很多,成本却下降很少。显然,上述两种情况都是不经济的,是不应当采用的精度范围。

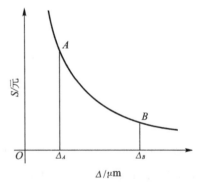

图 6-10 加工误差和零件成本之间的关系

曲线 AB 段所表示的加工精度范围是某种加工方法在正常加工条件下所能保证的加工精度,称为加工的经济精度。所谓正常的加工条件,是指采用符合质量标准的设备、工艺装备和标准技术等级的工人,不延长加工时间的条件。各种表面加工方法都有一个加工经济精度和表面粗糙度范围。选择表面加工方法时,应当使工件的加工要求与之相适应。表 6-6 介绍了各种表面加工方法的加工经济精度及表面粗糙度,供选择表面加工方法时参考。

表 6-6 各种表面加工方法的加工经济精度及表面粗糙度

加 工 表 面	加 工 方 法	经济精度等级 IT	表面粗糙度 $Ra/\mu m$
外圆柱面和端面	粗车	11～13	12.5～50
	半精车	9～10	3.2～6.3
	精车	7～8	0.8～1.6
	粗磨	8～9	0.4～0.8
	精磨	6	0.1～0.4
	研磨	5	0.012～0.1
	超精加工	5～6	0.012～0.1
	金刚车	6	0.025～0.4
圆柱孔	钻孔	11～12	12.5～25
	粗镗(扩孔)	11～12	6.3～12.5
	半精镗(精扩)	8～9	1.6～3.2
	精镗(铰孔、拉孔)	7～8	0.8～1.6
	粗磨	7～8	0.2～0.8
	精磨	6～7	0.1～0.2
	珩磨	6～7	0.025～0.1
	研磨	5～6	0.025～0.1
平 面	粗刨(粗铣)	11～13	12.5～50
	精刨(精铣)	8～10	1.6～6.3
	粗磨	8～9	1.25～5
	精磨	6～7	0.16～1.25
	刮研	6～7	0.16～1.25
	研磨	5	0.006～0.1

2. 选择表面加工方法应考虑的因素

选择表面加工方法时,首先应根据零件的加工要求,查表或根据经验来确定哪些表面加工方法能达到所要求的加工精度。从表 6-6 中可以看出,满足同样精度要求的表面加工方法有多种,所以选择表面加工方法时还必须考虑下列因素,才能最后确定。

1)工件材料

如有色金属的精加工不宜采用磨削,因为有色金属易使砂轮堵塞,因此常采用高速精细车削或金刚镗等切削加工方法。

2)工件的形状和尺寸

对于形状比较复杂、尺寸较大的零件,其上的孔一般不宜采用拉削或磨削;对于直径大于

$\phi 60$ 的孔,不宜采用钻、扩、铰等。

3)选择的加工方法要与生产类型相适应

一般,大批量生产应选生产率高和质量稳定的加工方法,而单件小批量生产应尽量选择通用设备和避免采用非标准的专用刀具加工。如平面加工一般采用铣削或刨削,但刨削由于生产率低,除了特殊场合(如狭长表面)外,在成批以上的生产中已逐渐被铣削所代替,而大批量生产时,常常要考虑拉削平面的可能性。对于孔加工来说,镗削由于刀具简单,在单件小批量生产中得到了广泛的应用。

4)具体生产条件

工艺人员必须熟悉工厂现有的加工设备及其工艺能力、工人的技术水平,以充分利用现有设备和工艺手段,同时也要注意不断引进新技术,对老设备进行技术改造,挖掘企业的潜力,不断提高工艺水平。

3. 各种表面的典型加工路线

根据上述因素确定了某个表面的最终加工方法后,还必须同时确定前面的预加工方法,形成一个表面加工路线。下面介绍几种生产中较为成熟的表面加工路线,供选用时参考。

1)外圆表面的加工路线

图 6-11 所示是常用的外圆表面的加工路线,有以下四条。

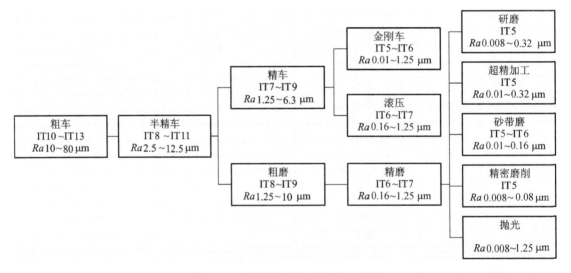

图 6-11 常用的外圆表面的加工路线

(1)粗车—半精车—精车 如果加工精度要求较低,也可以只取粗车或粗车—半精车。

(2)粗车—半精车—粗磨—精磨 对于黑色金属材料,加工精度低于或等于 IT6,表面粗糙度 Ra 大于或等于 $0.4\ \mu m$ 的外圆表面,特别是有淬火要求的表面,通常采用此加工路线,有时也可采取粗车—半精车—磨的加工路线。

(3)粗车—半精车—精车—金刚车 这条加工路线主要适用于有色金属材料及其他不宜采用磨削加工的外圆表面。

(4)粗车—半精车—粗磨—精磨—精密加工(或光整加工) 当外圆表面的精度要求特别高

或表面粗糙度要求特别小时,在加工路线(2)的基础上还要增加精密加工或光整加工方法。常用的外圆表面的精密加工方法有研磨、超精加工、精密磨等;抛光、砂带磨等光整加工方法则是以减小表面粗糙度为主要目的的。

2)孔的加工路线

图 6-12 所示是常用的孔的加工路线。

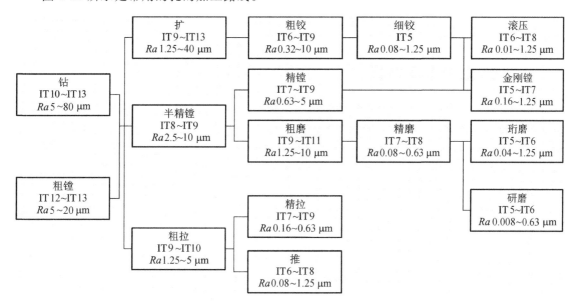

图 6-12　常用的孔的加工路线

常用的孔的加工路线有以下四条。

(1)钻—扩—粗铰—精铰　此方案广泛用于加工直径小于 $\phi40$ 的中小孔,其中扩孔有纠正位置误差的能力,而铰刀又是定尺寸刀具,容易保证孔的尺寸精度,对于较小的孔,有时只需铰一次便能达到要求。

(2)粗镗(或钻)—半精镗—精镗　这条加工路线适用于下列情况:①直径较大的孔;②位置精度要求较高的孔系;③单件小批量生产中的非标准中小孔;④有色金属材料上的孔。

在上述情况中,如果毛坯上已有预制孔(铸出或锻出的孔),则第一道工序先安排粗镗(或扩);如果毛坯上没有预制孔,则第一道工序便安排钻或两次钻。当孔的加工要求更高时,可在精镗后再安排浮动镗或金刚镗或珩磨等其他精密加工工序。

(3)钻—拉　这条加工路线多用于大批量生产中加工盘套类零件的圆孔、单键孔及花键孔。拉刀为定尺寸刀具,其加工质量稳定,生产率高。加工要求较高时,拉削可分为粗拉和精拉。

(4)粗镗—半精镗—粗磨—精磨　该加工路线主要用于中小型淬硬零件的孔加工。当孔的精度要求更高时,可再增加研磨或珩磨等精加工工序。

3)平面加工路线

平面加工一般采用铣削或刨削。要求较高的表面在铣或刨以后还需安排精加工。常用的平面精加工方法有以下几种。

(1)磨削。磨削可以得到较高的加工精度和较小的表面粗糙度(IT6 和 $Ra\ 0.32\ \mu m$),且可以磨淬硬表面,因此广泛应用于中小型零件的平面精加工。要求更高的零件可以在粗磨—精磨后再安排研磨或精密磨等加工工序。

(2)刮研。刮研是获得精密平面的传统加工方法。这种方法由于劳动量大、生产率低,因此在大批量生产中已逐步被磨削所取代,但在单件小批量生产和修配工作中仍有广泛的应用。

(3)高速精铣或宽刀精刨。高速精铣不仅能获得高的精度和小的表面粗糙度,而且生产率高,应用于不淬硬的中小型零件的平面精加工;宽刀精刨多用于大型零件,特别是狭长平面的精加工。

6.4.3　划分加工阶段

工件上每一个表面的加工总是先粗后精。粗加工去掉大部分余量,要求生产率高;精加工保证工件的精度要求。对于加工精度要求较高的零件,应当将整个工艺过程划分成粗加工、半精加工、精加工和精密加工(光整加工)等几个阶段,在各个加工阶段之间安排热处理工序。划分加工阶段有如下优点。

(1)有利于保证加工质量。

粗加工时,由于切去的余量较大,切削力和所需的夹紧力也较大,因而工艺系统受力变形和热变形都比较严重,而且在毛坯制造过程中,因冷却速度不均,工件内部会存在着内应力,粗加工时从表面切去一层金属,致使内应力重新分布,从而引起变形,这就使得粗加工不仅不能得到较高的精度和较小的表面粗糙度,还可能影响其他已经精加工过的表面。粗、精加工分阶段进行就可以避免上述因素对精加工表面的影响,有利于保证加工质量。

(2)合理地使用设备。

粗加工采用功率大、刚度大、精度不太高的机床,精加工应在精度高的机床上进行,这样有利于长期保持机床的精度。

(3)有利于及早发现毛坯的缺陷(如铸件的砂眼、气孔等)。

粗加工安排在前,若发现了毛坯缺陷,可及时予以报废,以免继续加工造成工时的浪费。

综上所述,工艺过程应当尽量划分成阶段进行。至于究竟应当划分为两个阶段、三个阶段还是更多个阶段,必须根据工件的加工精度要求和工件的刚性来决定。一般来说,工件精度要求越高、刚性越差,划分阶段应越细。

另一方面,粗、精加工分开会使机床台数和工序数增加,当生产批量较小时,机床负荷率低,不经济。所以当工件批量小、精度要求不太高、工件刚性较好时可以不分或少分阶段。

重型零件由于输送及装夹困难,一般在一次装夹下完成粗、精加工,为了弥补不分阶段带来的弊端,常常在粗加工后松开工件,然后以较小的夹紧力重新夹紧,再继续进行精加工。

6.4.4　确定工序数量(工序集中和分散原则)

1.集中与分散的概念

安排零件的工艺过程时,还要解决工序的集中与分散问题。所谓工序集中,就是在一个工序中包含尽可能多的工步内容。当批量较大时,常采用多轴、多面、多工位机床和复合刀具来实现工序集中,从而有效地提高生产率。多品种的中小批量生产中越来越多地使用加工中心机床,便是一个工序集中的典型例子。

工序分散与上述情况相反,整个工艺过程的工序数目较多,工艺路线长,而每道工序所完成的工步内容较少,最少时一个工序仅一个工步。

2. 工序集中与分散的特点

工序集中的优点如下。

(1)减少了工件的装夹次数。当工件各加工表面的位置精度较高时,在一次装夹下把各个表面加工出来,这样既有利于保证各表面之间的位置精度,又可以减少装卸工件的辅助时间。

(2)减少了机床数量和机床占地面积,同时便于采用生产率高的机床加工,大大提高了生产率。

(3)简化了生产组织和计划调度工作。因为工序集中后工序数目少、设备数量少、操作工人少,生产组织和计划调度工作比较容易。

工序集中程度过高也会带来下列问题:

(1)使机床结构过于复杂,一次投资费用高,机床的调整和使用费时费事;

(2)不利于划分加工阶段。

工序分散的特点正好与之相反,由于工序内容简单,所用的机床设备和工艺装备也简单,因此调整方便,对操作工人的技术水平要求较低。

3. 工序集中与分散程度的确定

在制订机械加工工艺规程时,恰当地选择工序集中与分散的程度是十分重要的。必须根据生产类型、工件的加工要求、设备条件等具体情况来进行分析,从而确定最佳方案。当前机械加工的发展方向趋向于工序集中。在单件小批量生产中,常常将同工种的加工集中在一台普通机床上进行,以避免机床负荷不足。在大批量生产中,广泛采用各种生产率高的设备,以使工序高度集中。数控机床,尤其是加工中心机床的使用,使多品种的中小批量生产几乎全部采用了工序集中的方案。

但对于某些零件,如活塞、轴承等,采用工序分散仍然可以体现较大的优越性。如分散加工的各个工序可以采用效率高而结构简单的专用机床和专用夹具,这样投资少,又易于保证加工质量,同时也方便按节拍组织流水生产,故常常采用工序分散的原则制订工艺规程。

6.4.5 安排工序的顺序

1. 工序顺序安排的原则

1)"先基面,后其他"原则

工艺路线开始安排的加工表面应该是后续工序选为精基准的表面,然后再以该基准面定位来加工其他表面。如轴类零件的第一道工序一般为铣端面、钻中心孔,然后以中心孔定位来加工其他表面;又如箱体零件常常先加工基准平面和其上的两个孔,再以一面两孔为精基准来加工其他表面。

2)"先面后孔"原则

当零件上有较大的平面可以用来作为定位基准时,总是先加工平面,再以该平面定位来加工孔,保证孔和平面之间的位置精度,这样定位比较稳定,装夹也方便。同时若在毛坯表面上钻孔,钻头容易引偏,所以从保证孔的加工精度出发,也应当先加工平面,再加工该平面上的孔。

当然,如果零件上并没有较大的平面,它的装配基准和主要设计基准是其他的表面,此时就可以运用上述第一个原则,先加工其他的表面。如变速箱拨叉零件就是先加工深孔,再加工端面和其他小平面的。

3)"先主后次"原则

零件上的加工表面一般可以分为主要表面和次要表面两大类。主要表面通常是指位置精度要求较高的基准面和工作表面;次要表面则是指那些位置精度要求较低,对零件整个工艺过程影响较小的辅助表面,如键槽、螺孔、紧固小孔等。这些次要表面与主要表面间也有一定的位置精度要求,一般是先加工主要表面,再以主要表面定位来加工次要表面。对于整个工艺过程而言,次要表面的加工一般安排在主要表面的最终精加工之前。

4)"先粗后精"原则

如前所述,对于精度要求较高的零件,加工应划分为粗、精加工阶段。这一点对于刚性较差的零件尤其不能忽视。

2. 热处理工序的安排

热处理工序在工艺路线中安排得是否恰当,对零件的加工质量和材料的使用性能影响很大,因此应当根据零件的材料和热处理的目的妥善安排。以下就常见的几种热处理介绍如下。

1)退火与正火

退火与正火的目的是为了消除组织的不均匀,细化晶粒,改善金属的切削加工性能。对高碳钢零件进行退火处理,可降低其硬度;对低碳钢零件进行正火处理,可提高其硬度,以获得适中的硬度和较好的可切削性,同时能消除毛坯制造中的应力。退火与正火一般安排在机械加工之前进行。

2)时效

毛坯制造和切削加工都会在工件内部留下残余应力,这些残余应力将会引起工件的变形,影响加工质量,甚至造成废品。为了消除残余应力,在工艺过程中常需安排时效处理。对于一般铸件,常在粗加工前或粗加工后安排一次时效处理;对于要求较高的零件,在半精加工后还需再安排一次时效处理;对于一些刚性较差、精度要求特别高的重要零件(如精密丝杠、主轴等),常常在每个加工阶段之间都安排一次时效处理。

3)淬火和调质处理

淬火和调质处理可以获得所需要的力学性能。但淬火和调质处理后零件会产生较大的变形,所以调质处理一般安排在机械加工之前,而淬火则因其硬度高且不易切削,一般安排在精加工阶段的磨削加工前。

4)渗碳淬火和渗氮

低碳钢零件有时需要进行渗碳淬火处理,并要求保证一定的渗碳层厚度。渗碳变形较大,一般安排在精加工之前进行,但渗碳表面预先常安排粗磨,以便控制渗碳层厚度和减少以后的磨削余量,渗碳时对零件不需要淬硬处(如装配时需要配铰的销孔等)应注意保护,或者在渗碳后安排切除渗碳层工序,然后再进行淬火和精加工。

渗氮处理是为了提高工件表面的硬度和抗蚀性,它的变形较小,一般安排在工艺过程的最后阶段、该表面的最终加工之前或之后进行。

3. 辅助工序的安排

1）检验工序

为了确保零件的加工质量，在工艺过程中必须合理地安排检验工序。一般在关键工序前后、各加工阶段之间及工艺过程的最后都应当安排检验工序，以保证加工质量。

除了一般性的尺寸检查外，对于重要的零件，有时还需要安排 X 射线检查、磁粉探伤、密封性试验等对工件内部质量进行检查，根据检查的目的可将其安排在机械加工之前（检查毛坯）或工艺过程的最后阶段进行。

2）清洗和去毛刺

切削加工后在零件表层或内部有时会留下毛刺，它将影响装配的质量，甚至是机器的性能，应当安排去毛刺处理。

工件在装配之前，一般应安排清洗。特别是研磨、珩磨等光整加工工序之后，砂粒易附着在工件表面，必须认真清洗工件，以免加剧工件在使用中的磨损。

3）其他工序

可根据需要安排平衡、去磁等其他工序。

必须指出，正确地安排辅助工序是十分重要的。如果安排不当或遗漏，将会给后续工序和装配带来困难，甚至影响产品的质量。

◀ 6.5 设计工序内容 ▶

零件的工艺路线拟订以后，下一步应该进行工序内容的设计。工序内容的设计包括为每一个工序选择机床和工艺装备，划分工步，确定加工余量、工序（工步）尺寸和公差，确定切削用量和工时定额，确定工序要求的检测方法等。

6.5.1 机床和工艺装备的选择

1. 选择机床

在拟订工艺路线时，已经同时确定了各工序所用机床的类型、是否需要设计专用机床等。在具体确定机床型号时，还必须考虑以下基本原则。

（1）机床的加工规格范围应与零件的外形、尺寸相适应。

（2）机床的精度应与工序要求的加工精度相适应。

（3）机床的生产率应与工件的生产类型相适应。一般单件小批量生产宜选用通用机床，大批量生产宜选用生产率高的专用机床、组合机床或自动机床。

（4）采用数控机床加工的可能性。在中小批量生产中，对于一些精度要求较高、工步内容较多的复杂工序，应尽量考虑采用数控机床加工。

（5）机床的选择应与现有的生产条件相适应。选择机床时应当尽量考虑到现有的生产条件，除了新厂投产以外，原则上应尽量发挥原有设备的作用，并尽量使设备负荷平衡。

各种机床的规格和技术性能可查阅有关的手册或机床说明书。

2.选择工艺装备

工艺装备主要包括夹具、刀具和量具,其选择原则如下。

1)选择夹具

在单件小批量生产中,应尽量选用通用夹具或组合夹具;在大批量生产中,则应根据加工要求设计制造专用夹具。专用夹具的设计和使用在前面的章节中已有详细的介绍。

2)选用刀具

合理地选用刀具是保证产品质量和提高切削效率的重要条件。在选择刀具形式和结构时,应考虑以下主要因素。

(1)生产类型和生产率。单件小批量生产时,一般尽量选用标准刀具;大批量生产时,广泛采用专用刀具、复合刀具等,以提高生产率。

(2)工艺方案和机床类型。不同的工艺方案必然要选用不同类型的刀具。例如,孔的加工可以采用钻—扩—铰,也可以采用钻—粗镗—精镗等,显然所选用的刀具类型是不同的。机床的类型、结构和性能对刀具的选择也有重要的影响。如采用立式铣床加工平面时,一般选用立铣刀或面铣刀,而不会用圆柱铣刀等。

(3)工件的材料、形状、尺寸和加工要求。刀具的类型确定以后,根据工件的材料和加工性质确定刀具的材料。工件的形状和尺寸有时将影响刀具结构及尺寸。例如,一些特殊表面(如T形槽)的加工,就必须选用特殊的刀具(如T形槽铣刀)。此外,所选的刀具类型、结构及精度等级必须与工件的加工要求相适应,如粗铣时应选用粗齿铣刀,而精铣时则选用细齿铣刀等。

3)选择量具

在选择量具前,首先要确定各工序的加工要求及如何进行检测。工件的形位精度要求一般是依靠机床和夹具的精度而直接获得的,操作工人通常只检测工件的尺寸精度和部分形位精度,而表面粗糙度一般是在该表面的最终加工工序后用目测方法来检验的。但在专门安排的检验工序中,必须根据检验卡片的规定,借助量仪和其他的检测手段全面检测工件的各项加工要求。

选择量具时应使量具的精度与工件的加工精度相适应,量具的量程与工件的被测尺寸大小相适应,量具的类型与被测要素的性质(孔或外圆的尺寸值或形状位置误差值)和生产类型相适应。一般来说,单件小批量生产时广泛采用游标卡尺、千分尺等通用量具,大批量生产时则采用极限量规和高效专用量仪等。

各种通用量具的使用范围和用途可查阅有关的专业书籍或技术资料,并以此作为选择量具时的参考依据。

当需要设计专用设备或专用工艺装备时,应依据工艺要求制订出专用设备或专用工艺装备的设计任务书。设计任务书是一种指示性文件,其上应包括与加工工序内容有关的参数、所要求的生产率、保证产品质量的技术条件等内容,作为设计专用设备或专用工艺装备的依据。

6.5.2   加工余量和工序尺寸的确定

零件上的一个要求较高的加工表面,往往要经过一系列工序的加工,逐渐提高其加工精度,最后才能达到设计要求。如一个精度为IT6、表面粗糙度 Ra 为 $0.8\ \mu m$ 的外圆表面,需要经过粗车—半精车—热处理—磨削。每道工序达到一定的精度,前工序的加工为后工序作准备,留有适当的加工余量,由后工序切除。显然,加工余量过大不仅增加了机械加工量,降低了生产率,增加了材料、工具和电力的消耗,增加了加工成本,而且对于某些精加工来说,加工余量过大也会影响加工质量;若加工余量过小,又不能消除工件表面残留的各种缺陷和误差,容易造成废品。因此,合理确定加工余量对提高加工质量和降低生产成本有着十分重要的意义。

1. 加工余量的概念

加工余量是指加工过程中从加工表面所切除的多余金属层的厚度,它有工序余量和加工总余量之分。

1)工序余量

工序余量是指某一工序所切除的金属层的厚度,即相邻两工序的工序尺寸之差。工序余量的基本尺寸(基本余量或公称尺寸)可按以下公式计算。

(1)对于平面等非回转表面(见图 6-13(a)、图 6-13(b))。

被包容面 $\qquad Z_b = a - b$

包容面 $\qquad Z_b = b - a$

(2)对于回转表面(见图 6-13(c)、图 6-13(d))。

被包容面(轴) $\qquad Z_b = a - b,\quad$ 单边余量 $Z_D = Z_b/2$

包容面(孔) $\qquad Z_b = b - a,\quad$ 单边余量 $Z_D = Z_b/2$

式中,Z_b 为工序余量的基本尺寸,a 为上道工序的基本尺寸,b 为本道工序的基本尺寸。

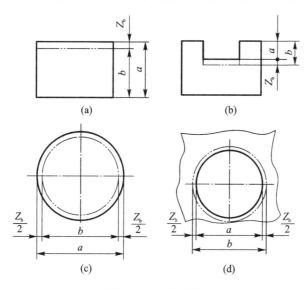

图 6-13 工序余量

2)加工总余量

加工总余量是指某加工表面上切除的金属层的总厚度,即毛坯尺寸与零件图设计尺寸之差。同一加工平面的加工总余量与各工序余量的关系为

$$Z_0 = \sum_{i=1}^{n} Z_i \tag{6-1}$$

式中,Z_0 为加工总余量(毛坯余量),Z_i 为各工序余量,n 为工序数。

3）工序最大余量、最小余量和余量公差的计算公式

如图 6-14 所示，工序最大余量、最小余量和余量公差的计算公式为

最大余量
$$\begin{cases} Z_{max} = a_{max} - b_{min}（被包容尺寸）\\ Z_{max} = b_{max} - a_{min}（包容尺寸）\end{cases}$$

最小余量
$$\begin{cases} Z_{min} = a_{min} - b_{max}（被包容尺寸）\\ Z_{min} = b_{min} - a_{max}（包容尺寸）\end{cases}$$

平均余量
$$\begin{cases} Z_m = a_m - b_m（被包容尺寸）\\ Z_m = b_m - a_m（包容尺寸）\end{cases}$$

余量公差
$$T_Z = Z_{max} - Z_{min} = T_a + T_b$$

式中，Z_{min} 为最小余量，Z_{max} 为最大余量，Z_m 为平均余量，a_{max}、a_{min} 为上道工序最大、最小极限尺寸，b_{max}、b_{min} 为本道工序最大、最小极限尺寸，a_m 为上道工序平均尺寸，b_m 为本道工序平均尺寸，T_a 为上道工序尺寸的公差，T_b 为本道工序尺寸的公差，T_Z 为余量公差。

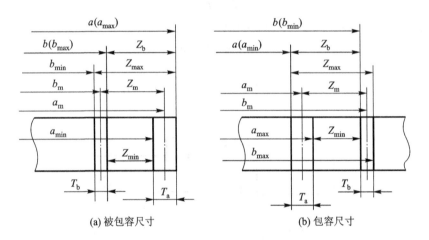

(a) 被包容尺寸　　　　　　　　(b) 包容尺寸

图 6-14　工序余量与工序尺寸的关系

2. 加工余量的确定

加工余量的大小对工件的加工质量和生产率有着较大的影响。确定加工余量的基本原则是：在保证加工质量的前提下，尽可能地减小加工余量。

1）影响加工余量的因素

（1）上道工序的表面粗糙度 Ra 和表面缺陷层（塑性变形层）D_a。

为了保证加工质量，本道工序必须将上道工序留下的 Ra 和 D_a 全部切除，如图 6-15 所示。

（2）上道工序尺寸的公差 T_a。

本道工序的加工余量必须包括上道工序尺寸的公差 T_a。

（3）工件各表面相互位置的空间偏差 ρ_a。

工件上的有些形状和位置偏差不包含在尺寸公差范围内，但在本道工序的加工中纠正，本道工序的加工余量必须包含它。例如图 6-16 所示的轴类零件，由于上道工序有直线度误差 ω，因此本道工序的加工余量必须增加 2ω。属于这类误差的有直线度、位置度、同轴度、平行度及

轴线与端面的垂直度等。

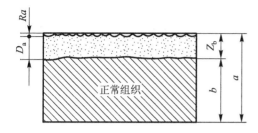

图 6-15 表面粗糙度及缺陷层

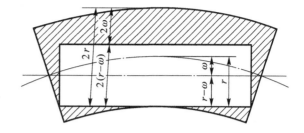

图 6-16 工件轴心线弯曲对加工余量的影响

（4）本道工序的装夹误差 ε_b。

如果本道工序有装夹误差（包括定位误差、夹紧变形误差、夹具本身误差等），工件的加工位置会发生偏移，本工序必须考虑这些因素的影响。

通过以上分析，可得到加工余量的计算公式为

单边余量
$$Z_b = T_a + Ra + D_a + |\vec{\rho}_a + \vec{\varepsilon}_b| \qquad (6\text{-}2)$$

双边余量
$$Z_b = T_a + 2(Ra + D_a) + 2|\vec{\rho}_a + \vec{\varepsilon}_b| \qquad (6\text{-}3)$$

式中：$\vec{\rho}_a$、$\vec{\varepsilon}_b$ 是有方向的，它们的合成应该是向量和，然后再取绝对值；T_a、Ra、D_a 的值可查有关工艺手册。

2）加工余量的确定方法

（1）经验估算法。

工艺人员根据生产的技术水平，靠经验来确定加工余量。为了防止加工余量不足而产生废品，通常所取的加工余量都偏大。此方法一般用于单件小批量生产。

（2）查表修正法。

根据各工厂长期的生产实践与试验研究所积累的有关加工余量资料，制成各种表格并汇编成手册，如《机械加工工艺手册》《机械加工工艺师手册》《机械加工工艺设计手册》等。确定加工余量时，查阅这些手册，再根据本厂的实际情况进行适当的修正后确定。目前，这种方法运用较为普遍。

（3）分析计算法。

根据一定的试验资料和计算公式，对影响加工余量的各种因素进行综合分析和计算来确定加工余量。这种方法确定的加工余量最经济合理，但必须有全面和可靠的试验资料。目前，只在材料十分贵重，以及军工生产或少数大批量生产时才采用。

应该指出的是，在确定加工余量时，要分别确定加工总余量和工序余量，加工总余量与毛坯制造有关。用查表法确定工序余量时，粗加工的工序余量不能用查表法得到，而是由加工总余量减去其他各工序余量之和得到。

3. 工序尺寸及公差的确定

工序尺寸是工件在加工过程中各工序应该保证的加工尺寸，其公差即为工序尺寸的公差，应按各种加工方法的经济精度选定。

在确定了工序余量和工序所能达到的经济精度后,便可计算出工序尺寸及其偏差。为了便于加工,工序尺寸都按最小实体原则标注极限偏差,即按被包容面的工序尺寸取上偏差为零,按包容面的工序尺寸取下偏差为零,毛坯尺寸则按双向对称取上、下偏差。计算分下列两种情况。

1)基准重合时

当加工某一表面的各道工序都采用同一定位基准,并与设计基准重合时,只考虑各工序的加工余量,可由最后一道工序开始向前推算。

例如,一套筒零件内孔 $\phi 60^{+0.019}_{0}$ 的加工路线为毛坯孔—粗车—半精车—磨削—珩磨,求各工序尺寸。

首先查表确定毛坯加工总余量及其公差、工序余量及工序的经济精度和公差值,然后计算工序尺寸,计算结果如表 6-7 所示。

表 6-7 工序尺寸及公差的计算结果

工序名称	工序余量/mm	工序经济精度/mm	工序基本尺寸/mm	工序尺寸及偏差/mm
珩磨	0.1	0.019(IT6)	60	$\phi 60^{+0.019}_{0}$
磨削	0.4	0.03(IT7)	60−0.1=59.9	$\phi 59.9^{+0.03}_{0}$
半精车	1.5	0.12(IT10)	59.9−0.4=59.5	$\phi 59.5^{+0.12}_{0}$
粗车	8	0.46(IT13)	59.5−1.5=58	$\phi 58^{+0.46}_{0}$
毛坯孔	10	±1.5	58−8=50	$\phi 50±1.5$

2)基准不重合时

工序尺寸一般可采用工艺尺寸链的计算方法获得,但对于加工工序较多、加工面和工序定位基准多次转换的零件,可建立工序尺寸网络图,从网中抽取相关工艺尺寸链进行计算。工艺尺寸链和工序尺寸网络图详见 6.6 节。

6.5.3 切削用量的确定

正确地选用切削用量对保证产品质量、提高切削效率和经济效益具有重要作用。应综合考虑工件材料、加工精度和表面粗糙度要求、刀具寿命和机床功率等因素来选择切削用量。

单件小批量生产时,工艺文件上通常不具体规定切削用量,而由操作工人根据具体情况来确定切削用量。

成批以上生产时,应科学地、严格地选择切削用量,并把它写在工艺文件上,以充分发挥高效设备的潜力和控制加工时间和生产节拍。

选择切削用量的基本原则是:首先选取尽可能大的背吃刀量,然后根据机床动力和刚度条件(粗加工)或加工表面粗糙度的要求(精加工)选取尽可能大的进给量,最后在刀具耐用度和机床功率允许的条件下选择合理的切削速度。

切削用量的选择方法可分为计算法和查表法。有关公式和表格可查阅各种工艺手册。查表法简单、方便、实用,在生产中得到广泛的应用。

6.6 工艺尺寸链和工序尺寸网络图

6.6.1 零件加工工艺尺寸链

在机械加工过程中,工件由毛坯到最后达到图纸设计的加工精度和表面质量要求,往往要经过多道工序,工序尺寸之间及工序尺寸和设计尺寸之间有一定的内在联系。

有时由于工艺上的原因,图纸上要保证的尺寸在加工中不能直接得到,而需要由有关尺寸来间接保证。这就需要分析研究加工中尺寸变化的内在联系,可应用尺寸链理论来分析计算。

尺寸链作为一种理论有它自身的完整性,不仅在工序尺寸的计算中要用到,而且在产品的设计、装配中也要用到,是机械加工实现优质、高效、低成本的必要保证。

1. 尺寸链概述

1)定义

在机器装配或零件加工过程中,由相互连接的尺寸按照一定的顺序排列成封闭的尺寸组称为尺寸链。

在图 6-17(a)所示的台阶工件中,面 A、B 已加工,尺寸 A_1 已保证,现用调整法加工面 C,要求保证尺寸 A_0。

若以工序基准面 B 作为定位基准,定位和夹紧都不方便;若以面 A 作为定位基准,直接保证的是对刀尺寸 A_2,尺寸 A_0 将由本道工序尺寸 A_2 和上道工序尺寸 A_1 来间接保证,当 A_1 和 A_2 确定之后,A_0 随之确定。像这样一组相互关联的尺寸组成封闭的形式,如同链条一样环环相扣,因此将这种尺寸形象地称为尺寸链。尺寸链可用尺寸链图来表示,如图 6-17(b)所示。

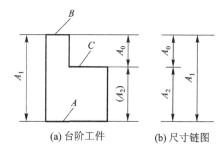

(a) 台阶工件　　(b) 尺寸链图

图 6-17 工件加工过程中的尺寸链

同样,在测量、产品装配和设计过程中都会形成类似的尺寸链,如图 6-18 所示。图 6-18(a)所示为测量用的工艺尺寸链,工件图上标注尺寸 A_1、A_0,但 A_0 不便测量,要通过测量 A_1、A_2 来间接保证 A_0,由 A_1、A_2、A_0 组成了测量尺寸链;图 6-18(b)所示为由孔的尺寸 A_1、轴的尺寸 A_2 及孔和轴装配后形成的间隙 A_0(必须保证的装配精度)组成的装配尺寸链;图 6-18(c)所示为由零件图上的设计尺寸 B_1、B_2、B_3 及未标注尺寸 B_0 组成的零件尺寸链。

在零件图上,用来确定表面之间相互位置的尺寸链,称为设计尺寸链;在工艺文件上,由加工过程中的同一零件的工艺尺寸组成的尺寸链,称为工艺尺寸链。

2)组成

组成尺寸链的各个尺寸称为环,而环又有组成环和封闭环之分。

(1)封闭环。

在尺寸链中,凡是最后被间接获得的尺寸都称为封闭环。封闭环一般以脚标 0 表示。在工艺尺寸链和装配尺寸链中,封闭环就是加工和装配过程中最后形成的环;在零件尺寸链中,封闭

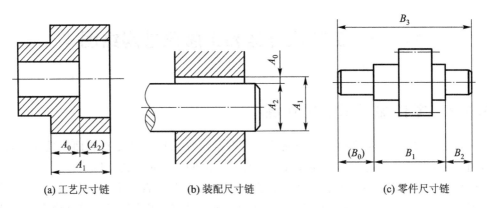

| (a) 工艺尺寸链 | (b) 装配尺寸链 | (c) 零件尺寸链 |

图 6-18　三种不同功能的尺寸链

环就是工序图中未标注的尺寸。例如,图 6-17 和图 6-18 中的 A_0、B_0 就是封闭环。

应该特别指出,在计算尺寸链时,区分封闭环是至关重要的,一旦封闭环搞错了,那么一切计算结果都是错误的。在工艺尺寸链中,封闭环随着加工顺序的改变或测量基准的改变而改变。区分封闭环的关键在于要抓住"间接获得"或"最后形成"这一判断标准。

(2)组成环。

在加工过程中直接形成的尺寸或对封闭环有影响的全部尺寸,称为组成环。

任一组成环的变动必然引起封闭环的变动。根据对封闭环影响的不同,组成环可分为增环和减环。

①增环。若该环尺寸增大时封闭环随之增大或该环尺寸减小时封闭环随之减小,则该环称为增环,以 $\vec{A}_i$ 表示。

②减环。若该环尺寸增大时封闭环随之减小或该环尺寸减小时封闭环随之增大,则该环称为减环,以 $\overleftarrow{A}_i$ 表示。

当尺寸链中的组成环较多时,根据定义来区别增、减环比较麻烦,可用简易的方法来判断:在尺寸链简图中,先在封闭环上任意一方向画一箭头,然后沿着此方向绕尺寸链回路依次在每一组成环上画出一箭头,凡是组成环上所画箭头方向与封闭环箭头方向相同的为减环,相反的为增环。

在一个尺寸链中只有一个封闭环。组成环和封闭环的概念是针对一定尺寸链而言的,是一个相对的概念。对于同一尺寸,在一个尺寸链中是组成环,在另一尺寸链中有可能是封闭环。

3)尺寸链的特征

(1)封闭性。尺寸链是由一个封闭环和若干个组成环所构成的封闭图形,不封闭就不构成尺寸链。

(2)关联性。由于尺寸链具有封闭性,因而封闭环随着组成环的变动而变动,组成环是自变量,封闭环是因变量,用方程式表达为 $A_0 = f(A_1, A_2, \cdots, A_n)$。

4)尺寸链的分类

(1)按应用场合分。

①工艺尺寸链:全部组成环为同一零件的工艺尺寸所组成的尺寸链,如图 6-17、图 6-18(a)所示。

②装配尺寸链:全部组成环为不同零件的设计尺寸所组成的尺寸链,如图 6-18(b)所示。

③零件尺寸链:全部组成环为同一零件的设计尺寸所组成的尺寸链,如图 6-18(c)所示。

(2)按环的空间位置分。

①直线尺寸链:全部组成环平行于封闭环的尺寸链,是工艺尺寸链中最常见的尺寸链。

②平面尺寸链:全部组成环位于一个或几个平行的平面内,其中有些组成环不平行于封闭环的尺寸链。

③空间尺寸链:组成环位于几个不平行的平面内的尺寸链。

(3)按环的几何特征分。

①长度尺寸链:全部环为长度尺寸的尺寸链。

②角度尺寸链:全部环为角度尺寸的尺寸链。

2. 直线尺寸链的计算公式

直线尺寸链是工艺尺寸链中最常见的一种形式,而且它的基本公式也是解平面与空间尺寸链的基础。

直线尺寸链的计算方法有两种:极值法和概率法。

极值法是从最坏情况出发来考虑问题的,即当所有增环均为最大(最小)极限尺寸,而减环恰好都为最小(最大)极限尺寸时,计算封闭环的极限尺寸和公差。极值法通常在中小批量生产和可靠性要求较高的场合使用。

概率法是应用概率理论,考虑各组成环在公差范围内的各种实际尺寸出现的概率和它们相遇的概率来计算封闭环的极限尺寸和公差。因而在保证封闭环同样公差的情况下,各组成环的公差可以大很多,这样比较经济合理。但概率法计算比较麻烦,且只有在一定的生产条件下才能使用,在工艺尺寸链中的应用有限,主要用于装配尺寸链中。

1)极值法的基本公式

(1)封闭环的基本尺寸 A_0 为

$$A_0 = \sum_{i=1}^{m} \vec{A}_i - \sum_{j=1}^{n} \overleftarrow{A}_j \tag{6-4}$$

式中,m 为增环数,n 为减环数。即封闭环的基本尺寸等于所有增环基本尺寸之和减去所有减环基本尺寸之和。

(2)封闭环的最大极限尺寸 $A_{0\max}$ 为

$$A_{0\max} = \sum_{i=1}^{m} \vec{A}_{i\max} - \sum_{j=1}^{n} \overleftarrow{A}_{j\min} \tag{6-5}$$

即封闭环的最大极限尺寸等于所有增环最大尺寸之和减去所有减环最小尺寸之和。

(3)封闭环的最小极限尺寸 $A_{0\min}$ 为

$$A_{0\min} = \sum_{i=1}^{m} \vec{A}_{i\min} - \sum_{j=1}^{n} \overleftarrow{A}_{j\max} \tag{6-6}$$

即封闭环的最小极限尺寸等于所有增环最小尺寸之和减去所有减环最大尺寸之和。

(4)封闭环的上偏差 $\mathrm{ES}(A_0)$ 为

$$\mathrm{ES}(A_0) = A_{0\max} - A_0$$

即

$$ES(A_0) = \sum_{i=1}^{m} ES(\vec{A_i}) - \sum_{j=1}^{n} EI(\overleftarrow{A_j}) \tag{6-7}$$

即封闭环的上偏差等于所有增环上偏差之和减去所有减环下偏差之和。

（5）封闭环的下偏差 $EI(A_0)$ 为

$$EI(A_0) = A_{0min} - A_0$$

即

$$EI(A_0) = \sum_{i=1}^{m} EI(\vec{A_i}) - \sum_{j=1}^{n} ES(\overleftarrow{A_j}) \tag{6-8}$$

即封闭环的下偏差等于所有增环下偏差之和减去所有减环上偏差之和。

（6）封闭环的公差 T_0 为

$$T_0 = ES(A_0) - EI(A_0) = \sum_{i=1}^{m} T_i + \sum_{j=1}^{n} T_j \tag{6-9}$$

即封闭环的公差等于所有组成环公差之和。

（7）各组成环的平均公差 T_{av} 为

$$T_{av} = \frac{T_0}{m+n} \tag{6-10}$$

即组成环的平均公差等于封闭环公差除以组成环数。

（8）封闭环的中间偏差 Δ_0 为

$$\Delta_0 = \sum_{i=1}^{m} \Delta(\vec{A_i}) - \sum_{j=1}^{n} \Delta(\overleftarrow{A_j}) \tag{6-11}$$

即封闭环的中间偏差等于所有增环中间偏差之和减去所有减环中间偏差之和。组成环的中间偏差等于各组成环上、下偏差之和的一半。

（9）封闭环的平均尺寸 A_{0av} 为

$$A_{0av} = \sum_{i=1}^{m} \vec{A}_{iav} - \sum_{j=1}^{n} \overleftarrow{A}_{jav} \tag{6-12}$$

即封闭环的平均尺寸等于所有增环平均尺寸之和减去所有减环平均尺寸之和。组成环的平均尺寸等于各组成环最大尺寸与最小尺寸之和的一半。

显然，在极值法计算中，封闭环的公差大于任一组成环的公差。当封闭环公差一定时，若组成环的数目较多，则各组成环的公差就会过小，造成工序加工困难。因此，在分析尺寸链时，应使尺寸链组成环数最少，即遵循尺寸链最短原则。若封闭环公差小而组成环数多，可采用概率法计算。

2）概率法的基本公式

（1）封闭环的公差 T_0 为

$$T_0 = \sqrt{\sum_{i=1}^{m} T_i^2 + \sum_{j=1}^{n} T_j^2} \tag{6-13}$$

（2）各组成环的平均公差 T_{av} 为

$$T_{av} = \frac{T_0}{\sqrt{m+n}} \tag{6-14}$$

可见，概率法计算的各组成环的平均公差比极值法计算的放大了 $\sqrt{m+n}$ 倍，这样加工变得容易了,加工成本也随之降低了。

3. 工艺尺寸链的应用

在机械加工过程中,每一道工序的加工结果都是以一定的尺寸值表示出来的。尺寸链反映了相互关联的一组尺寸之间的关系,也就反映了这些尺寸所对应的加工工序之间的相互关系。

从一定意义上讲,尺寸链的构成反映了加工工艺的构成,特别是加工表面之间位置尺寸的标注方式,在一定程度上决定了表面加工的顺序。

通常在工艺尺寸链中,组成环是各工序的工序尺寸,即各工序直接得到并保证的尺寸;封闭环是间接得到的设计尺寸或工序加工余量,有时封闭环也可能是中间工序尺寸。

用公式法求解尺寸链的三种情况如下。

(1)已知全部组成环的极限尺寸,求封闭环的极限尺寸。

一般用于验算及校核原工艺设计的正确性,属于正运算,其结果是唯一的。

(2)已知封闭环的极限尺寸,求各组成环的极限尺寸。

一般用于工艺过程设计时确定各工序的工序尺寸的设计计算。由于组成环一般较多,其结果一般不是唯一的,需要通过公差分配法来设计。

公差分配有以下三种方法。

①等公差值分配法:将封闭环的公差均匀地分配给各个组成环。

当各组成环的基本尺寸相差较大或要求不同时,这种方法就不宜使用。

②等公差等级分配法:各组成环按相同的公差等级,根据具体尺寸的大小进行分配,并保证

$$T_0 \geqslant \sum_{i=1}^{m} T_i + \sum_{j=1}^{n} T_j \tag{6-15}$$

在实际加工中,不同的加工方法的加工经济精度是不同的,并且各工序尺寸的作用也不同,其合理的精度等级也不同,因而这种方法有不完善的地方。

③组成环主次分类法:在封闭环公差较小而组成环数较多时,可首先把组成环按重要性进行主次分类,再根据相应的加工方法的加工经济精度合理地确定各组成环的公差等级,并使各组成环的公差符合下式的要求。在实际生产中这种方法应用较多。

$$T_0 = \sqrt{\sum_{i=1}^{m} T_i^2 + \sum_{j=1}^{n} T_j^2} \tag{6-16}$$

对于复杂零件的加工,其加工工艺往往包含多个尺寸链,并且这些尺寸链之间是相互交错的,在分配公差时还必须对尺寸链之间的相互影响进行综合考虑。

(3)已知封闭环和部分组成环的尺寸,求其他组成环的尺寸。

在制订零件工艺过程中遇到的尺寸链多数是这种类型。

4. 工艺尺寸链计算实例

1)基准不重合时工艺尺寸链的计算

(1)定位基准与设计基准不重合。

零件加工中,当定位基准与设计基准不重合时,要保证设计尺寸的要求,必须求出工序尺寸来间接保证设计尺寸,要进行工序尺寸的换算。

【例 6-1】 在图 6-19(a)所示的零件中,孔 D 的设计尺寸是(100 ± 0.15) mm,设计基准是孔

C 的轴线。在加工孔 D 前,面 A、孔 B、孔 C 已加工。为了使工件装夹方便,加工孔 D 时以面 A 为定位基准,按工序尺寸 A_3 加工,试求 A_3 的基本尺寸及偏差。

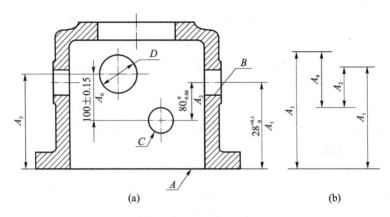

图 6-19 定位基准与设计基准不重合

解 计算步骤如下。

①画出尺寸链图,如图 6-19(b)所示。

②确定封闭环。孔 D 的定位基准与设计基准不重合,设计尺寸 A_0 是间接得到的,因而 A_0 是封闭环。

③确定增环、减环。A_2、A_3 是增环,A_1 是减环。

④利用基本计算公式进行计算。

$$A_0 = \sum_{i=1}^{m} \vec{A_i} - \sum_{j=1}^{n} \overleftarrow{A_j} \Rightarrow A_0 = A_2 + A_3 - A_1 \Rightarrow 100 = 80 + A_3 - 280 \quad \Rightarrow A_3 = 300 \text{ mm}$$

$$\text{ES}(A_0) = \sum_{i=1}^{m} \text{ES}(\vec{A_i}) - \sum_{j=1}^{n} \text{EI}(\overleftarrow{A_j}) \Rightarrow 0.15 = 0 + \text{ES}(A_3) - 0 \quad \Rightarrow \quad \text{ES}(A_3) = 0.15 \text{ mm}$$

$$\text{EI}(A_0) = \sum_{i=1}^{m} \text{EI}(\vec{A_i}) - \sum_{j=1}^{n} \text{ES}(\overleftarrow{A_j}) \Rightarrow -0.15 = -0.06 + \text{EI}(A_3) - 0.1 \Rightarrow \text{EI}(A_3) = 0.01 \text{ mm}$$

所以工序尺寸 A_3 为:$A_3 = 300^{+0.15}_{+0.01}$ mm。

(2)设计基准与测量基准不重合。

测量时,由于测量基准和设计基准不重合,需测量的尺寸不能直接测量,只能由其他测量尺寸间接保证,也需要进行工序尺寸的换算。

【例 6-2】 如图 6-20 所示,加工时尺寸 $10^{0}_{-0.36}$ mm 不便测量,改用深度游标尺测量孔深 A_2,通过孔深 A_2、总长 $50^{0}_{-0.17}$ mm(A_1)来间接保证设计尺寸 $10^{0}_{-0.36}$ mm(A_0),求孔深 A_2。

解 计算步骤如下。

①画出尺寸链图,如图 6-20(b)所示。

②确定封闭环。这时孔深 A_2 的测量基准与设计基准不重合,设计尺寸 A_0 是通过 A_2 间接得到的,因而 A_0 是封闭环。

③确定增环、减环。A_1 是增环,A_2 是减环。

④利用基本计算公式进行计算。

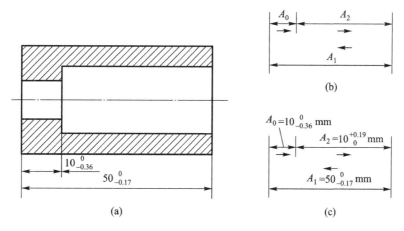

图 6-20   设计基准与测量基准不重合

$$A_0 = \sum_{i=1}^{m} \vec{A}_i - \sum_{j=1}^{n} \overleftarrow{A}_j \Rightarrow A_0 = A_1 - A_2 \Rightarrow 10 = 50 - A_2 \Rightarrow A_2 = 40 \text{ mm}$$

$$\text{ES}(A_0) = \sum_{i=1}^{m} \text{ES}(\vec{A}_i) - \sum_{j=1}^{n} \text{EI}(\overleftarrow{A}_j) \Rightarrow 0 = 0 - \text{EI}(A_2) \Rightarrow \text{EI}(A_2) = 0 \text{ mm}$$

$$\text{EI}(A_0) = \sum_{i=1}^{m} \text{EI}(\vec{A}_i) - \sum_{j=1}^{n} \text{ES}(\overleftarrow{A}_j) \Rightarrow -0.36 = -0.17 - \text{ES}(A_2) \Rightarrow \text{ES}(A_2) = 0.19 \text{ mm}$$

所以孔深 A_2 为:$A_2 = 40^{+0.19}_{0}$ mm。

2)工序尺寸的基准有加工余量时工艺尺寸链的计算

零件图上有时存在几个尺寸从同一基准面进行标注,当该基准面精度和表面粗糙度要求较高时,该基准面往往是在工艺过程的精加工阶段进行最后加工。这样,在进行该基准面的最后一次加工时,要同时保证几个设计尺寸,其中只有一个设计尺寸可以直接保证,其他设计尺寸只能间接获得,需要进行工序尺寸的换算。

【例 6-3】 图 6-21(a)所示为齿轮内孔局部简图,内孔和键槽的加工顺序为:①半精镗孔至 $\phi 84.8^{+0.1}_{0}$;②插键槽至尺寸 A;③淬火;④磨内孔至尺寸 $\phi 85^{+0.035}_{0}$,同时保证键槽深度 $90.4^{+0.2}_{0}$ mm。求插键槽深度 A。

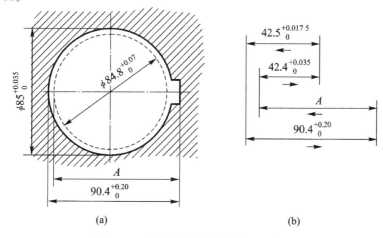

图 6-21   齿轮内孔和键槽的加工尺寸链

解 计算步骤如下。

①画出尺寸链图。注意:直径的基准是轴线。尺寸链图如图 6-21(b)所示。

②确定封闭环。键槽深度 $90.4^{+0.2}_{0}$ mm 是间接得到的,因而 $90.4^{+0.2}_{0}$ mm 是封闭环。

③确定增环、减环。A 和 $42.5^{+0.017\,5}_{0}$ mm 是增环,$42.4^{+0.035}_{0}$ mm 是减环。

④利用基本计算公式进行计算。

$$A_0 = \sum_{i=1}^{m} \vec{A_i} - \sum_{j=1}^{n} \overleftarrow{A_j} \Rightarrow 90.4 = A + 42.5 - 42.4 \Rightarrow A = 90.3 \text{ mm}$$

$$\mathrm{ES}(A_0) = \sum_{i=1}^{m} \mathrm{ES}(\vec{A_i}) - \sum_{j=1}^{n} \mathrm{EI}(\overleftarrow{A_j}) \Rightarrow 0.2 = \mathrm{ES}(A) + 0.017\,5 - 0 \Rightarrow \mathrm{ES}(A) = 0.182\,5 \text{ mm}$$

$$\mathrm{EI}(A_0) = \sum_{i=1}^{m} \mathrm{EI}(\vec{A_i}) - \sum_{j=1}^{n} \mathrm{ES}(\overleftarrow{A_j}) \Rightarrow 0 = \mathrm{EI}(A) + 0 - 0.035 \Rightarrow \mathrm{EI}(A) = 0.035 \text{ mm}$$

所以插键槽深度 A 的尺寸为:$A = 90.3^{+0.183}_{+0.035}$ mm。

3)表面热处理时工艺尺寸链的计算

表面热处理一般分为两类:一类是渗入类,如渗碳、渗氮等;另一类是镀层类,如镀金、镀铬、镀锌、镀铜等。渗入类的工艺尺寸链计算解决的问题是:渗入是在表面终加工之前进行的,需求渗入深度,而终加工后,要自动获得图纸设计要求的渗层深度。显然,设计要求的渗层深度为封闭环。镀层类的情况恰好相反,电镀后一般不加工,电镀时直接保证镀层深度,而电镀后工件的尺寸是间接保证的,因此需求电镀前工件的工序尺寸。显然,电镀后要保证的工件的设计尺寸是封闭环。

【例 6-4】 如图 6-22(a)所示,轴的外圆加工顺序为:首先精车到尺寸 $\phi 40.4^{0}_{-0.1}$;然后渗碳处理,渗层深度为 A_2;最后精磨外圆到尺寸 $\phi 40^{0}_{-0.016}$,同时保证渗层深度为 $0.5 \sim 0.8$ mm。试求渗碳时的渗层深度 A。

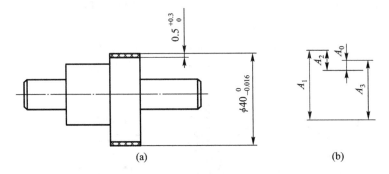

图 6-22 保证渗层深度的工艺尺寸链

解 计算步骤如下。

①画出尺寸链图。注意:直径的基准是轴线。尺寸链图如图 6-22(b)所示。

②确定封闭环。渗层深度 A_0($0.5 \sim 0.8$ mm)是间接得到的,因而 A_0 是封闭环。

③确定增环、减环。A_2、A_3 是增环,A_1 是减环。

④利用基本计算公式进行计算。

计算结果为 $A_2 = 0.7^{+0.250}_{+0.008}$ mm。

4)加工余量校核时工艺尺寸链的计算

当某表面进行多次加工时,若采用的是同一工序基准,本道工序的加工余量的变动取决于该表面上、下两道工序的公差,它们的关系如图 6-23 所示,其中加工余量 Z 为封闭环。

当采用不同的工序基准来多次加工某一表面时,本工序的加工余量的变动不仅与本道工序和上道工序的公差有关,而且与其他有关工序的公差有关。此时,以加工余量作为封闭环的工艺尺寸链,组成环的数目较多,由于积累误差,本道工序的加工余量有可能过大或过小,故必须对加工余量进行校核。

【例 6-5】 如图 6-24(a)所示,阶梯轴的加工工艺为:①车端面 1 及端面 2,保证尺寸 $A_1 = 49.5^{+0.30}_{0}$ mm;②车端面 3,保证尺寸 $A_2 = 80^{0}_{-0.2}$ mm;③磨端面 2,保证尺寸 $A_3 = 30^{0}_{-0.14}$ mm。试校核端面 2 的磨削余量。

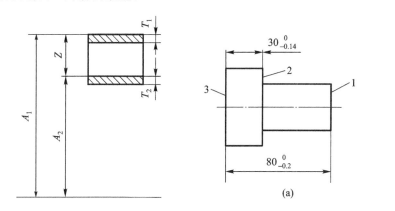
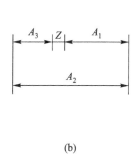

图 6-23 本道工序的加工余量的变动与
上、下两道工序公差的关系

图 6-24 校核精加工余量的尺寸链

解 由于端面 2 的车削和磨削采用的是不同基准,因此余量 Z 与多个尺寸有关,尺寸链图如图 6-24(b)所示,磨削余量 Z 是封闭环,于是有

$$Z = 0.5 \text{ mm}, \quad Z_{\max} = 0.64 \text{ mm}, \quad Z_{\min} = 0$$

从计算结果来看,$Z_{\max}$ 合适,但 $Z_{\min}$ 不合适,有的地方磨削不到,必须加大。A_2、A_3 是设计尺寸,不能改变,只能改变 A_1。

令 $Z_{\min} = 0.1$ mm,代入计算公式,经计算可得 $A_1 = 49.5^{+0.20}_{0}$ mm。

从上述各例可以看出:工艺尺寸链对合理制订加工工艺、提高生产效率、保证加工精度具有重要意义。在实际应用中,工艺尺寸链的计算大多是为了保证间接获得的设计尺寸而求解工序尺寸,这属于尺寸链的第三种应用,而加工余量的校核计算则属于第一种应用。不论哪一种计算方法,根据工艺过程正确分析尺寸链、正确确定各环的性质是工艺尺寸链计算的前提。

6.6.2 工序尺寸网络图

工序尺寸网络图简称工序尺寸网,是加工过程中各相关工序尺寸的有序组合,这种尺寸组合能清楚地反映出各工序间的内在联系和各工序尺寸间的相互关系。

1. 工序尺寸网的作用

工序尺寸是在零件加工过程中每道工序都应当保证的加工尺寸。制订工艺规程的重要工作之一就是确定工序尺寸。

工序尺寸可通过工艺尺寸链的计算方法获得。对于加工工序较多、加工面和定位基准多次转换的工件,包含在同一尺寸链中的各个尺寸所在的工序,彼此之间可能离得较远,所以仅仅依靠工序图来查找各尺寸间的尺寸链就很不容易。为此,可利用工序尺寸网,通过对网中各工序尺寸的分析,可以很容易地找出所需的尺寸链。

2. 绘制工序尺寸网的方法

绘制工序尺寸网的目的是查找所需的尺寸链。因此,汇总在同一张工序尺寸网的应当是那些相互间可能有联系的所有工序尺寸,把那些无关的工序尺寸排除在外,以使图面清晰。例如,如果被加工的工件是回转体,必要时应把轴向工序尺寸和径向工序尺寸分别绘成两张工序尺寸网。

工序尺寸网是在确定了工序顺序及工序内容的基础上绘制的。绘制时,把工序图上的工序尺寸代号或已知尺寸及代号按加工的先后顺序移到工序尺寸网上,以设定的表面位置作为工序尺寸的起点和终点。

在绘制工序尺寸网时,要略去工艺过程的具体内容,仅用有关的工序尺寸按照工序的先后顺序,把被加工表面的相互位置表示出来。如果被加工表面的加工余量分别在不同工序中分几次切除,则每切除一层,就要使代表加工表面的尺寸界线沿尺寸线方向移动一段距离,该距离为该工序的加工余量值。为了醒目,可在表示加工余量的距离范围内画上剖面线。

一般绘制工序尺寸网时,应当从出现工序尺寸的首道工序开始,因为在毛坯图上就已经有了工序尺寸。为了使图面清晰,一般不按比例绘制工序尺寸。

凡是正确而完整的工艺规程,在整个工艺过程结束后,被加工件应当达到零件图所规定的全部要求,零件图上所有设计尺寸都应当得到保证。其中,有些设计尺寸是作为工序尺寸被直接保证的,有些设计尺寸则是被间接保证的。虽然被间接保证的设计尺寸因为不是工序尺寸而未出现在工序图上,但在绘制工序尺寸网时,要在全部有关的工序尺寸画完后,根据该设计尺寸在零件图上的位置,把它标注在工序尺寸网的相应位置上,作为相关尺寸链的封闭环来参与尺寸计算。

按以上要求绘制的工序尺寸网实际上就是一张工艺过程的工序尺寸链总图。通过分析可以从网中找出所需要的全部尺寸链,并计算出相关工序尺寸。

3. 实例

【例 6-6】 图 6-25 所示为一阶梯轴零件图,图 6-26 所示为该阶梯轴的工艺过程,试绘制轴向工序尺寸网并建立计算未知工序尺寸的尺寸链。

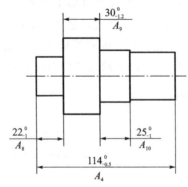

图 6-25 阶梯轴零件图

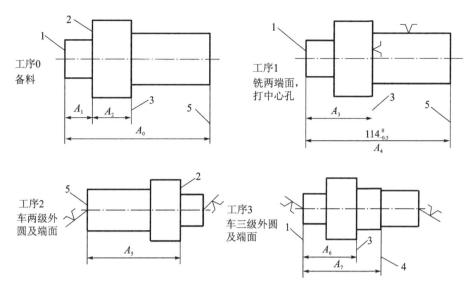

图 6-26 阶梯轴的工艺过程

1)绘制轴向工序尺寸网

在绘图前,先在各工序图上给出与工序尺寸相关的各表面标注数字作为该表面代号。注意:在工序图上,同一表面的代号必须在整个工艺过程中保持一致。

绘图步骤如下。

(1)把零件的简图画在工序尺寸网上方,并使其轴线成水平。零件的方向与工序 1 的方向一致。在零件简图各端面上标注与工序图相同的表面代号,如图 6-27 所示。

(2)用细实线画出图框线,构成表格,并在表头处写上表面代号和工序等标签,表示行为表面代号栏,而列为工序号及工序名栏。在表面代号栏中以适当的间距填写被加工表面的代号。所谓适当间距,是指应当考虑在加工过程中表面的移动并避免表面间的内容过分拥挤。

(3)根据图 6-26 所示的阶梯轴的工艺过程,按工序顺序逐步绘制。工序之间用虚线隔开。

工序 0:本道工序有三个工序尺寸。A_1 起于面 1,止于面 2(或者说是起于面 2,止于面 1,起、止点可以自行规定)。在代表面 1 和面 2 的数字下面各画一竖线,在面 1 的竖线上画一小圆圈,代表是 A_1 的起点,并画尺寸线向右延伸到面 2 下面的竖线,尺寸线右端画箭头。A_2、A_0 的尺寸线画法同上。在各尺寸线上标注尺寸代号。

工序 1:A_3 起于面 3,止于面 1。面 3 是 A_3 的工序基准和定位基准,面 1 是被加工表面。一般在加工过程中,小圆圈表示工序基准或定位基准,箭头指向加工面。由于本道工序中面 1 被切除加工余量 X_1,故代表面 1 位置的竖线向右移动距离 X_1。在面 1 和面 3 之间标注尺寸 A_3。

A_4 起于面 1,止于面 5。面 1 是 A_4 的工序基准,面 5 是被加工表面。由于本道工序中面 5 被切除加工余量 X_2,故代表面 5 位置的竖线向左移动距离 X_2。在面 1 和面 5 之间标注尺寸 A_4。由于两端不需再加工,故 A_4 即为设计尺寸,把已知尺寸 $114_{-0.5}^{0}$ mm 和尺寸代号分别标注在尺寸线的上面和下面。

工序 2:A_5 起于面 5,止于面 2。面 5 是 A_5 的工序基准,面 2 是被加工表面。由于本道工序中面 2 被切除加工余量 X_3,故面 2 的竖线向右移动距离 X_3。在面 2 和面 5 之间标注尺寸 A_5。

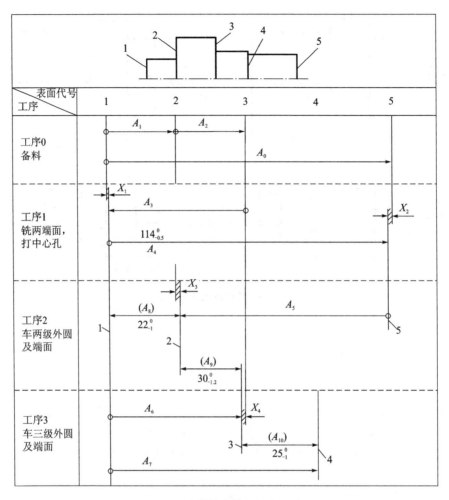

图 6-27　阶梯轴的轴向工序尺寸网

　　工序 3：A_6 起于面 1，止于面 3。面 1 是 A_6 的工序基准，面 3 是被加工表面。由于本道工序中面 3 被切除加工余量 X_4，故面 3 的竖线向左移动距离 X_4。在面 1 和面 3 之间标注尺寸 A_6。

　　A_7 起于面 1，止于面 4。面 1 是 A_7 的工序基准，面 4 是新加工出来的表面。在面 1 和面 4 之间标注尺寸 A_7。应当说明，在加工面 4 时所切除的金属，不应算作保证 A_7 而预留的加工余量。

　　由图 6-27 可知，设计尺寸 A_4 作为工序尺寸被直接保证，而其他的设计尺寸 A_8、A_9 和 A_{10} 既然没有作为工序尺寸被直接保证，那么必然是间接保证的。所以，应当按照它们在零件图上的位置标注在工序尺寸网上的相应表面之间，以便作为计算工序尺寸的条件。当然，被标注的表面一定是经过最后加工的表面。

　　2）建立计算轴向工序尺寸链

　　根据工序尺寸网建立工序尺寸链的目的是计算工序尺寸。因此，首先确定要计算的工序尺寸，然后根据工序图或工序尺寸网，找

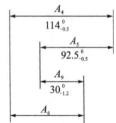

图 6-28　计算 A_6 的尺寸链图

出与所要计算的工序尺寸组成尺寸链的相关尺寸，画成单独的尺寸链图，如图 6-28 所示。

计算工序尺寸时要从最后一道工序开始反推,因为越是后面的工序,用于计算工序尺寸的已知条件就越多。

在图 6-27 所示的阶梯轴的轴向工序尺寸网中,工序 3 为最后加工工序,该工序尺寸 A_6 和 A_7 都是未知的。

(1)计算未知尺寸 A_7 的尺寸链。在工艺尺寸链中,可以作为封闭环的尺寸绝大多数都是加工余量或没有作为工序尺寸的设计尺寸。尺寸关系分析如下。

对于尺寸 A_7 而言,因为它两端的面 1 和面 4 都不再加工,所以它的封闭环肯定不是加工余量,而只能是相关的设计尺寸 A_8、A_9 和 A_{10} 之一,因为一个尺寸链中封闭环是唯一的。由图6-27可知,A_8 和 A_9 中的任何一个都不能和包括 A_7 在内的组成环构成尺寸链,只有 A_{10} 可以和 A_7、A_6 组成尺寸链。尺寸链函数表达式为:$A_{10} = A_7 - A_6$。

(2)计算未知尺寸 A_6 的尺寸链。尺寸关系分析如下。

对于尺寸 A_6 而言,因为它两端的面 1 和面 3 都不再加工,所以它的封闭环肯定不是加工余量,而只能是相关的设计尺寸 A_8、A_9 之一。但 A_8 不行,因为 A_8 还要通过 A_9 才能和 A_6 构成封闭回路,所以只有 A_9 可以,其尺寸链图如图 6-28 所示。尺寸链函数表达式为:$A_9 = A_5 + A_6 - A_4$。

(3)计算未知尺寸 A_5 的尺寸链。尺寸关系分析如下。

A_5 两端的面 2 和面 5 都不再加工,所以它的封闭环只能是设计尺寸 A_8,并组成以 A_8 为封闭环,以 A_4、A_5 为组成环的尺寸链。尺寸链函数表达式为:$A_8 = A_4 - A_5$。

(4)计算未知尺寸 A_3 的尺寸链。尺寸关系分析如下。

可以作为 A_3 封闭环的只有加工余量,因为设计尺寸已用完。如果计算某工序尺寸的尺寸链要以加工余量为封闭环,那么作为封闭环的加工余量必须与该工序尺寸直接相连,且该加工余量必须在该工序尺寸形成后出现,所以 X_1 不行,只能是 X_4。在计算工序尺寸时,作为封闭环的加工余量是已知的。因此,建立以 X_4 为封闭环、以工序尺寸 A_3 和 A_6 为组成环的尺寸链。尺寸链函数表达式为:$X_4 = A_3 - A_6$。

(5)计算未知尺寸 A_2 的尺寸链。尺寸关系分析如下。

符合计算 A_2 的封闭环的加工余量是 X_3(因为 X_4 已用过了),而且是通过 A_3、A_4 和 A_5 构成封闭回路。因此,建立以 X_3 为封闭环,以 A_2、A_3、A_4 和 A_5 为组成环的尺寸链,如图 6-29 所示。尺寸链函数表达式为:$X_3 = A_2 + A_4 - A_3 - A_5$。

(6)计算未知尺寸 A_1 的尺寸链。尺寸关系分析如下。

符合计算 A_1 的封闭环的加工余量是 X_1,而且是通过 A_1、A_2 和 A_3 构成封闭回路。因此,建立以 X_1 为封闭环,以 A_1、A_2、A_3 为组成环的尺寸链,如图 6-30 所示。尺寸链函数表达式为:$X_1 = A_1 + A_2 - A_3$。

(7)计算未知尺寸 A_0 的尺寸链。尺寸关系分析如下。

可以作为封闭环的加工余量只剩 X_2,而且是通过 A_0、A_1、A_2、A_3 和 A_4 构成封闭回路。因此,建立以 X_2 为封闭环,以 A_0、A_1、A_2、A_3 和 A_4 为组成环的尺寸链,如图 6-31 所示。尺寸链函数表达式为:$X_2 = A_0 + A_3 - A_1 - A_2 - A_4$。

从工序尺寸网中分析出的尺寸链图,其尺寸线和尺寸界线常有交叉,看起来比较杂乱。为了避免这种现象,可在画尺寸链图时把尺寸线进行适当平移。图 6-29 所示的尺寸链图就是如此处理的。

【例 6-7】 某零件的加工工艺过程如图 6-32 所示。工序 Ⅰ :粗车小端外圆、台阶及端面;工序 Ⅱ :车大端外圆及端面;工序 Ⅲ :精车小端外圆、台阶及端面。试校核工序 Ⅲ 中精车小端面的加工余量是否合适? 若加工余量不够,应如何改进?

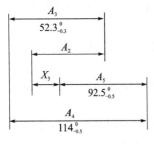

图 6-29 计算 A_2 的尺寸链图

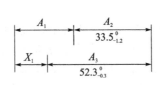

图 6-30 计算 A_1 的尺寸链图

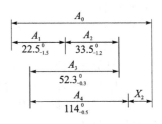

图 6-31 计算 A_0 的尺寸链图

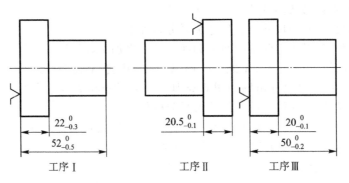

图 6-32 某零件的加工工艺过程

解 (1)组网:绘制工序尺寸网,如图 6-33 所示。

(2)抽链:从工序尺寸网中分析出所需的尺寸链。此时,加工余量 Z_3 将作为封闭环,由此出发向左寻找,找到尺寸 $50_{-0.2}^{0}$ mm,尺寸链上不能再有封闭环 Z_1 和 Z_2,所以只能选尺寸 $20.5_{-0.1}^{0}$ mm,再选 $22_{-0.3}^{0}$ mm 到面 1;向右寻找,找到尺寸 $52_{-0.5}^{0}$ mm 到面 1。于是两路在面 1 处汇合,形成封闭的尺寸链,如图 6-34 所示。

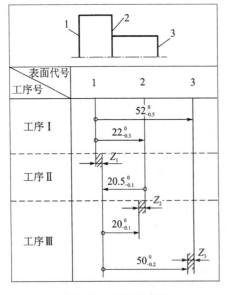

图 6-33 工序尺寸网

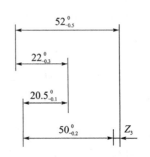

图 6-34 计算 Z_3 的尺寸链图

（3）计算。

①判断增环和减环。$52_{-0.5}^{\ 0}$ mm 和 $20.5_{-0.1}^{\ 0}$ mm 是增环，$50_{-0.2}^{\ 0}$ mm 和 $22_{-0.3}^{\ 0}$ mm 是减环。

②利用基本公式进行计算。

$$Z_3 = (52 + 20.5 - 50 - 22)\ \text{mm} = 0.5\ \text{mm}$$

$$\text{ES}(Z_3) = [0 + 0 - (-0.2 - 0.3)]\ \text{mm} = 0.5\ \text{mm}$$

$$\text{EI}(Z_3) = (-0.5 - 0.1 - 0 - 0)\ \text{mm} = -0.6\ \text{mm}$$

所以 Z_3 的尺寸为：$Z_3 = 0.5_{-0.6}^{+0.5}$ mm。

由于 $Z_{3\min} = -0.1$ mm < 0，所以工序Ⅲ中精车小端面的加工余量不合适，可以将工序Ⅰ的尺寸 $52_{-0.5}^{\ 0}$ mm 调整为 $52_{-0.2}^{\ 0}$ mm 即可。

◀ 6.7　零件工艺规程编制实例 ▶

【例 6-8】 图 6-35 所示为某坐标镗床的变速箱壳体，其材料为 ZL106，内部涂黄漆。现以小批量生产条件下该零件的机械加工工艺规程编制为例，介绍编制零件机械加工工艺规程的方法。

1. 制订工艺规程的原始资料

在制订机械加工工艺规程时，必须具备下列原始资料。

（1）零件图和产品或部件的装配图，对于简单的或者熟悉的典型零件，有时没有装配图也可以。

（2）零件的生产纲领和生产类型。

（3）现有的生产条件和有关的资料，包括毛坯的生产条件、机械加工车间的设备和工艺装备情况、专用设备和工装的制造能力、工人的技术水平及各种有关的工艺资料和标准等。

（4）国内外同类产品的有关工艺资料。

本例着重介绍工艺规程的编制方法，而并未针对某个具体的生产单位，故采用的各项资料均来源于手册和标准。

2. 分析零件的结构特点和技术要求，审查结构工艺性

该零件为某坐标镗床的变速箱壳体，其外形尺寸为 360 mm×325 mm×108 mm，属于小型箱体零件，内腔无加强肋，结构简单，孔多壁薄，刚性较差，其主要加工面和加工要求如下。

1）三组平行孔系

三组平行孔系用来安装轴承，因此都有较高的尺寸精度（IT7）和形状精度（圆度为 0.012 mm）要求，表面粗糙度 Ra 为 1.6 μm，彼此之间的孔距公差为 ±0.1 mm。

2）端面 A

端面 A 是与其他相关部件连接的接合面，表面粗糙度 Ra 为 1.6 μm，三组平行孔系均要求与端面 A 垂直，允许公差为 0.02 mm。

3）装配基准面 B

在变速箱壳体两侧中段分别有两块外伸面积不大的安装面 B，它是该零件的装配基准。为

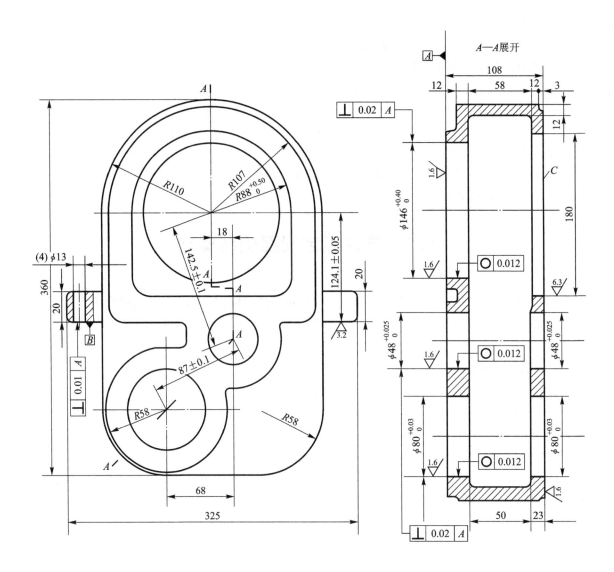

图 6-35 某坐标镗床的变速箱壳体

了保证齿轮传动位置和传动精度的准确性,面 B 要求与面 A 垂直,其垂直度允许公差为 0.01 mm,与 $\phi146$ 大孔中心距离为(124 ±0.05) mm,表面粗糙度 Ra 为 3.2 μm。

4)其他表面

除了上述主要表面外,还有与面 A 相对的另一端面、$R88$ 扇形缺圆孔等。

该零件结构简单,工艺性较好。

3.选择毛坯

该零件材料为 ZL106,毛坯为铸件。在小批量生产类型下,考虑到零件结构比较简单,所以采用木模手工造型的方法生产毛坯。铸件精度较低,铸孔留的加工余量较多而不均匀。ZL106 的硬度较低,切削加工性较好,但在切削过程中易产生积屑瘤,影响加工表面的粗糙度。

4. 选择定位基准和确定装夹方式

在成批生产中,工件加工时应广泛采用夹具装夹,但因为毛坯精度较低,粗加工时可以部分采用划线找正装夹。

为了保证加工面与不加工面有一正确的位置以及孔加工时加工余量均匀,根据粗基准选择原则,选不加工的面 C 和两个相距较远的毛坯孔为粗基准,并通过划线找正的方法来兼顾到其他各加工面的加工余量分布。

该零件为一小型箱体,加工面较多且相互之间有较高的位置精度,故选择精基准时首先考虑采用基准统一的方案。面 B 为该零件的装配基准,用它来定位可以使很多加工要求实现基准重合,但面 B 很小,用它作为主要定位基准会使装夹不稳定,故采用面积较大、要求也较高的端面 A 作为主要定位基准,限制三个自由度;用面 B 限制两个自由度;用加工过程中的大孔 $\phi146$ 限制一个自由度,以保证孔的加工余量均匀。

5. 拟订工艺路线

1)选择表面加工方法

该零件的材料为有色金属,孔的直径较大、要求较高,孔加工采用粗镗—半精镗—精镗的加工方案;平面加工采用粗铣—精铣的加工方案。但面 B 与面 A 有较高的垂直度要求,铣削不易达到,故铣后还应增加一道精加工工序。考虑到该表面面积较小,在小批量生产条件下,采用刮削的方法来保证其加工要求是可行的。

2)划分加工阶段和确定工序集中的程度

该零件要求较高、刚性较差,加工应划分为粗加工、半精加工和精加工三个阶段。在粗加工和半精加工阶段,平面和孔交替反复加工,逐步提高其精度。孔系位置精度要求高,三组平行孔系宜集中在一道工序在一次装夹下加工出来,其他平面加工也应适当集中。

3)工序顺序安排

根据"先基面,后其他"的原则,在工艺过程的开始先将上述定位基准面加工出来;根据"先面后孔"的原则,在每个加工阶段均先加工平面,再加工孔。因为加工平面时系统的刚性较好,精加工阶段可以不再加工平面。最后适当安排次要表面(如小孔、扇形窗口等)的加工、热处理和检验等工序。最后拟订的工艺路线如表 6-8 所示。

表 6-8 变速箱壳体机械加工工艺路线

工序号	工序名称	工 序 内 容	设 备	工艺装备
1	铸	铸造	—	—
2	热处理	退火		
3	划线	以 $\phi146$、$\phi80$ 两孔为基准,适当兼顾轮廓,画出各表面和孔的轮廓线	钳台	—
4	粗铣	按线找正,粗铣 A 面及其对面	X52	面铣刀
5	粗铣	以 A 面定位,按线找正,粗铣安装面 B	X52	盘端刀

续表

工序号	工序名称	工 序 内 容	设 备	工艺装备
6	划线	划三组平行孔系及 R88 扇形缺圆孔线	—	通用角铁
7	粗镗	上角铁夹具,以 A 面(3)、B 面(2)为定位基准,按线找正,粗镗三孔及 R88 扇形缺圆面	T68	镗刀
8	精铣	精铣 A 面及其对面	X52	面铣刀
9	精铣	精铣安装面 B,留刮研余量 0.2 mm	X52	盘端刀
10	钻	上钻模,钻壳体端盖螺钉孔及 B 面安装孔	Z525	钻模、钻头
11	刮	刮 B 面,达 6～10 点/(25 mm×25 mm),保证垂直度 0.01 mm,四边修毛倒角	—	平板、刮刀研模、检具
12	半精镗	上镗模,半精镗三组平行孔系及 R88 扇形缺圆孔	T68	镗模、镗刀
13	涂装	内腔涂黄色漆	—	—
14	精镗	上镗模装夹,精镗三组平行孔系至图样要求	T68	镗模、镗刀
15	检验	按图样要求检验入库	检验台	内径量表

6. 设计工序内容

1)选择机床和工装

根据小批量生产类型的工艺特征,选择通用机床和部分专用夹具来加工,尽量采用标准的刀具和量具。机床的型号名称和工装的名称规格如表 6-8 所示。

2)加工余量和工序尺寸的确定

以端面加工为例,查表得

$$Z_{毛坯A} = 4.5 \text{ mm} \quad (铸件顶面)$$

$$Z_{毛坯C} = 3.5 \text{ mm} \quad (铸件底面)$$

$$Z_{粗铣} = 2.5 \text{ mm}$$

粗铣经济精度 IT12 为

$$T_{粗铣} = 0.35 \text{ mm}$$

精铣经济精度 IT10 为

$$T_{精铣} = 0.14 \text{ mm}$$

毛坯尺寸为

$$L_{毛} = (108 + 4.5 + 3.5) \text{ mm} = 116 \text{ mm}$$

第一次粗铣尺寸为

$$L_{粗} = 116 - Z_{粗铣} = (116 - 2.5) \text{ mm} = 113.5 \text{ mm}$$

第二次粗铣尺寸为

$$L'_{粗} = (113.5 - 2.5)\ \text{mm} = 111\ \text{mm}$$

A 面精铣余量为

$$(4.5 - 2.5)\ \text{mm} = 2\ \text{mm}$$

C 面精铣余量为

$$(3.5 - 2.5)\ \text{mm} = 1\ \text{mm}$$

第一次精铣尺寸为

$$L_{精} = (111 - 2)\ \text{mm} = 109\ \text{mm}$$

第二次精铣尺寸 $L'_{精}$ 等于工件设计尺寸,即

$$L'_{精} = 108\ \text{mm}$$

按最小实体标注公差,结果如图 6-36 所示。

3)切削用量和工时定额的确定

可用查表法来确定各工序切削用量和工时定额。

7. 填写工艺文件

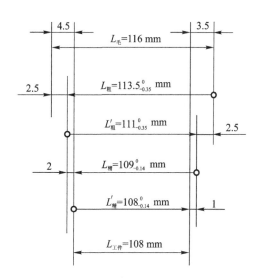

图 6-36　变速箱壳体铣削工序尺寸

◀ 6.8　工艺过程技术经济分析 ▶

工艺规程的制订,既要保证产品的质量,又要采取措施提高劳动生产率和降低成本,必须做到优质、高产、低消耗。

在制订机械加工工艺规程时,在保证质量的前提下,往往会出现几种工艺方案,而这些方案的生产率和成本会不同。为了选择最佳方案,需要进行技术经济分析。

6.8.1　时间定额及其组成

1. 时间定额

时间定额是指在一定的生产条件下,规定生产一件产品或完成一道工序所消耗的时间。时间定额不仅是衡量劳动生产率的指标,也是安排生产计划、计算生产成本的重要依据,还是新建或扩建工厂(或车间)时计算设备和工人数量的依据。

制订时间定额应根据本企业的生产技术条件,使大多数工人都能达到,部分先进工人可以超过,少数工人经过努力可以达到或接近的平均水平。合理的时间定额能调动工人的积极性,促进工人技术水平的提高,从而不断提高劳动生产率。随着企业生产技术条件的不断改善,时间定额应定期修订,以保持定额的平均水平。

2. 时间定额的组成

为了正确确定时间定额,单件计算时间 T_c 包括单件时间 T_p 及准备和终结时间 T_e。通常把工序消耗的单件时间 T_p 分为基本时间 T_b、辅助时间 T_a、布置工作地时间 T_s、休息与生理需要

时间 T_r 等。

1）基本时间 T_b

基本时间是直接改变生产对象的尺寸、形状、相对位置、表面状态或材料性质等的工艺过程所消耗的时间。对于机械加工而言，基本时间应是直接切除工序余量所消耗的时间（包括刀具的切入和切出时间）。

2）辅助时间 T_a

辅助时间是为了实现工艺过程所必须进行的各种辅助动作所消耗的时间，包括装卸工件、开停机床、进退刀具、改变切削用量、试切和测量工件等所消耗的时间。

基本时间和辅助时间的总和称为作业时间 T_B，它是直接用于制造产品或零、部件所消耗的时间。

3）布置工作地时间 T_s

布置工作地时间是为了使加工正常进行，工人照管工作地（如调整和更换刀具、修整砂轮、润滑和擦拭机床、清理切屑等）所消耗的时间。T_s 不是直接消耗在每个工件上的，而是消耗在一个工作班内的时间，再折算到每个工件上的，一般按作业时间的 $2\%\sim7\%$ 计算。

4）休息与生理需要时间 T_r

休息与生理需要时间是工人在工作班内为了恢复体力和满足生理上的需要所消耗的时间。T_r 也是按一个工作班为计算单位，再折算到每个工件上的，一般按作业时间的 $2\%\sim4\%$ 计算。

以上四部分时间的总和称为单件时间 T_p，即

$$T_p = T_b + T_a + T_s + T_r = T_B + T_s + T_r \tag{6-17}$$

5）准备和终结时间（简称准终时间）T_e

准终时间是工人为了生产一批产品或零、部件而进行准备和结束工作所消耗的时间。例如，在单件或成批生产中，每当开始加工一批工件时，工人熟悉工艺文件，领取毛坯、材料、工艺装备，安装刀具和夹具，调整机床和其他工艺装备等需要消耗时间；一批工件加工结束后，拆下和归还工艺装备、送交成品等需要消耗时间。T_e 既不是直接消耗在每个工件上，也不是消耗在一个工作班内的时间，而是消耗在一批工件上的时间，因而分摊到每个工件上的时间为 T_e/n，其中 n 为批量。

故单件和成批生产的单件计算时间 T_c 应为

$$T_c = T_p + \frac{T_e}{n} = T_b + T_a + T_s + T_r + \frac{T_e}{n} \tag{6-18}$$

6.8.2 提高机械加工生产率的工艺措施

提高机械加工生产率不单纯是一个工艺技术问题，而是一个综合性问题，涉及产品设计、工艺制造和生产组织管理等方面。这里仅介绍通过缩短单件时间来提高生产率的工艺途径。

1. 缩短基本时间

大批量生产中，基本时间在单件时间中占有较大比重。以外圆车削为例，有

$$T_b = \frac{\pi D L Z}{1\,000 v_c f a_p}$$

式中：D 为切削直径，mm；L 为切削行程长度，包括加工表面长度、刀具切入和切出长度，mm；Z 为工序余量，mm。

缩短基本时间的主要途径有以下几种。

1）提高切削用量

增大切削速度、进给量和背吃刀量都可缩短基本时间。但切削用量的增大受刀具耐用度和机床刚度的制约。随着新型材料刀具的出现，切削速度得到了迅速的提高。目前硬质合金刀具的切削速度可达 200 m/min；近年来出现的聚晶人造金刚石和聚晶立方氮化硼等新型材料刀具，其切削速度可达 900 m/min。

采用高速磨削和强力磨削的方法可大大提高磨削生产率。目前，国内生产的高速磨削磨床和砂轮的磨削速度已达 60 m/s，国外的已达 90～120 m/s。强力磨削的切入深度可达 6～12 mm，最高可达 37 mm，国外已有用磨削来直接取代铣削或刨削进行粗加工的。

2）缩短工作行程长度

采用多刀加工可成倍地缩短工作行程长度，从而大大缩短基本时间。图 6-37 所示为多刀加工，每把车刀的实际切削长度只有工件长度的三分之一；图 6-38 所示为用几把铣刀对同一工件上的不同表面同时进行垂直进给加工的方法，它可使切削行程重合且最短。

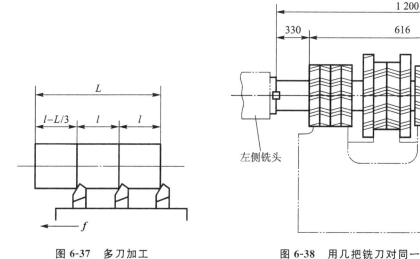

图 6-37　多刀加工　　　　　　图 6-38　用几把铣刀对同一工件上的不同表
面同时进行垂直进给加工的方法

3）多件加工

这种方法是通过减少刀具的切入、切出时间或使基本时间重合，从而缩短每个零件加工的基本时间，提高生产率的，如图 6-39 所示。其中，图 6-39（a）所示为多件顺序加工，图 6-39（b）所示为多件平行加工，图 6-39（c）所示为平行顺序加工。

2. 缩减辅助时间

辅助时间在单件时间中占有较大的比重，尤其是在大幅度提高切削用量之后，基本时间显著减少，辅助时间所占比重就更高了。此时，采取措施缩减辅助时间就成为提高生产率的重要方向。缩减辅助时间有两种不同途径：一是使辅助动作实现机械化和自动化，从而直接缩减辅助时间；二是使辅助时间与基本时间重合。

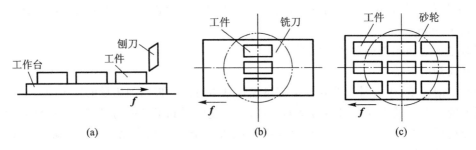

图 6-39　多件加工

1）直接缩减辅助时间

采用专用夹具装夹工件，工件在装夹中不需找正，这样可缩短装卸工件的时间。在大批量生产中，广泛采用高效的气动、液动夹具来缩短装卸工件的时间；单件小批量生产中，由于受专用夹具制造成本的限制，为了缩短装卸工件的时间，可采用组合夹具及可调夹具。

为了减少加工中停机测量的辅助时间，可采用主动检测装置或数字显示装置在加工过程中进行实时测量。自动测量的主动检测装置能在加工过程中测量工件的实际尺寸，并能由测量结果操作或自动控制机床的进给运动。在各类机床上配置的数字显示装置是以光栅、感应同步器为检测元件的，它可以连续显示出刀具或工件在加工过程中的位移量，操作者能直接看出加工过程中工件尺寸的变化情况，大大地节省了停机测量的时间。

2）使辅助时间与基本时间重合

为了使辅助时间与基本时间重合，可采用多位夹具和连续加工的方法。

图 6-40 所示为在立式铣床上采用双工位夹具工作的实例。加工工件 1 时，工人在工作台的另一端装上工件 2，工件 1 加工完后，工作台快速退回原处，工人将夹具回转 180°便可加工另一工件 2。

图 6-41 所示为连续加工工件两侧面的鼓轮铣，在工件加工的同时，工人在装卸区内装卸工件，使装卸工件的时间与加工的基本时间完全重合，因而大大地提高了生产效率。

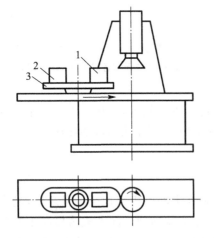

图 6-40　在立式铣床上采用双工位夹具工作

1,2—工件；3—双工位夹具

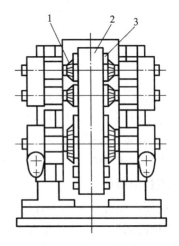

图 6-41　连续加工工件两侧面的鼓轮铣

1—铣刀；2—转筒；3—工件

图 6-42 所示为连续磨削加工的实例,机床有两个主轴,依次进行粗磨与精磨,且装卸工件时机床不停机,使辅助时间与基本时间完全重合。

3. 缩减布置工作地时间

布置工作地时间大部分消耗在更换刀具(包括调整刀具)的工作上,因此必须减少换刀次数,并缩减每次换刀所需时间。提高刀具或砂轮的耐用度可减少换刀次数,而换刀时间的减少则主要通过改进刀具的安装方法和采用装刀夹具来实现。如采用各种快换刀夹、刀具微调机构、专用对刀样板或对刀样件及自动换刀装置等,以减少刀具的装卸和对刀所需时间;又如在车床和铣床上采用可转位硬质合金刀片刀具,这样既可减少换刀次数,又可减少刀具装卸、对刀和刃磨的时间。

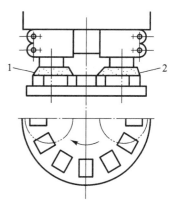

图 6-42　连续磨削加工
1—粗磨砂轮;2—精磨砂轮

4. 缩减准备和终结时间

缩减准备和终结时间的主要方法如下。

1)扩大零件的生产批量

中小批量生产中,产品经常更换,准备和终结时间在单件时间中占有较大比重,因此应尽量设法使零件标准化、通用化,或采用成组技术,以增加零件的加工批量,这样分摊到每个零件上的准备和终结时间就可大大减少。

2)减少调整机床、刀具和夹具的时间

减少调整机床、刀具和夹具的时间的主要措施有:采用易于调整的机床,如液压仿形机床、数控机床等先进设备;充分利用夹具与机床连接用的定位元件,减少夹具在机床上的找正装夹时间;采用机外对刀的可换刀架或刀夹,以减少调整刀具时间。

提高机械加工生产率的工艺途径还有很多,如在大批量生产中广泛采用组合机床和组合机床自动生产线,在单件小批量生产中广泛采用各种数控和柔性制造系统及推广成组技术等,都可以缩短单件时间,有效地提高劳动生产率。

6.8.3　工艺过程技术经济分析

制订某一零件的机械加工工艺规程时,在同样能满足工件的各项技术要求的条件下,一般可以拟订出几种不同的加工方案,其中有些方案具有很高的生产率,但设备和工装方面的投资大;另一些方案则可能节省投资,但生产率低。可见,不同的工艺方案就有不同的经济效果。为了选取在给定的生产条件下最经济合理的方案,必须对不同的工艺方案进行技术经济分析和比较。

所谓技术经济分析,就是通过比较不同工艺方案的生产成本,选出最经济的工艺方案。生产成本是指制造一个零件或产品必需的一切费用的总和。生产成本包括两大类费用:第一类是与工艺过程直接有关的费用,称为工艺成本,约占生产总成本的 $70\%\sim75\%$;第二类是与工艺过程无关的费用,如行政人员工资、厂房折旧、照明、取暖等。由于在同一生产条件下与工艺过程无关的费用基本上是相等的,因此对零件工艺方案进行经济分析时,只要分析与工艺过程直接有关的工艺成本即可。

1. 工艺成本的组成

工艺成本由可变费用 V 与不变费用 C 两部分组成。可变费用与零件(或产品)的年产量有关,它包括材料费或毛坯费、操作工人的工资、机床的维护费、万能机床和万能夹具及刀具的折旧费;不变费用与零件(或产品)的年产量无关,它是指专用机床和专用夹具、刀具的折旧费用。因为专用机床、专用夹具及刀具是专为加工某零件所用的,不能用来加工其他零件,而工艺装备及设备的折旧年限是一定的,因此专用机床、专用夹具及刀具的折旧费用与零件(或产品)的年产量无直接关系,即当年产量在一定范围内变化时,这种费用基本上保持不变。

一种零件(或一道工序)的全年工艺成本 E(单位为元/件)可用下式表示

$$E = VN + C \tag{6-19}$$

式中:V 为每个零件的可变费用,元/件;N 为工件的年产量,件;C 为全年的不变费用,元。

单件工艺(或工序)成本 E_d(单位为元/件)为

$$E_d = V + \frac{C}{N} \tag{6-20}$$

图 6-43 及图 6-44 分别表示全年工艺成本及单件工艺成本与零件年产量之间的关系。由图 6-43可知,全年工艺成本 E 与年产量 N 呈直线关系。这说明全年工艺成本的变化量 ΔE 与年产量的变化量 ΔN 成正比。由图 6-44 可知,单件工艺成本 E_d 与年产量 N 呈双曲线关系,曲线的 A 区相当于单件小批量生产时设备负荷很低的情况,此时若 N 略有变化,则 E_d 就会有很大变化;在曲线的 B 区,即使 N 变化很大,其工艺成本的变化也不大,这相当于大批量生产的情况,此时不变费用对单件成本的影响很小;A、B 之间相当于成批生产情况。

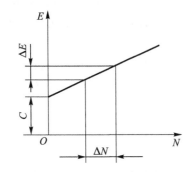

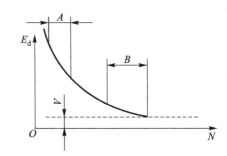

图 6-43 全年工艺成本与零件年产量之间的关系   图 6-44 单件工艺成本与零件年产量之间的关系

2. 工艺方案的技术经济分析

工艺方案的技术经济分析方法有两种:一是对不同工艺方案进行工艺成本的分析和评比,二是按某种相对技术经济指标进行宏观比较。

1)工艺成本的分析和评比

对不同的工艺方案进行工艺成本的分析和评比时,有以下两种情况。

(1)工艺方案的基本投资相近或都采用现有设备时的情况,这时工艺成本即可作为衡量各方案经济性的依据。比较方法如下。

①当两方案中的少数工序不同,多数工序相同时,可通过计算少数不同工序的单件工艺成

本进行比较,即

$$E_{d1} = V_1 + \frac{C_1}{N}, \quad E_{d2} = V_2 + \frac{C_2}{N}$$

当年产量 N 一定时,可根据上面两式直接算出 E_{d1} 和 E_{d2},若 $E_{d1} > E_{d2}$,则第二方案经济性好。

当年产量 N 为一变量时,则可根据上述方程式作出曲线进行比较,如图 6-45 所示,图中 N_k 为两条曲线的交点,称为临界产量。当 $N < N_k$ 时,$E_{d1} > E_{d2}$,所以第二方案为可取方案;当 $N > N_k$ 时,则第一方案为可取方案。

②当两方案中的多数工序不同,少数工序相同时,则以该零件的全年工艺成本进行比较。两方案的全年工艺成本分别为

$$E_1 = V_1 N + C_1, \quad E_2 = V_2 N + C_2$$

同样,当年产量 N 一定时,可根据上式直接算出 E_1 及 E_2,若 $E_1 > E_2$,则第二方案经济性好,为可取方案。

当年产量 N 为一变量时,可根据上述公式作图进行比较,如图 6-46 所示。由图可知,各方案的优劣与加工零件的年产量有密切关系。当 $N < N_k$ 时,宜采用第一方案;当 $N > N_k$ 时,宜采用第二方案。图中 N_k 为临界产量,当 $N = N_k$ 时,$E_1 = E_2$,于是有

$$V_1 N_k + C_1 = V_2 N_k + C_2$$

所以

$$N_k = \frac{C_2 - C_1}{V_1 - V_2} \tag{6-21}$$

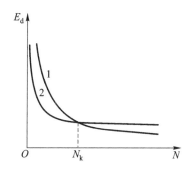

图 6-45　两种方案的单件工艺成本比较

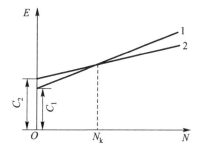

图 6-46　两种方案全年工艺成本比较

(2)工艺方案的基本投资差额较大的情况,这时在考虑工艺成本的同时还要考虑基本投资差额的回收期限。

设方案 1 采用了价格较高的高生产率机床及工艺装备,基本投资 K_1 大,但工艺成本 E_1 较低;方案 2 采用了价格较便宜的生产率较低的一般机床及工艺装备,基本投资 K_2 小,但工艺成本 E_2 较高。这时只比较其工艺成本是难以全面评定其经济性的,而应同时考虑两个方案的基本投资差额的回收期限,也就是应考虑方案 1 比方案 2 多花的投资需要多长时间才能收回。回收期限的计算公式为

$$\tau = \frac{K_1 - K_2}{E_2 - E_1} = \frac{\Delta K}{\Delta E} \tag{6-22}$$

式中：τ 为回收期限，年；ΔK 为基本投资差额，元；ΔE 为全年生产成本节约额，元/年。

回收期限愈短，则经济效益愈好。回收期限一般应满足以下要求。

（1）回收期限应小于所购买设备的使用年限。

（2）回收期限应小于该产品的生产年限。

（3）回收期限应小于国家所规定的标准回收期限。如采用新机床的标准回收期限通常为 4～6 年。

2）相对技术经济指标的评比

当对工艺过程的不同方案进行宏观比较时，常用相对技术经济指标进行评比。

技术经济指标反映了工艺过程中劳动的消耗、设备的特征和利用程度、工艺装备需要量及各种材料和电力消耗等情况。

常用的技术经济指标有：每个工人的平均年产量（件/人），每台机床的平均年产量（件/台），每平方米生产面积的平均年产量（件/平方米）及设备利用率、材料利用率和工艺装备系数等。

【习题】

6-1　何谓工艺规程？机械加工工艺规程有何作用？

6-2　何谓零件的结构工艺性？图 6-47 所示的零件的结构工艺性存在什么问题？如何改进？

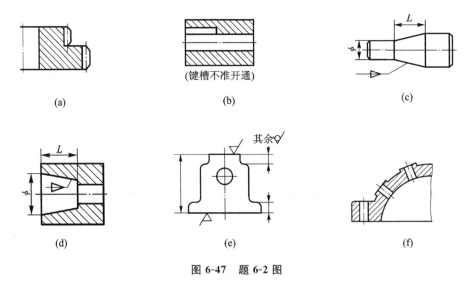

图 6-47　题 6-2 图

6-3　为什么零件的加工一般要划分加工阶段？什么情况下可以不划分或不严格划分加工阶段？

6-4　何谓工序集中与工序分散？它们各有什么优缺点和使用场合，试举例说明。

6-5　安排工序顺序时，一般应遵循哪些原则？

6-6　退火、正火、时效、调质、淬火、渗碳淬火、渗氮、液体碳氮共渗等热处理工序各应安排在工艺过程的哪个阶段才恰当?

6-7 加工余量如何确定?影响工序间加工余量的因素有哪些?

6-8 什么是尺寸链?什么是封闭环、组成环?什么是增环、减环?

6-9 图 6-48 所示的工件加工时,要求保证尺寸(6 ± 0.1) mm,但该尺寸不便测量,只好通过测量尺寸 L 来间接保证,试求工序尺寸 L 及其上、下偏差。

6-10 图 6-49 所示为一套筒,加工面 A 时要求保证尺寸 $L_3 = 10^{+0.20}_{0}$ mm。已知 $L_1 = (60\pm0.05)$ mm,$L_2 = 30^{+0.10}_{0}$ mm,若在铣床上采用调整法加工,试求分别以左端面定位、右端面定位、孔内端面定位的工序尺寸及偏差,并比较哪种定位方案好。

6-11 图 6-50 所示为一台阶零件,若以底面 A 定位,采用调整法铣平面 C、D 及槽 E。已知 $L_1 = (60\pm0.2)$ mm,$L_2 = (20\pm0.4)$ mm,$L_3 = (40\pm0.8)$ mm,试求工序尺寸及偏差。

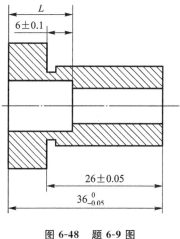

图 6-48 题 6-9 图

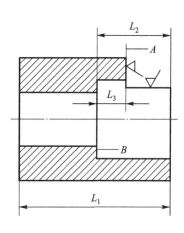

图 6-49 题 6-10 图

6-12 图 6-51 所示为某轴类零件简图,要保证的轴向尺寸为 $L_1 = (50\pm0.1)$ mm,$L_2 = (240\pm0.25)$ mm,$L_3 = (40\pm0.08)$ mm。磨削外圆时,常用砂轮端面靠磨面 A 和面 B,靠磨余量能达到(0.1 ± 0.02) mm。工件的轴向尺寸最后由靠磨前的车削——工序尺寸和靠磨去的加工余量间接获得,求车削工序尺寸 L_1'、L_2'、L_3' 及偏差。

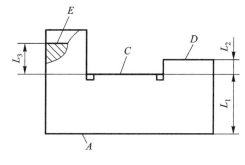

图 6-50 题 6-11 图

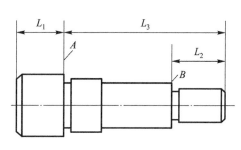

图 6-51 题 6-12 图

6-13　某零件的外圆 $\phi100_{-0.035}^{0}$ 要渗碳,要求渗碳深度为 1~1.2 mm。此外圆的加工顺序是:先车外圆至尺寸 $\phi100.5$,然后渗碳淬火,最后磨外圆至尺寸 $\phi100_{-0.035}^{0}$。求渗碳时应控制的渗入深度范围。

6-14　成批生产时,工序单件时间一般由哪些部分组成? 大批量生产和小批量生产中占据比重较大的组成部分各是哪些?

6-15　何谓工艺成本? 工艺成本由哪些部分组成?

6-16　图 6-52 所示的零件加工时的粗、精基准如何选择? 简要说明理由。

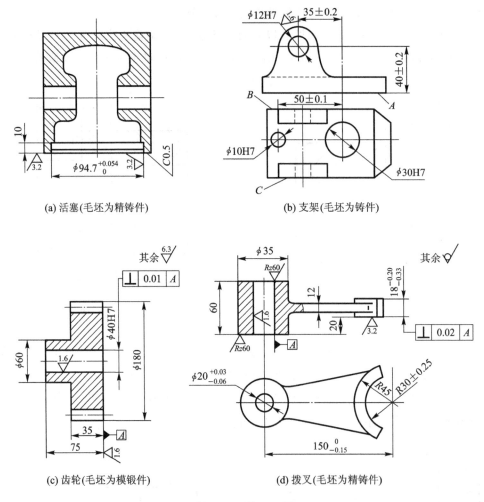

(a) 活塞(毛坯为精铸件)　　　　　(b) 支架(毛坯为铸件)

(c) 齿轮(毛坯为模锻件)　　　　　(d) 拨叉(毛坯为精铸件)

图 6-52　题 6-16 图

6-17　试拟订图 6-53 所示的零件成批生产的机械加工工艺路线(包括工序名称、加工方法、定位基准),并绘制工序图,该工件的毛坯为铸件(孔未铸出)。

6-18　图 6-54 所示的阶梯轴的材料为 45 热轧圆钢,试确定其成批生产的工艺过程及各工序的工序尺寸及偏差。

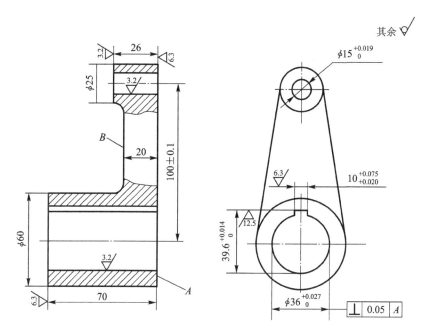

图 6-53　题 6-17 图

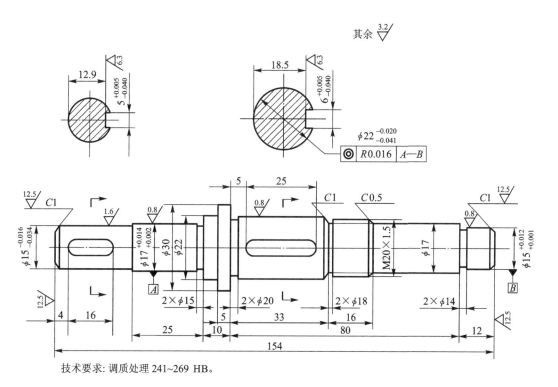

技术要求: 调质处理 241~269 HB。

图 6-54　题 6-18 图

第 7 章
典型零件加工工艺设计

◀ **知识目标**

　　(1)掌握轴类零件的功用、结构特点、技术要求和装夹方法。

　　(2)掌握套类零件的功用、结构特点、技术要求和装夹方法。

　　(3)熟悉防止套类零件加工变形的措施。

　　(4)掌握箱体类零件的功用、结构特点、技术要求和装夹方法。

　　(5)了解箱体类零件孔系的加工方法。

◀ **能力目标**

　　(1)能编制轴类零件的机械加工工艺规程。

　　(2)能编制套类零件的机械加工工艺规程。

　　(3)能编制箱体类零件的机械加工工艺规程。

　　(4)能编制中等复杂程度零件的机械加工工艺规程。

◀ 7.1 轴类零件加工 ▶

7.1.1 概述

1. 轴类零件的功用与结构特点

轴类零件是机械加工中经常遇到的典型零件之一。轴类零件主要用来支承传动件（如齿轮、带轮、离合器等）、传递扭矩和承受载荷。

轴类零件是旋转体零件，其长度 L 大于直径 d。若 $L/d \leqslant 12$，则这种轴通常称为刚性轴；若 $L/d > 12$，则这种轴称为挠性轴。轴类零件的加工表面一般是由同轴的外圆柱面、圆锥面、内孔、螺纹和花键等组成的。根据结构形状的不同，轴类零件可分为光轴、阶梯轴、空心轴和异形轴（如曲轴、偏心轴、凸轮轴）四类，如图 7-1 所示。

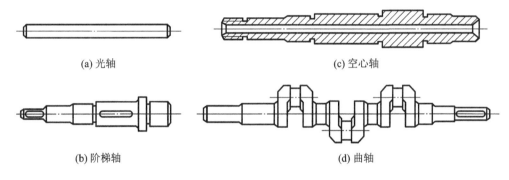

(a) 光轴　　　　　　　　　　　　(c) 空心轴

(b) 阶梯轴　　　　　　　　　　　(d) 曲轴

图 7-1　常见的轴类

2. 轴类零件的主要技术要求

一切零件的技术要求总是根据其功用和工作条件来制订的。轴类零件常以其某两段外圆表面装配在轴承或基准件上，因此，与轴承孔配合的两段轴颈是轴类零件的主要表面，称为支承轴颈，一般也是确定各加工要求的基准。与齿轮、带轮等传动零件配合的表面称为配合轴颈，它是轴类零件的主要表面。

1）尺寸精度和形状精度

轴类零件的尺寸精度主要指直径和长度精度，直径精度比长度精度要严格得多。同理，形状精度主要是指直径的圆度和圆柱度。

在轴类零件的各段直径中，支承轴颈是轴类零件的主要表面，它影响轴的旋转精度与工作状态，通常对其尺寸精度和形状精度要求较高。普通轴类零件支承轴颈的直径精度一般为 IT6～IT8，形状精度则限制在直径公差范围内或要求圆度误差小于 0.01 mm；精密轴支承轴颈的直径精度可达 IT5 级以上，圆度误差则控制在 0.001～0.005 mm 以内。配合轴颈的尺寸精度要求可低一些，一般为 IT6～IT9。

2）位置精度

保证配合轴颈相对于支承轴颈的同轴度或跳动，是轴类零件位置精度的普遍要求，它会影响传动件（如齿轮等）的传动精度。普通轴的配合轴颈相对于支承轴颈的径向跳动一般规定为 0.01～0.03 mm，高精度轴为 0.001～0.005 mm。

3）表面粗糙度

支承轴颈的表面粗糙度 Ra 为 0.16～0.63 μm，配合轴颈的表面粗糙度 Ra 为 0.63～2.5 μm。

3. 轴类零件的材料、毛坯及热处理

1）轴类零件的材料

轴类零件应根据不同工作条件和使用要求选用不同的材料和热处理方法，以获得一定的强度、韧性和耐磨性。

一般轴类零件常用 45 钢，经过调质可得到较好的切削性能，而且能获得较高的强度和韧性等综合力学性能，重要表面经局部淬火后再回火，表面硬度可达 45～52 HRC。

对于中等精度而转速较高的轴类零件，可选用 40Cr 等合金结构钢，这类钢经调质和表面淬火处理后，具有较高的综合力学性能。

精度较高的轴有时还可用 GCr15 轴承钢和 65Mn 弹簧钢，这类钢经调质和表面高频淬火后再回火，表面硬度可达 50～58 HRC，并且具有较高的耐疲劳性能和耐磨性。

对于在高转速、重载荷等条件下工作的轴，可选用 20CrMoTi、20Mn2B、20Cr 等低碳合金钢或 38CrMoAlA 中碳合金渗氮钢。低碳合金钢经正火和渗碳淬火后可获得很高的表面硬度、较软的芯部，因此耐冲击韧性好，但热处理变形较大；而对于渗氮钢，由于渗氮温度比淬火的低，经调质和表面渗氮后，其变形小，硬度很高，具有很好的耐磨性和抗疲劳强度。

2）轴类零件的毛坯

轴类零件最常用的毛坯是棒料和锻件，只有某些大型或结构复杂的轴（如曲轴），在质量允许时才采用铸件。由于毛坯经过锻造后，金属内部纤维组织沿表面均匀分布，可获得较高的抗拉、抗弯及抗扭强度，所以除了光轴、直径相差不大的阶梯轴可使用热轧棒料或冷拉棒料外，一般比较重要的轴均采用锻件。

根据生产类型的不同，毛坯的锻造方式有自由锻和模锻两种。自由锻的毛坯精度较差，加工余量较大且毛坯的形状较简单，多用于单件小批量生产；模锻的毛坯精度高、加工余量小、生产率高，可以锻造形状复杂的毛坯，但需要昂贵的设备和专用锻模，所以只适用于大批量生产。

另外，对于一些大型轴类零件，如低速船用柴油机曲轴，还可采用组合毛坯，即将轴预先分成几段毛坯，经各自锻造加工后，再采用红套等过盈连接方法拼装成整体毛坯。

3）轴类零件的热处理

轴的性能除了与所选钢材种类有关外，还与热处理有关。轴的锻造毛坯在机械加工之前，均需进行正火或退火处理，使钢材的晶粒细化（或球化），以消除锻造后的残余应力，降低毛坯硬度，改善切削加工性能。

凡要求局部表面淬火，以提高表面耐磨性的轴，必须在淬火前安排调质处理（有的采用正

火)。当毛坯的加工余量较大时,调质安排在粗车之后、半精车之前进行,使粗加工产生的残余应力能在调质时消除;当毛坯的加工余量较小时,调质可安排在粗车之前进行。表面淬火一般安排在精加工之前,这样可保证淬火引起的局部变形在精加工中得以纠正。

对于精度要求较高的轴,在局部淬火和粗磨之后,还需安排低温时效处理,以消除淬火及磨削中产生的残余奥氏体和残余应力,以稳定尺寸;对于整体淬火的精密轴,在淬火粗磨后,要经过较长时间的低温时效处理;对于精度要求更高的轴,在淬火之后,还要进行定性处理,定性处理一般采用液氮深冷处理方法,以进一步消除加工应力,保证轴的精度。

4. 轴类零件的装夹

1)用外圆表面装夹

当工件的长径比不大时,可用工件外圆表面装夹,并传递扭矩。通常使用的夹具是三爪自定心卡盘。三爪自定心卡盘能自动定心,装卸工件快,但由于夹具的制造和装夹误差,其定心精度约为 0.05～0.10 mm 左右。四爪卡盘不能自动定心,装夹工件时四个卡爪需要按工件定位表面的形状分别校正调整,因此很费时间,适用于单件小批量生产,但它能装夹不规则的工件,夹紧力大,若精心找正,能获得很高的装夹精度。

在自动车床和转塔车床上加工不长的小型轴类零件时,常用冷拉圆钢或热轧圆钢作为毛坯。由于毛坯直径不大而且直径误差较小,故通常采用弹簧夹头按毛坯外圆定心夹紧。弹簧夹头能自动定心,装卸工件快,但有少量的装夹偏心,且夹紧力不大。

2)用两中心孔装夹

当工件的长径比较大时,常用两中心孔装夹。用两中心孔装夹的优点是定位基准统一,有利于保证轴上各加工表面之间的相互位置精度,因而是轴类零件最常用的装夹方法,但两顶尖装夹的刚性差,不能承受太大的切削力,故主要用于半精加工和精加工。

对于较大型的长轴零件的粗加工,常采用一夹一顶的装夹方法,即工件的一端用车床主轴上的卡盘夹紧,另一端用尾座顶尖支承,这样就克服了刚性差、不能承受较大切削力的缺点。

3)用内孔表面装夹

对于空心的轴类零件,在加工出内孔后,作为定位基准的中心孔已不存在,为了使以后各道工序有统一的定位基准,常采用带有中心孔的各种堵头和拉杆心轴来装夹工件。

当空心轴孔端有小锥度锥孔时(如莫氏锥孔),常使用锥堵,如图 7-2 所示;当空心轴孔端为圆柱孔时,也可采用小锥度的锥堵来定位。当锥孔的锥度较大时(如 7∶22 和 1∶10 等),可用带锥堵的拉杆心轴装夹,如图 7-3 所示。

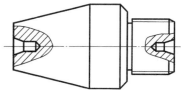

图 7-2　锥堵

当空心轴孔端无锥孔,也不允许加工出锥孔时,可用自动定心的弹簧堵头,如图 7-4 所示。弹簧堵头利用顶尖压力使弹簧套扩张,从而夹紧工件。

当空心轴内孔直径不是很大时,可将孔端做成长 2～3 mm 的 60°圆锥孔,然后直接用顶尖装夹。

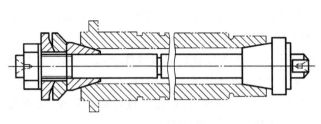

图 7-3 带锥堵的拉杆心轴

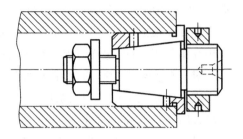

图 7-4 弹簧堵头

采用各种堵头和拉杆心轴时应注意:堵头要有足够的精度(特别是用以定位的表面必须与中心孔同轴);装堵头的内孔或锥孔最好经过精车或磨削;工件在加工过程中最好不要中途更换或重装堵头,以使定位误差最小。

7.1.2 轴类零件加工工艺分析

以车床主轴为重点,说明在拟订轴类零件加工工艺时,应考虑下列一些共性问题。

1. 热处理工序的安排

在主轴加工过程中,应合理地安排热处理工序,以保证主轴的力学性能及加工精度,并改善材料的切削加工性能。

一般在主轴毛坯锻造后,首先需安排正火处理,以消除锻造应力、改善金属组织、细化晶粒、降低硬度、改善切削性能。

在粗加工后,安排第二次热处理——调质处理,以获得均匀细致的索氏体组织,提高零件的综合力学性能,以便在表面淬火时得到均匀致密的硬化层,使硬化层的硬度由表面向中心逐步降低。同时,调质处理后的金属组织经切削加工后,能获得较低的表面粗糙度。

最后,还须对有相对运动的轴颈表面和经常装卸工具的前锥孔表面进行淬火处理,以提高其耐磨性。

2. 定位基准的选择与转换

工件加工时定位基准选择是否适当,不仅直接影响被加工表面的相互位置精度,而且还会影响各表面加工的先后顺序。当工件加工用的粗基准选定后,其加工顺序也就大致确定了。这是因为各阶段开始总是先加工出定位面,即先行工序必须为后续工序准备好所用的定位基准。所以,在安排轴的加工工艺时,必须合理选择定位基准。

轴类零件最常用的定位基准是两中心孔,它是辅助定位基准,零件工作时无任何作用。采用两中心孔作为定位基准,不仅能在一次装夹中加工出更多的外圆和端面,而且可确保各外圆之间的同轴度以及端面与轴线的垂直度要求,符合基准统一原则。因此,只要有可能,就尽量采用中心孔定位。

对于空心轴,在加工过程中,作为定位基准的中心孔因钻出通孔而消失。为了在通孔加工之后还能使用中心孔作为定位基准,一般都采用带有中心孔的锥堵或锥套心轴,如前所述。

为了保证锥孔轴线和支承轴颈轴线同轴,应磨锥孔,选择设计基准——前后支承轴颈作为定位基准,这符合基准重合原则,可使锥孔相对于支承轴颈的圆跳动易于控制。但是,当支承轴颈不适于作为定位基准时,可改用其他表面。例如,有的工厂鉴于支承轴颈是圆锥面,用作定位将使夹具复杂化,因此就选与其邻近的圆柱面作为定位基准;又如,有的轴前后支承轴颈相距太近,为了提高装夹精度,有的工厂就选相距较远的两个外圆柱面作为定位基准。显然,为了减小基准不重合误差,被选作定位基准的这些表面应该和支承轴颈在一次装夹中磨出。

3. 工序顺序的安排

1)加工阶段的划分

由于主轴是多阶梯、带通孔的零件,切除大量的金属后会引起残余应力重新分布而变形,因此在安排工序时,应将粗、精加工分开。先完成各表面的粗加工,再完成各表面的半精加工与精加工,主要表面的精加工放在最后进行。

2)外圆表面的加工顺序

应先加工大直径外圆,然后加工小直径外圆,以免一开始就降低了工件的刚度。

3)深孔加工工序的安排

安排该工序时应注意两点:第一,钻孔应安排在调质处理之后进行,因为调质处理变形较大,深孔会产生弯曲变形,若先钻深孔后调质,则孔的弯曲得不到纠正,这样不仅会导致使用时棒料通过主轴孔,而且还会带来因主轴高速旋转不平衡而引起的振动问题;第二,深孔加工应安排在外圆粗车或半精车之后,以便有一个较精确的轴颈作为定位基准(搭中心架用),保证孔与外圆轴线的同轴度,使主轴壁厚均匀。如果仅从定位基准的选择来考虑,希望始终用中心孔定位,避免使用锥堵,而将深孔加工安排到最后工序进行,然而,由于深孔加工毕竟是粗加工,发热量大,会破坏已加工表面的精度,故不可取。

4)次要表面加工的安排

主轴上的花键、键槽、螺纹、小孔等次要表面的加工,通常安排在外圆精车、粗磨之后和精磨外圆之前。这是因为如果在精车前就铣出键槽,精车时会因断续切削而产生振动,这样既影响加工质量,又容易损坏刀具;另一方面,也难以控制键槽的深度尺寸。主轴上的螺纹有较高的要求,应安排在最终热处理(局部淬火)之后,以纠正淬火后产生的变形,而且车螺纹使用的定位基准与精磨外圆时使用的基准应当相同,否则达不到较高的同轴度要求。

7.1.3 轴类零件加工精度分析

1. 外圆磨削质量分析

1)直波纹(多棱形或多角形)

直波纹是工件表面沿素线方向存在的一条条等距的直线痕迹,其深度小于 0.5 mm,如图7-5所示。直波纹产生的原因主要是砂轮与工件沿径向产生周期性振动。防止直波纹产生的主要方法是仔细平衡好砂轮、调整好砂轮主轴轴承间隙、平衡好电动机或在电动机底座下垫硬橡皮以隔振。此外,提高工件

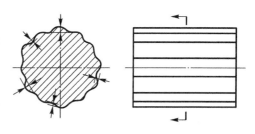

图 7-5 外圆上的直波纹

顶尖系统刚度(例如,提高顶尖与头、尾架锥孔的接触刚度,提高顶尖与中心孔的接触刚度等),及时修整砂轮,以防止砂轮钝化和堵塞,都有利于消除振动,防止直波纹产生。

2)螺旋纹

螺旋纹是在工件表面出现的一条很浅的螺旋痕迹,螺距常等于每转进给量。螺旋纹产生的原因有:砂轮架刚度差,在磨削推力的作用下主轴偏转,造成砂轮素线与工件素线不平行,如图7-6所示;砂轮修整后素线不直,有凸出点或呈凹形,如图7-7所示;机床头、尾架刚度差,在磨削推力的作用下,纵向进给磨工件左端时,头架顶尖产生弹性位移,砂轮右缘与工件接触多,如图7-8(a)所示,纵向进给磨工件右端时,尾架顶尖产生弹性位移,砂轮左缘与工件接触多,如图7-8(b)所示,因而工件两端产生螺旋纹,但不到达端面;工作台运动时,有爬行现象;工作台导轨润滑油过多,使进给运动产生摆动。解决方法是:精细修整砂轮,保证素线平直;调节切削用量,降低磨削推力;打开放气阀,排除液压系统中的空气,或检修机床,以消除工作台的爬行现象;给工作台导轨供油时要适量。

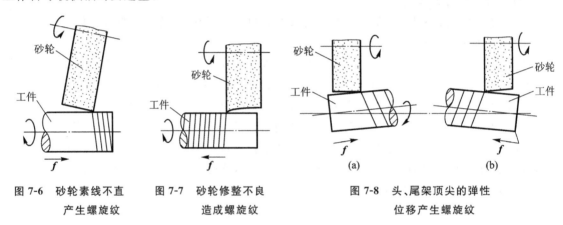

图 7-6 砂轮素线不直产生螺旋纹　　图 7-7 砂轮修整不良造成螺旋纹　　图 7-8 头、尾架顶尖的弹性位移产生螺旋纹

3)表面划伤(划痕和拉毛)

表面划伤产生的原因是砂轮磨粒自励性过强;冷却液不清洁;砂轮罩上磨屑落在砂轮与工件之间,将工件拉毛。消除表面划伤的措施是:砂轮磨粒选择韧性高的材料,砂轮硬度适当提高,砂轮修正后用冷却液毛刷清洗,清理砂轮罩上的磨屑,用纸质过滤器或涡旋分离器对冷却液进行过滤。

4)表面烧伤

表面烧伤可分为螺旋形烧伤和点状烧伤,表面呈黑褐色。表面烧伤产生的原因是砂轮硬度偏高、横向或纵向进给量过大、砂轮变钝、散热不良等。表面烧伤消除的措施是:严格控制进给量、降低砂轮硬度(一般选用中软级砂轮)、及时修整砂轮、适当提高工件转速、充分冷却。

2. 车削、磨削细长轴时质量分析

1)竹节形

车削细长轴时,当重新调整和修磨跟刀架支承块后,若接刀不良(即前后两次的吃刀深度不一致),则跟刀架支承块与第二次车削处接触时,会因该处直径较大(或较小)而造成工件略微靠近(或远离)刀具,从而使被加工直径相应地略微减小(或增大)。如此重复下去,工件全长上就出现了与支承块宽度一致的周期性的直径变化,即竹节形。轻微的竹节形可通过改变切削深度,或调节上支承块压力,或减小大拖板与中拖板之间的间隙来解决。若跟刀架外侧支承块调节过紧,则在工件中段容易出现周期性的竹节变化。解决的方法是重调支承块,使它与工件保持不松不紧的接触。

2) 鼓形

磨细长轴时,中心架调整过松会产生鼓形。解决的方法是重新调整中心架和增加光磨次数。

3) 鞍形

磨细长轴时,中心架外侧支承块压力过大或顶尖顶得过紧,都会产生鞍形。解决的方法是重调支承块压力,在工作中不时放松尾架顶尖并重调后顶尖压力。

3. 圆锥面加工的缺陷和解决方法

车削外圆锥面和磨削长轴上的锥孔时,最常见的缺陷是素线不直。主要原因是车刀或砂轮轴线与工件回转轴线不等高。过高或过低都会使工件纵向截面的素线有双曲线误差。此外,磨削锥孔时,如果砂轮在锥孔两端的伸出距离过长(一般应不超过砂轮宽度的 1/3),也会使锥孔素线不直,形成两端喇叭口。解决的方法是保证刀尖或砂轮轴线与工件回转轴线等高,磨削时等高偏差不应超过 0.01 mm,磨削精度高的锥孔不超过 0.005 mm。

4. 中心孔的质量问题及其修研方法

1) 中心孔的质量对加工精度的影响

中心孔是轴类零件常用的定位基准,其质量对加工精度有直接的影响。

(1) 中心孔深度。

同一批零件的中心孔深度不一,将影响零件在机床上的轴向定位,如果采用调整法加工,将难以保证轴的两端面以及各阶梯间尺寸一致,有时甚至会因为零件轴向位移太大,导致端面加工余量不够。

(2) 中心孔的圆度。

中心孔的锥面不圆,则加工后工件表面也不圆。如图 7-9 所示,中心孔不圆,磨削时因磨削力将工件推向一方,砂轮与顶尖始终保持不变的距离 a,因此工件外圆形状就取决于中心孔的形状,当工件旋转一圈时,中心孔的圆度就被直接复映到工件外圆上去了。

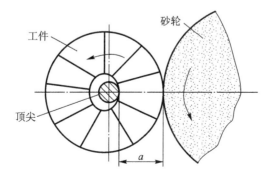

图 7-9 中心孔的圆度误差对加工精度的影响

（3）两中心孔的同轴度误差。

两中心孔不同轴会造成中心孔与顶尖接触不良，如图 7-10 所示，加工时可能出现圆度及位置误差。

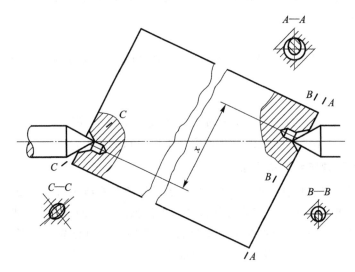

图 7-10　两中心孔不同轴时的接触情况

2）中心孔的修研方法

通过以上分析可知，要提高外圆加工质量，修研中心孔是主要手段之一。此外，在轴的加工过程中，中心孔还会出现磨损、拉毛、热处理后的氧化及变形，故需要对中心孔进行修研。常见的修研方法有以下几种。

（1）用油石或橡胶砂轮修研。

先将圆柱形的油石或橡胶砂轮夹在车床卡盘上，用装在刀架上的金刚石笔将它的前端修整成顶尖形状，然后把工件顶在油石和车床后顶尖之间，如图 7-11 所示。修研时先加入少量的润滑油，然后开动车床，使油石转动，手持工件断续、缓慢地转动。由于中心孔的尺寸较小，因此车床主轴应尽可能采用高转速。该方法研磨中心孔的质量和效率均好，是目前常用的方法。其缺点是油石或橡胶砂轮易磨损，要不断地用金刚石笔修正，因此油石与橡胶消耗量大。

（2）用铸铁顶尖修研。

此方法与前一种方法基本相同，所不同的是以铸铁顶尖代替油石顶尖，顶尖转速略低一些，研磨时须加注研磨剂。有时为了满足高精度工件的要求，做一些和磨床顶尖尺寸相同的铸铁顶尖，放入磨床头架锥孔内，采用自磨的方法将铸铁顶尖与磨床顶尖均磨成 60° 顶角，然后用此铸铁顶尖对工件中心孔进行研磨，这样可使工件中心孔锥度与磨床顶尖锥度相同，从而提高中心孔精度。实践证明，经磨床修研过的中心孔零件，再在该磨床上加工，工件的圆度和同轴度误差可减小到 $0.001 \sim 0.002\ \text{mm}$。

（3）用硬质合金顶尖修研。

如图 7-12 所示，硬质合金顶尖是在 60° 圆锥上磨成六角形，并留有 $f = 0.2 \sim 0.5\ \text{mm}$ 的等宽刃带。此刃带具有微量切削作用，除了对中心孔的几何形状有修正作用外，还能起到挤光作用。此方法的生产率高（一般只需几秒钟），但质量稍差，多用于普通轴类零件中心孔的修研或精密轴中心孔的粗研。

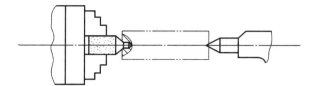

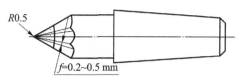

图 7-11　用油石或橡胶砂轮修研中心孔　　　图 7-12　用硬质合金顶尖修研中心孔

（4）用中心孔磨床磨削。

图 7-13 所示的中心孔磨头为立式结构，下面有顶尖拨盘，可以带动工件转动，工件上端支承在由两根小圆柱组成的 V 形体上，V 形体与工件圆柱或圆锥面成线接触。磨头有三个运动：主切削运动，由砂轮轴 6 带动砂轮高速旋转；行星运动，齿轮 4 带动砂轮轴 6 作以 e 为偏心量的行星运动；往复运动，齿轮 4 与内壳体 7 及斜导轨 3 成为一体，由径向轴承及推力轴承作回转运动，齿轮 5 带动凸轮 8 转动，并推动杠杆 1，带动斜导轨副 2 沿斜导轨作 30°往复滑动，克服因砂轮各点线速度不同而造成的误差。经中心孔磨床修磨的中心孔精度、圆度在 0.008 mm 以内，表面粗糙度 Ra 为 0.32 μm，并且能够提高中心孔与外圆的位置精度。此方法是一种质量好、效率高的修研方法，但需专用设备。

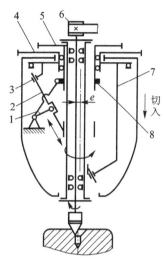

图 7-13　中心孔磨头

1—杠杆；2—斜导轨副；3—斜导轨；

4,5—齿轮；6—砂轮轴；

7—内壳体；8—凸轮

7.1.4　实例

下面以中批量生产的输出轴（见图 7-14）为例，说明轴类零件工艺过程的拟订过程。

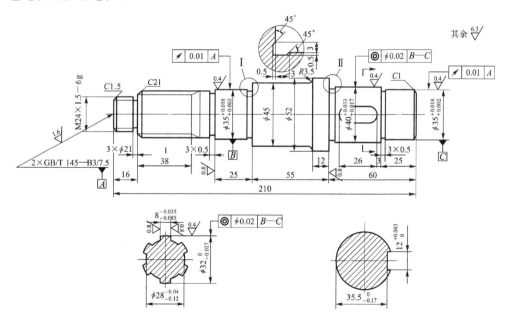

图 7-14　输出轴

1. 零件的作用和主要技术要求

此零件是减速器中的输出轴，B、C 两段是支承轴颈，与滚动轴承内环过渡配合，动力是由与右端外圆 $\phi40$ 配合的齿轮传入的（两者为过渡配合并加平键连接），经装在输出端花键上的齿轮传出。由此可见，两支承轴颈、$\phi40$ 轴颈和花键是零件的主要表面，它们的尺寸精度、相互位置精度和表面粗糙度都有较高的要求。

（1）两支承轴颈为 $\phi35k6(^{+0.018}_{+0.002})$，表面粗糙度 $Ra\leqslant0.4\ \mu m$，同时要求对两中心孔公共轴线的径向跳动为 0.01 mm，以保证两者同轴，使零件装配后能灵活转动。

（2）配合轴颈为 $\phi40n6(^{+0.033}_{+0.017})$，表面粗糙度 $Ra\leqslant0.4\ \mu m$。

（3）花键是大径定心的六槽花键，大径为 $\phi32^{0}_{-0.017}$，表面粗糙度 $Ra\leqslant0.4\ \mu m$；键宽为 $8^{-0.035}_{-0.085}$ mm，表面粗糙度 $Ra\leqslant0.8\ \mu m$。

（4）为了保证轴上零件的回转精度，要求输入端配合轴颈和花键、花键大径对两支承轴颈的同轴度为 0.02 mm。

零件材料为 40Cr，要求调质处理，花键部分还应高频淬火。

2. 毛坯的选择

零件各段外圆直径相差不大，且对强度没有特殊要求，故选热轧圆钢作为毛坯。

3. 定位基准的选择

为了保证各表面相互位置精度，选两中心孔作为统一的定位基准，再选毛坯外圆作为粗基准，以便加工出两端面和中心孔。

4. 工艺路线的拟订

零件技术要求最高的表面是两段支承轴颈、一段配合轴颈和外花键，它们的尺寸精度都是 IT6，表面粗糙度 Ra 为 $0.4\sim1.25\ \mu m$，花键部分还要求淬火，这就决定了零件最终工序的加工方法是外圆磨削和花键磨削。考虑到成批生产中常采用综合花键环规检查花键的等分精度，故宜先磨外圆，后磨花键侧面。

磨花键前的预备工序是铣花键和高频淬火，磨各段外圆前的预备工序是半精车、切槽和倒角，在半精车之后、磨削之前，还要完成螺纹和键槽等次要表面的加工。

调质是为了使零件获得良好的综合力学性能。考虑到要消除粗车后的内应力，现将调质处理安排在粗车之后、半精车之前进行。

于是可拟订出该零件的工艺路线为：下料→车端面、打中心孔→粗车外圆→调质→车端面、修研中心孔→半精车外圆→车螺纹→划线→铣键槽→铣花键→去毛刺→高频淬火→修研中心孔→磨外圆→磨花键。

5. 工序余量和工序尺寸的确定

由《金属机械加工工艺人员手册》可查得：

毛坯直径为 $\phi58$，下料长度为

$$L=l+2Z=(210+7)\ mm=217\ mm$$

调质或正火前的粗车，一般在直径和长度上留 $2.5\sim4$ mm 的加工余量，本例取 3 mm；

半精车各段外圆，均留磨削余量 0.4 mm，制造公差 0.17 mm，端面留磨削余量 0.4 mm；

铣花键,键侧留磨削余量 0.2 mm。

综上所述,可得输出轴的工艺过程如表 7-1 所示。

表 7-1 输出轴的工艺过程

工序号	工序名称	工序内容	机 床	夹 具	刀 具	量 具
1	备料	下料 $\phi58 \times 217$ mm	锯床	—	—	—
2	车	光端面,保证全长 213 mm,打中心孔	车床	三爪卡盘	中心钻 B3	—
3	粗车	粗车右三段外圆,均留加工余量 3 mm	车床	顶尖、夹头	—	—
4	粗车	粗车左四段外圆,均留加工余量 3 mm	车床	顶尖、夹头	—	—
5	热处理	调质 220~250 HB	车床	—	—	—
6	车	光端面,保证全长 210 mm,修研中心孔	车床	三爪卡盘	中心钻 B3	—
7	半精车	半精车右三段外圆,$Ra \le 0.8\ \mu m$ 处留磨削余量 0.4 mm	车床	顶尖、夹头	—	—
8	半精车	半精车左四段外圆,$Ra \le 0.8\ \mu m$ 处留磨削余量 0.4 mm	车床	顶尖、夹头	—	—
9	车	车螺纹 M24×1.5—6g	车床	顶尖、夹头	螺纹车刀	螺纹环规
10	钳工	划键槽线	平台	—	—	—
11	铣	铣键槽 $12^{+0.043}_{0}$ mm	立铣	平口钳	$\phi12$ 键槽铣刀	—
12	铣	铣花键,留键宽磨削余量 0.2 mm	花键铣床	—	—	—
13	钳工	去毛刺	—	—	—	—
14	热处理	花键处高频淬火 40~45 HRC	—	—	—	—
15	车	修研中心孔	车床	顶尖	硬质合金顶尖	—
16	磨	磨右段 $\phi35^{+0.018}_{+0.002}$ 和 $\phi40^{+0.033}_{+0.017}$,靠磨 $Ra \le 0.8\ \mu m$ 处端面	—	顶尖、夹头	—	25~50 千分尺
17	磨	磨左段 $\phi35^{+0.018}_{+0.002}$ 和 $\phi32^{0}_{-0.017}$,靠磨 $Ra \le 0.8\ \mu m$ 处端面	—	顶尖、夹头	—	25~50 千分尺
18	磨	磨花键侧面	花键磨床	—	综合花键环规	—
19	检验	按要求检验各尺寸	—	—	—	—

◀ **7.2　套类零件加工** ▶

7.2.1　概述

1. 套类零件的功用与结构特点

套类零件最为常见,通常起支承或导向作用。它的应用范围很广,如支承旋转轴上的各种形式的轴承,夹具上引导刀具的钻套、模具的导套、内燃机上的液压缸等,如图 7-15 所示。

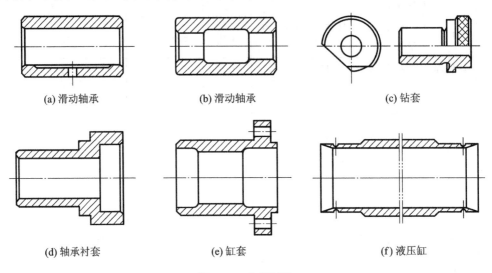

(a) 滑动轴承　　　　　　(b) 滑动轴承　　　　　　(c) 钻套

(d) 轴承衬套　　　　　　(e) 缸套　　　　　　(f) 液压缸

图 7-15　套类零件

由于作用不同,套类零件的结构和尺寸有着很大的差异,但结构上仍有共同特点:零件的主要表面为同轴度要求较高的内孔和外圆,壁厚较薄且易变形,长度一般大于直径等。

2. 套类零件的主要技术要求

1) 孔的技术要求

孔是套类零件起支承或导向作用的最主要表面。孔的直径尺寸精度一般为 IT7,精密轴套的尺寸精度为 IT6。由于与气缸和液压缸相配套的活塞上有密封圈,要求较低,因此其尺寸精度通常取 IT9。孔的形状精度应控制在孔径公差以内,精密套类零件的形状精度应控制在孔径公差的 1/3~1/2。对于长套筒,除了圆度要求以外,还应有圆柱度要求。为了保证零件的功用,提高其耐磨性,孔的表面粗糙度 Ra 为 0.16~2.5 μm,要求高的孔的表面粗糙度 Ra 可达 0.04 μm。

2) 外圆表面的技术要求

外圆是套筒的支承面,常采用过盈配合或过渡配合来与箱体或机架上的孔相连接。其外径尺寸精度通常取 IT6~IT7,形状精度控制在外径尺寸公差以内,表面粗糙度 Ra 为 0.63~5 μm。

3）孔与外圆轴线的同轴度要求

当孔的最终加工方法是通过将套筒装入机座后合件来进行加工的，其套筒内、外圆间的同轴度要求可以低一些；若最终加工是在装入机座前完成的，则同轴度要求较高，一般为 $\phi0.01\sim\phi0.05$。

4）孔轴线与端面的垂直度要求

当套筒的端面（包括凸缘端面）在工作中承受轴向载荷，或虽不承受载荷，但在装配加工中作为定位基准时，端面与孔轴线的垂直度要求较高，一般为 0.01～0.05 mm。

图 7-16 所示为液压缸的零件图。

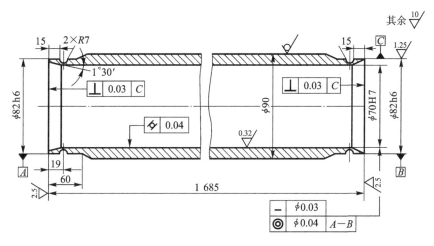

图 7-16　液压缸的零件图

3. 套类零件的材料和毛坯

套类零件一般由钢、铸铁、青铜或黄铜制成。有些滑动轴承采用双金属结构，用离心铸造法在钢或铸铁套筒内壁上浇铸巴氏合金等轴承合金材料，这样既可节省贵重的有色金属，又能提高轴承的寿命。对于一些强度和硬度要求较高的套筒（如镗床主轴套筒、伺服阀套），可选用优质合金钢，如 40CrNiMoA、38CrMoAlA、18CrNiWA 等。

套筒的毛坯选择与其材料、结构、尺寸及生产批量有关。孔径小的套筒一般选用热轧或冷拉棒料，也可采用实心铸件；孔径较大的套筒常选用无缝钢管或带孔的铸件和锻件。大批量生产时，采用冷挤压和粉末冶金等先进毛坯制造工艺，这样既可节约用材，又可提高毛坯精度及生产率。

4. 套类零件的装夹

加工套类零件的主要任务是完成同轴度较高的内、外圆表面加工，其装夹方法如下。

1）用外圆（或外圆与端面）定位装夹

通常使用三爪卡盘、四爪卡盘和弹簧夹头等夹具。当工件为毛坯时，以外圆为粗基准进行定位装夹；当工件外圆和端面已加工时，常以外圆或外圆与端面进行定位装夹。

2）用已加工内孔定位装夹

为了保证零件内、外圆同轴度，常在半精加工后以孔定位装夹来精加工外圆（或外圆与端面）。

当内、外圆同轴度要求不高时,可采用圆柱心轴或可胀式弹性心轴,如图 7-17、图 7-18 所示。

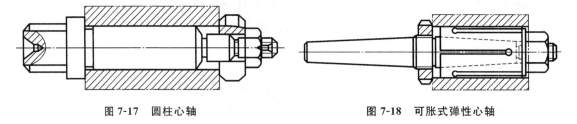

图 7-17　圆柱心轴　　　　　　　　　　　　图 7-18　可胀式弹性心轴

当内、外圆同轴度要求较高时,可采用锥度心轴(见图 7-19)和液性塑料心轴。锥度心轴的锥度一般为 1∶5 000～1∶1 000,其定心精度可达 0.005～0.01 mm,适用于淬硬套类零件的磨削加工。若要得到更高的定心精度,心轴锥度可取 1∶10 000 或更小,其定心精度为 2～3 μm。液性塑料心轴的定心精度可达 0.003～0.01 mm,且工件不限于淬硬钢,在车床和磨床上均可使用。

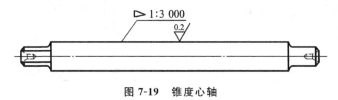

图 7-19　锥度心轴

7.2.2　套类零件加工工艺分析

套筒类零件由于功用、结构形状、材料、热处理及尺寸不同,其工艺差别很大。按结构形状来分,套筒类零件大体上分为短套筒与长套筒两类,它们在机械加工中对工件的装夹方法有很大差别。对于短套筒(如钻套),通常可在一次装夹中完成内、外圆表面及端面加工(车或磨),工艺过程较为简单,精度容易达到,所以就不在此介绍其加工工艺过程。

对于长套筒的加工,现以图 7-16 所示的液压缸加工工艺过程为例进行分析。

1. 套筒零件加工工艺过程

表 7-2 为液压缸的加工工艺过程。

表 7-2　液压缸的加工工艺过程

序号	工序名称	工序内容	定位及夹紧
1	备料	无缝钢管切断	—
2	车	①车外圆 $\phi82$ 到 $\phi88$ 及 M88×1.5 螺纹(工艺用)	三爪卡盘夹一端,大头顶尖顶另一端
		②车端面及倒角	三爪卡盘夹一端,搭中心架托 $\phi88$ 处
		③调头车外圆 $\phi82$ 到 $\phi84$	三爪卡盘夹一端,大头顶尖顶另一端
		④车端面及倒角,取总长 1 686 mm(留加工余量 1 mm)	三爪卡盘夹一端,搭中心架托 $\phi88$ 处

续表

序号	工序名称	工 序 内 容	定位及夹紧
3	深孔推镗	①半精推镗孔到 $\phi68$ ②精推镗孔到 $\phi69.85$ ③浮动镗刀镗孔到 $\phi72\pm0.02$ mm,表面粗糙度 Ra 为 2.5 μm	一端用 M88×1.5 螺纹固定在夹具中,另一端搭中心架
4	滚压孔	用滚压头滚压孔至 $\phi70^{+0.2}_{0}$,表面粗糙度 Ra 为 0.32 μm	一端螺纹固定在夹具上,另一端搭中心架
5	车	①车去工艺螺纹,车 $\phi82$h6 到尺寸,车 R7 槽	软爪夹一端,以孔定位另一端
		②镗内锥孔 1°30′ 及车端面	软爪夹一端,中心架托另一端(百分表找正)
		③调头车 $\phi82$h6 到尺寸	软爪夹一端,顶另一端
		④镗内锥孔 1°30′ 及车端面,取总长 1 685 mm	软爪夹一端,中心架托另一端(百分表找正)

2. 零件加工工艺分析

1)加工方法的选择

套筒零件的主要加工表面为孔和外圆。外圆表面根据精度要求可选择车削和磨削。孔加工方法的选择则比较复杂,需要考虑零件结构特点、材料性质、孔径大小、长径比、精度和表面粗糙度要求及生产类型等各种因素。对于精度要求较高的孔,往往还要采用几种不同的方法顺次进行加工。本例中的油缸内孔,为了保证其精度和表面质量要求,先后经过半精镗、精镗、浮动镗和滚压四道工序(因毛坯为无缝钢管,故不需进行粗镗)。

2)零件各表面之间位置精度的保证方法

由零件的技术条件可知,套筒零件内、外表面的同轴度以及端面与孔轴线的垂直度均有较高的要求。为了保证这些要求,在工艺上采取以下措施。

(1)粗车阶段采用了一端用外圆、一端用内锥面的定位方式,可初步保证内、外圆的同轴度。

(2)精加工阶段采用了先加工内孔,然后以孔(或内锥面)为精基准加工外圆,最终保证加工要求的方法。

3)防止零件变形的措施

由零件图可知,液压缸的壁薄,加工中会因夹紧力、切削力、残余应力和切削热等因素的影响而产生变形。为了防止此类变形,在工艺上采取以下措施。

(1)减小切削力与切削热的影响。粗、精加工分开进行,使粗加工产生的变形在精加工中得到纠正。

(2)减小夹紧力的影响。改变夹紧力的方向,即改径向夹紧为轴向夹紧,如在工艺中,一端先车出的 M88×1.5 的螺纹,即为加工内孔时实现轴向夹紧用的工艺螺纹,内孔加工后将它车去;对于需径向夹紧的工件,采用使夹紧力均匀的方法,如在精车外圆和内锥面时采用软卡装夹,以增大卡爪和工件的接触面积。

软卡是未经淬火的卡爪,其形状与普通的硬爪的形状相同,如图 7-20(a)所示。使用时,把硬卡前部的硬爪 A 拆下,换上软爪。如果卡爪是整体式的,可以在旧的硬爪上焊上一块软钢料或堆焊铜料。对于换上的软爪或焊上的软材料,在装夹工件之前,必须用车刀对软爪的夹持面进行车削,车削软爪的直径应与被夹工件的直径基本相同,并车出一个台阶,以使工件端面正确定位。在车削软爪之前,为了消除间隙,必须在卡盘内端夹持一段略小于工件直径的定位衬柱,待车削好软爪后拆除,如图 7-20(b)所示。用软爪装夹工件既能保证位置精度,又能防止夹伤工件表面。

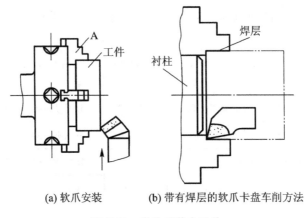

(a) 软爪安装   (b) 带有焊层的软爪卡盘车削方法

图 7-20   用软爪装夹工件

7.2.3   套类零件加工精度分析

加工套类零件时,除了要防止产生尺寸超差、表面粗糙度太大和磨削烧伤等一般性质量问题外,主要应注意防止工件变形和表面相互位置精度超差。

1. 工件变形

套类零件变形的原因有很多,常见的有如下几种。

1)装夹变形

套类零件一般壁薄,装夹不当常引起变形,加工后造成几何形状误差。防止装夹变形的方法如下。

(1)增加夹持部分的接触面积,以分散夹持力,尽可能使工件四周受力均匀。例如,在工件外圆加开口套筒,如图 7-21(a)所示;采用弧形面宽的软卡爪,如图 7-21(b)所示;按工件外圆直径重磨卡盘卡爪;采用弹簧夹头和液性塑料夹具等。

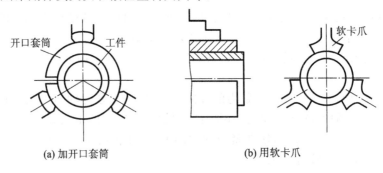

(a) 加开口套筒   (b) 用软卡爪

图 7-21   增加夹持部分的接触面积

（2）采用轴向夹紧。如图 7-22 所示，工件依靠专用夹具的压板轴向夹紧，将工件校正后再拧紧螺母压牢，这就避免了径向夹压变形。

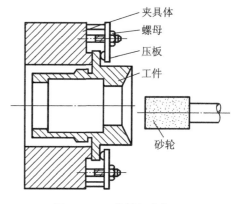

图 7-22　工件轴向夹紧

2）残余应力重新分布引起的变形

这是一些薄壁精密零件报废的重要原因之一。尤其是在单件小批量生产中，往往用圆钢加工套类零件，由于切去大量金属，毛坯结构改变较大，从而引起内应力重新分布，产生较大变形，使工件丧失已有的加工精度。可采用时效处理来消除残余应力；也可粗、精加工分开，使粗加工后的残余应力变形在精加工前消除。

3）热变形

套类零件大多壁薄，热容量小，受热后温升较快，如工件热膨胀受阻或出现温差，就会产生变形。如图 7-23（a）所示，被磨套筒在心轴上从两端夹紧，加工时由于切削热的作用，一方面工件热伸长受夹具两端限制而中部沿径向凸起，另一方面工件两端因与夹具接触而散热快，温度较中部低，故径向膨胀较中部小，因此工件中部被磨去的金属多，两头较少，冷却后成为鞍形，如图 7-23（b）所示。解决的方法是：避免工件出现温差，使工件沿轴向或径向有自由延伸的可能性，充分使用切削液。

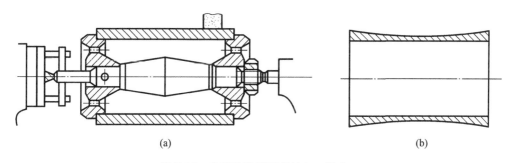

（a）　　　　　　　　　　　　　　　　　（b）

图 7-23　套筒热变形引起的加工误差

2. 表面相互位置精度

套类零件各表面的位置精度主要是内、外圆的同轴度和端面对内孔轴线的垂直度，这是加工套类零件要考虑的主要问题，可采取如下措施予以保证。

（1）在一次装夹中完成端面和内、外圆的加工。由于消除了工件多次装夹造成的误差，所以能得到较高的相互位置精度。常见的方法如下。

①在各种车床上的一次安装中完成端面和内、外圆的车削，然后切断，如图 7-24 所示。若另一端面的垂直度要求也高，可在平面磨床上用已车端面来定位磨平。

②在万能外圆磨床和内圆磨床上一次装夹，磨成内孔和端面，如图 7-25 所示。万能外圆磨床上的砂轮端面需修磨成凹形，才能靠磨工件端面；在内圆磨床上，有时（小孔用磨头的紧固螺纹往往露在砂轮前端）需要更换砂轮（连同砂轮轴）才能磨端面。

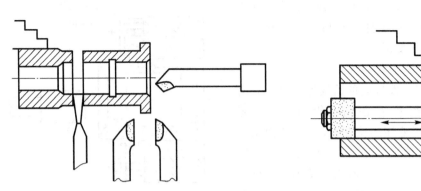

图 7-24　一次装夹车端面和内、外圆　　　　图 7-25　一次装夹磨内孔和端面

以上是一种工序集中的方法,适用于长度不长的套类零件加工。

(2)先精加工孔,再用心轴按孔定心夹紧,以统一的定位基准加工外圆和端面。

只要选用的心轴夹具精度足够高,这种方法能保证较高的同轴度和垂直度,是套类零件加工最常用的方法。选作定位精基准的孔一般是套类零件上精度较高的表面,而孔用心轴夹具结构简单,容易制造得精确,所以工件的装夹误差极小。

(3)先精加工外圆,再用外圆定位来精加工孔。

三爪卡盘的定心精度差,用它装夹工件进行加工时,很难保证零件的同轴度和垂直度。若要获得较高的位置精度,可采取以下方法:①按工件外圆重新修磨卡盘;②用小锥度弹簧夹头;③采用液性塑料夹具;④采用四爪卡盘装夹,用百分表进行精确找正。

7.2.4　实例

图 7-26 所示为定心套筒零件,年产 3 000 件,试拟订其工艺过程。

1. 零件的作用和主要技术要求

零件是水平转盘的定心套筒。外圆 $\phi40m6$ 与该转盘的内孔采用过渡配合,并加平键连接,以避免转动;外圆 $\phi35g6$ 与基准件内孔采用间隙配合,以保证转盘绕基准件精确回转;螺纹用于转盘与基准件的轴向连接;孔 $\phi22H7$ 用来安装校正心轴。故此零件的主要技术要求是孔和两段外圆的尺寸精度、两段外圆对内孔的同轴度、台阶端面对内孔的圆跳动。

2. 毛坯的选择

此零件在力学性能上没有更高的要求,孔径也小,故毛坯选用热轧圆钢。

3. 定位基准的选择

选孔为统一的精基准来终加工各段外圆和台阶端面,这样能保证各主要表面有较高的相互位置精度。工件不长,选外圆为粗基准比较方便。为了保证终加工余量均匀,中间工序还应以孔和外圆互为基准进行加工。

4. 工艺路线的拟订

零件的主要表面是两段外圆和孔,其尺寸精度高(IT6~IT7)、表面粗糙度 Ra 小(0.2~0.4 μm)、同轴度要求高($\phi0.01$)。此外,台阶端面对孔的端面圆跳动要求也高(0.01 mm)。故

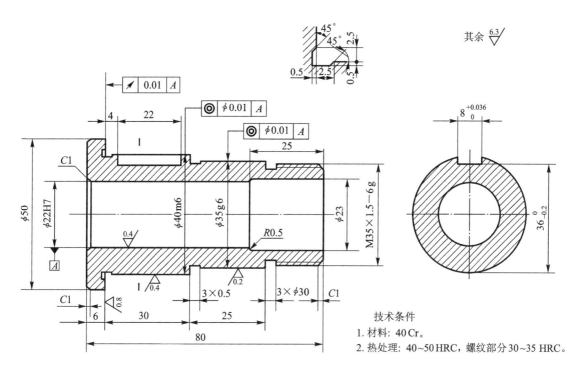

图 7-26　定心套筒零件

选定零件的最终加工方法是:以外圆定位来精磨孔,再以孔为精基准精磨两段外圆并靠磨台阶端面。内、外圆的预备工序是粗车、半精车和淬火。铣键槽应在淬火之前、半精车之后进行。

由于是中批量生产,可将粗、精加工分开,并采用工序集中与分散相结合的原则组合工序。故零件的工艺路线为:下料→粗车端面和内孔→粗车外圆→半精车端面和内孔→半精车外圆和螺纹→键槽划线→铣键槽→去毛刺→淬火→磨孔→磨外圆并靠磨台阶端面。

5. 加工余量和工序尺寸的确定

由《金属机械加工工艺人员手册》可查得:

毛坯直径为 $\phi54$,下料长度为

$$L = l + 2n = (80 + 7)\ mm = 87\ mm$$

半精车留磨削余量:孔 0.4 mm,制造公差为 0.15 mm;外圆 0.4 mm,制造公差为 0.17 mm。

粗车留半精车余量:孔 1.6 mm,外圆 1 mm,端面 0.7 mm。

综上所述,该定心套筒零件的工艺过程如表 7-3 所示。

表 7-3　定心套筒零件的工艺过程

工序号	工　序　内　容	设　　　备	刀具、夹具、量具
1	下料 $\phi54 \times 87$ mm	锯床	—
2	粗车两端面,保证全长 81.4 mm,钻、镗孔至 $\phi20$	车床	三爪卡盘、偏刀、内孔刀、$\phi18$ 麻花钻
3	粗车各段外圆,均留加工余量 1 mm	车床	心轴、偏刀
4	半精车端面,镗孔至 $\phi21.6^{+0.14}_{0}$,孔口倒角,车另一端面,保证全长 80 mm,镗孔 $\phi23 \times 25$ mm	车床	三爪卡盘、偏刀、内孔车刀

续表

工序号	工 序 内 容	设 备	刀具、夹具、量具
5	半精车两段外圆 $\phi40.4_{-0.17}^{0}$ 和 $\phi35.4_{-0.17}^{0}$，切槽，车螺纹	车床	心轴、偏刀、螺纹车刀、M35×1.5−6g 螺纹环规
6	钳工:键槽划线	—	—
7	铣键槽 $8_{0}^{+0.038}$ mm	立铣	平口钳、$\phi8$ 键槽铣刀
8	钳工:去毛刺	—	—
9	热处理:淬火 45~50 HRC，螺纹 30~35 HRC	—	—
10	磨孔 $\phi22H7(_{0}^{+0.013})$	内圆磨床	极限塞规
11	磨外圆 $\phi40m6(_{+0.009}^{+0.025})$、$\phi35g6(_{-0.025}^{-0.009})$，靠磨台阶端面	外圆磨床	25~50 千分尺

◀ 7.3 箱体零件加工 ▶

7.3.1 概述

1. 箱体零件的功用与结构特点

箱体是各类机器的基础零件，它将机器和部件中的轴、套、齿轮等有关零件连接成一个整体，并使之保持正确的位置，以传递转矩或改变转速来完成规定的运动。因此，箱体的加工质量直接影响机器的性能、精度和寿命。

箱体的种类有很多，按其功用可分为主轴箱、变速箱、操纵箱、进给箱等。图 7-27 所示为几种箱体零件的结构简图。

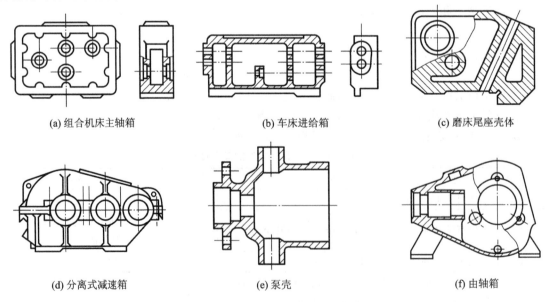

(a) 组合机床主轴箱 (b) 车床进给箱 (c) 磨床尾座壳体

(d) 分离式减速箱 (e) 泵壳 (f) 由轴箱

图 7-27　几种箱体零件的结构简图

从结构上看,箱体的共同特点是形状复杂,壁薄且壁厚不均匀,内部呈腔形,壁上有各种加工平面和较多的支承孔、紧固孔,平面和支承孔一般都有较高的精度和较严格的表面粗糙度要求,加工量大。据统计,一般中型机床厂花在箱体上的机械加工工时占整个产品的 15%～20%。

2. 箱体零件的主要技术要求

图 7-28 所示为某车床主轴箱简图。箱体类零件中主轴箱的精度要求最高,现以此为例,将主轴箱的精度要求归纳为以下五项。

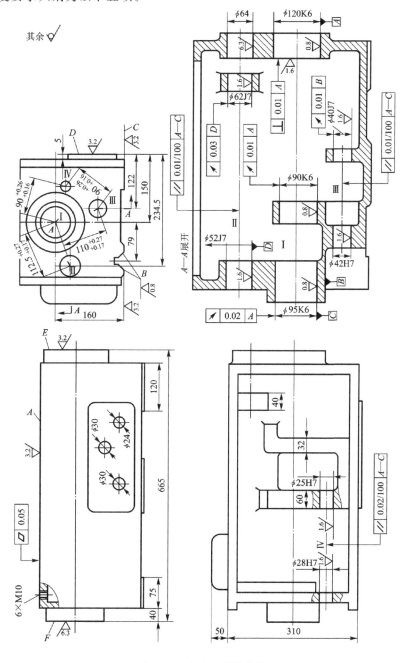

图 7-28　车床主轴箱简图

1）孔的尺寸精度和形状精度

孔的尺寸误差和形状误差会造成轴承与孔的配合不良，因此，对孔的尺寸精度与形状精度要求较高。主轴孔的尺寸公差为 IT6，其余孔的尺寸公差为 IT6～IT7。孔的形状精度未作规定，一般控制在尺寸公差范围内即可。

2）孔的位置精度

同一轴线上各孔的同轴度误差和孔端面对轴线的垂直度误差，会使轴和轴承装配到箱体内时出现歪斜，从而造成主轴径向圆跳动和端面圆跳动，也加剧了轴承的磨损。为此，一般同轴上各孔的同轴度约为最小孔径公差的一半。孔系之间的平行度误差会影响齿轮的啮合质量，也需规定相应的精度要求。

3）孔和平面的位置公差

主要孔和主轴箱安装基面的平行度要求，决定了主轴箱与床身导轨的位置关系。这项精度是在总装中通过刮研来达到的。为了减少刮研量，一般都要规定主轴箱轴线对安装基面的平行度公差。在垂直和水平两个方向上，只允许主轴箱前端向上和向前偏。

4）主要平面的精度

装配基面的平面度影响主轴箱与床身连接时的接触刚度，并且它常作为孔加工的定位基准面，对孔的加工精度直接产生影响。因此，规定底面和导向面必须平直。顶面的平面度要求是为了保证箱盖的密封，防止工作时润滑油的泄出。若生产中还需将顶面用作加工孔的定位基面，则对其平面度要求还要提高。

5）表面粗糙度

重要孔和主要平面的表面粗糙度会影响连接面的配合性质或接触刚度。一般要求主轴孔的表面粗糙度 Ra 为 $0.4~\mu m$，其余各纵向孔的表面粗糙度 Ra 为 $1.6~\mu m$，孔的内端面的表面粗糙度 Ra 为 $3.2~\mu m$，装配基准面和定位基准面的表面粗糙度 Ra 为 $0.63～2.5~\mu m$，其他平面的表面粗糙度 Ra 为 $2.5～10~\mu m$。

3. 箱体零件的材料及毛坯

箱体零件毛坯的制造方法有两种：一种是采用铸造，另一种是采用焊接。对于金属切削机床的箱体，由于其形状较为复杂，而铸造具有容易成形、加工性好、吸振性好、成本低等优点，所以一般都采用铸铁件。对于动力机械中的某些箱体及减速器壳体等，除了形状复杂、要求结构紧凑外，还要求体积小、质量轻等，所以可采用铝合金压铸。压力铸造毛坯的制造质量好，不易产生缩孔和缩松，因而应用十分广泛。对于承受重载和冲击的工程机械、锻压机床的一些箱体，可采用铸钢或钢板焊接。某些简易箱体为了缩短毛坯制造周期，也常常采用钢板焊接而成，但焊接件的残余应力较难消除。

箱体铸铁材料采用最多的是各种牌号的灰铸铁，如 HT200、HT250、HT300 等。对于一些要求较高的箱体，如镗床的主轴箱、坐标镗床的箱体，可采用耐磨合金铸铁（又称为密烘铸铁，如 MTCrMoCu-300）、高磷铸铁（如 MTP-250），以提高铸件质量。

毛坯的加工余量与生产批量、毛坯尺寸、结构、精度和铸造方法等因素有关。

4. 箱体零件的结构工艺性

箱体零件的主要加工面是孔和平面。

箱体上的孔分为通孔、阶梯孔、盲孔、交叉孔等。通孔的工艺性最好，又以孔长 L 与孔径 d 之比 $L/d \leqslant 1$ 的短圆柱孔的工艺性为最好；$L/d > 5$ 的深孔若孔径精度较高，表面粗糙度较小，则加工就很困难。阶梯孔的工艺性较差，孔径相差大，其中最小孔径很小时，工艺性则更差。相贯通的交叉孔的工艺性也较差，如图 7-29(a) 所示，孔 $\phi100$ 与孔 $\phi70$ 相交，加工时刀具走到贯通部分，由于径向力不等，孔轴线会产生偏斜。如图 7-29(b) 所示，在工艺上可以将孔 $\phi70$ 预先不铸通，加工孔 $\phi100$ 后再加工孔 $\phi70$，这样可以保证交叉孔的质量。盲孔的工艺性最差，因为精镗或精铰盲孔时，要用手动送进，或采用特殊工具送进才行，故应尽量避免。

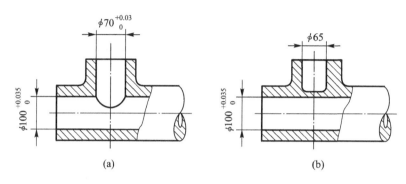

图 7-29 相贯通的交叉孔的工艺性

箱体上同轴孔的孔径排列方式有三种，如图 7-30 所示。图 7-30(a) 所示为孔径大小向一个方向递减，且相邻两孔直径之差大于孔的毛坯加工余量。这种排列方式便于镗杆和刀具从一端伸入，同时加工同轴线上的各孔，对于单件小批量生产，这种结构加工最为方便。图 7-30(b) 所示为孔径大小从两边向中间递减，加工时可使刀杆从两边进入，这样不仅缩短了镗杆长度，提高了镗杆的刚性，而且为双面同时加工创造了条件，所以大批量生产的箱体常采用此种孔径分布方式。图 7-30(c) 所示为孔径大小不规则排列，这种孔径排列方式的工艺性差，应尽量避免。

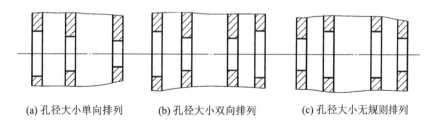

(a) 孔径大小单向排列   (b) 孔径大小双向排列   (c) 孔径大小无规则排列

图 7-30 箱体上同轴孔的孔径排列方式

箱体内端面加工比较困难，必须加工时，在设计中应尽可能使内端面尺寸小于刀具需穿过的孔加工前的直径，如图 7-31(a) 所示，这样就可避免伤及另外的孔。若如图 7-31(b) 所示，加工时镗杆伸进后才能装刀，镗杆退出前又需将刀卸下，加工时不方便。当内端面尺寸过大时，还需采用专用径向进给装置。箱体的外端面凸台应尽可能在同一平面上，如图 7-32(a) 所示。若采用图 7-32(b)所示的形式,加工要麻烦一些。

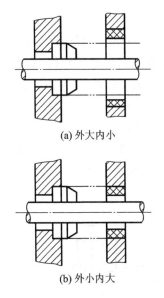

(a) 外大内小

(b) 外小内大

图 7-31　箱体内端面的结构工艺性

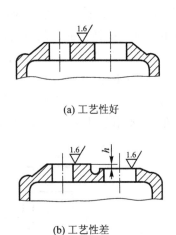

(a) 工艺性好

(b) 工艺性差

图 7-32　箱体外端面的结构工艺性

5. 箱体零件的装夹

箱体零件的主要工艺任务是加工平面和各种内孔,通常是在刨床(或铣床和平面磨床)、镗床(或车床)上进行的。常见的装夹方法如下。

1)按划线找正装夹

当毛坯形状复杂、误差较大时,可用划线分配加工余量,按划线找正装夹。工件先根据粗基准划线,然后将工件安放在机床工作台上,用划针(装在机床主轴或床头上)按划线位置用垫铁、压板、螺栓等工具将它夹压在工作台上进行平面或孔加工。图 7-33 所示是工件在镗床上按 1、2、3 三个划线方向校正装夹。

划线找正装夹增加了划线工序,而且需要技术水平较高的工人,操作费时费力,加工误差较大,故只适用于单件小批量生产。

2)用简单定位元件装夹

简单定位元件是指定位用平板、平尺、角铁和 V 形铁等。工作前先将定位元件装在机床工作台上,用表校正(使定位元件工作面与机床纵、横进给运动方向平行或垂直),或装上工件试刀,以调整定位元件的位置并紧固。以后工件的加工就只需按简单定位元件定位,再用压板、螺栓等工具压紧就可以了。图 7-34 所示是在铣床上用平板和平尺以两个已加工面定位加工垂直面。

这种装夹方法一般用于工件已有一至三个已加工表面的情况。它简单、方便、成本低,一套定位元件对多种工件都可使用,但定位的可靠性差,工件的装卸比较费时,适用于单件小批量生产。

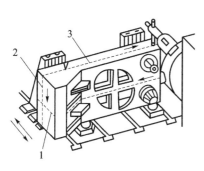

图 7-33　工件按三个划线方向校正装夹

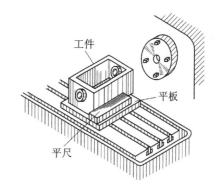

图 7-34　在铣床上用平板和平尺以两个
已加工面定位加工垂直面

3）划线与简单定位元件配合使用装夹

这种装夹方法通常是以一个已加工表面作为主要定位基准，将工件安放在简单定位元件上，再用装在机床主轴或床头上的划针，按划线找正工件其余方向的位置，然后夹紧。图 7-35 所示是将工件已加工表面装在平板上，按划线校正后压紧工件进行镗孔。

4）采用夹具装夹

采用夹具装夹，工件定位可靠，装卸迅速、方便。但箱体零件的夹具一般比较复杂、庞大、成本高，且制造周期长，因此，这种装夹方法只适用于成批大量生产、精度要求较高的箱体零件。

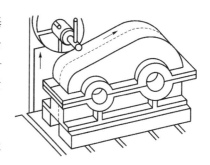

图 7-35　划线与简单定位元件
配合使用装夹

7.3.2　箱体零件加工工艺分析

箱体零件虽然结构和精度要求不尽相同，但在工艺上有许多共同之处：箱体零件的加工表面虽然很多，但主要是平面和孔系的加工，因而在加工方法上有许多共同点；箱体零件的结构形状一般比较复杂，且壁薄而不均匀，加工精度不稳定，因而在工艺过程中应合理地选择定位基准，合理地划分加工阶段和安排加工顺序，以及在工艺过程中辅以适当的消除内应力措施等。下面以图 7-28 所示的车床主轴箱为例，对箱体零件加工过程中的一些共性问题进行分析。表7-4 为车床主轴箱在大批量生产时的工艺过程。

表 7-4　车床主轴箱在大批量生产时的工艺过程

工序号	工 序 内 容	定 位 基 准	设　　备
1	铸造	—	—
2	时效	—	—
3	涂漆	—	—
4	铣顶面 A	孔Ⅰ与孔Ⅱ	立铣

工序号	工序内容	定位基准	设 备
5	钻、扩、铰工艺孔 2×φ8H7 以及钻 4×M10 的底孔 φ7.8	顶面 A 与外形	摇臂钻床
6	铣两端面 E、F 及前面 D	顶面 A 及两工艺孔	龙门铣床
7	铣导轨面 B、C	顶面 A 及两工艺孔	龙门铣床
8	磨顶面 A	导轨面 B、C	组合磨床
9	粗镗各纵向孔	顶面 A 及两工艺孔	组合镗床
10	精镗各纵向孔	顶面 A 及两工艺孔	专用镗床
11	精镗主轴孔 I	顶面 A 及两工艺孔	专用镗床
12	加工横向孔及各面上的次要孔	顶面 A 及两工艺孔	摇臂钻床
13	磨导轨面 B、C 及前面 D	顶面 A 及两工艺孔	组合磨床
14	将 2×φ8H7 及 4×φ7.8 均扩孔至 φ8.5，再攻螺纹 6×M10	—	摇臂钻床
15	清洗、去毛刺、倒角	—	—
16	检验	—	—

1. 拟订箱体零件工艺过程的原则

1）先加工平面后加工孔系

"先面后孔"是箱体零件加工的一般规律，这是因为平面面积大，先加工面不仅为以后孔的加工提供稳定可靠的精基准，而且还可以使孔的加工余量较为均匀；另一方面，箱体上的支承孔一般都分布在箱体的外壁和中间隔壁的平面上，先加工平面可消除铸件表面的凹凸不平以及夹砂等缺陷，有利于孔的加工，使钻孔不易偏斜，扩孔和铰孔时刀具不易崩刃，对刀具调整方便。

2）粗、精加工阶段应分开

由于箱体零件结构复杂、壁厚不均匀、刚性差、铸造缺陷多，而加工精度要求又高，因此，在成批大量生产中，将箱体的主要表面明确地分为粗、精两个加工阶段意义很大。这样有利于精加工时避免粗加工造成的夹压变形、热变形和内应力重新分布造成的变形对加工精度的影响，从而保证箱体的加工精度；也有利于在粗加工中发现毛坯的内部缺陷，以便及时处理，避免浪费后续加工工时；还有利于保护精加工设备的精度和充分发挥粗加工设备效率的潜力。

对于单件小批量生产的箱体或大型箱体的加工，如果从工序安排上将粗、精加工分开，则机床、夹具的数量要增加，工件转运也费时费力，所以实际生产是将粗、精加工在一道工序内完成的，即采用工序集中的原则组织生产，但是从工步上讲，粗、精加工还是分开的。具体的方法是粗加工后将工件松开一点，然后再用较小的力夹紧工件，使工件因夹紧力而产生的弹性变形在精加工之前得以恢复。导轨磨床磨大的主轴箱导轨面时，粗磨后不马上精磨，而是等工件充分冷却、残余应力释放后再进行精磨。

3）工艺过程中安排必要的去应力热处理

箱体结构复杂,壁厚不均匀,铸造残余应力较大。为了消除残余应力、减少加工后的变形、保证加工精度的稳定性,铸造之后要安排人工时效处理。人工时效的规范为:加热到 500~550 ℃,保温 4~6 h;冷却速度小于或等于 30 ℃/h,出炉温度低于 200 ℃。

对于普通精度的箱体,一般在铸造之后安排一次人工时效处理;对于一些较高精度的箱体或形状特别复杂的箱体,在粗加工之后还要安排一次人工时效处理,以消除粗加工所产生的内应力;对于精度要求不高的箱体毛坯,有时不安排人工时效处理,而是利用粗、精加工工序间的停放和运输时间使之自然完成时效处理。

4）组合式箱体应先组装后镗孔

当箱体是两个零件以上的组合式箱体时,若孔系位置精度高,孔系又分布在各组合件上,则应先加工各接合面,再进行组装,最后镗孔,以避免装配误差对孔系精度的影响。

5）采用组合机床集中工序

在大批量生产时,孔系加工可采用组合机床集中工序进行,以保证质量、提高效率、降低成本。此时要考虑的是将相同或相似的加工工序,以及有相互位置关系的工序,尽量集中在一台机床或一个工位上完成;当工件刚性差时,可把集中工序的一些加工内容从时间上错开,而不是同时加工;粗、精加工应尽可能不在同一台机床、同一工位上进行。

2. 定位基准的选择

1）精基准的选择

选择箱体精基准时,通常从基准统一原则出发,使具有相互位置精度要求的大部分表面,尽可能用同一组基准来定位加工,这样就可避免因基准转换过多而带来的累积误差,有利于保证各主要表面之间的位置精度。同时,由于多道工序采用同一基准,使所用的夹具具有相似的结构形式,因此可减少夹具设计和制造工作量,有利于缩短生产周期、降低成本。

究竟应该选哪个面作为统一的定位基准,在实际生产中应根据生产批量和生产条件的不同而定。

(1)单件小批量生产时用装配基准作为精基准。如图 7-28 所示的主轴箱,加工时可选择导轨面 B、C 作为精基准。导轨面 B、C 既是主轴箱的装配基准,也是主轴孔的设计基准,并与箱体的两端面、侧面及各主要纵向轴承孔在位置上有直接联系,故选择导轨面 B、C 作为精基准,符合基准重合原则,装夹误差小。另外,加工各孔时,由于箱体口朝上,更换导向套、安装调整刀具、测量孔径尺寸、观察加工情况等都很方便。

但这种定位方式也有其不足之处。加工箱体中间壁上的孔时,为了提高刀具系统的刚度,应当在箱体内部相应部位设置刀杆的中间导向支承。由于箱体底部是封闭的,中间导向支承只能用图 7-36 所示的吊架式镗床夹具,从箱体顶面的开口处伸入箱体内,每加工一次需卸一次,吊架与镗模之间虽有定位销定位,但吊架刚性差,经常装卸也容易产生误差,且使加工的辅助时间增加。因此,这种定位方式只适用于单件小批量生产。

(2)大批量生产时采用一面两孔作为精基准,即采用顶面及两个销孔定位,如图 7-37 所示。此时,箱体口朝下,中间导向支承架可以紧固在夹具上,简化了夹具结构,提高了夹具刚性,有利于保证各支承孔加工的位置精度,而且工件装卸方便,减少了辅助时间,提高了生产效率。但这

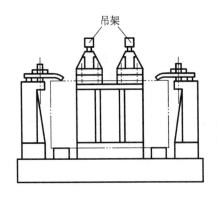
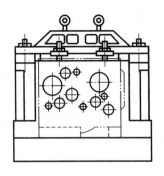
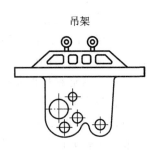

图 7-36　吊架式镗床夹具

种定位方式由于主轴箱顶面不是设计基准,故定位基准与设计基准不重合,出现了基准不重合误差,给箱体位置精度的保证带来了困难。为了保证加工要求,应进行工艺尺寸换算,提高箱体顶面和两定位销孔的加工精度。另外,由于箱体口朝下,不便于直接观察加工情况,且在加工过程中无法测量和调整刀具。但在大批量生产中,广泛采用自动循环的组合机床、定尺寸刀具,加工情况比较稳定,这个问题也就不十分突出了。

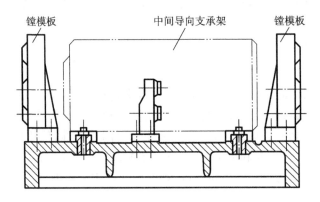

图 7-37　用箱体顶面及两个销孔定位的镗模

通过以上两种定位方式的分析可知,箱体零件精基准的选择与生产类型有很大关系。通常从基准统一原则出发,最好能使定位基准与设计基准重合,但在大批量生产时,首先考虑的是如何稳定加工质量和提高劳动生产率,而不要机械地强调基准重合问题。一般多采用典型的一面两孔定位方法,由此产生的基准不重合误差可通过采取适当的工艺措施来解决。

2)粗基准的选择

通常应选箱体的主要支承孔(如主轴孔)作为粗基准,这样可以使主要支承孔的加工余量较均匀,加工质量较好。又由于铸造时箱体内腔型芯与各孔型芯是连成一体的,彼此间有一定的位置精度,以主要支承孔作为粗基准,可使主要支承孔与箱体内壁的位置较准确,保证今后装上回转零件(如齿轮)时不至于碰到内壁。

以主要支承孔作为粗基准,在单件小批量生产中,是以主要支承孔为基准划线作基准(因为此时毛坯精度较低);在大批量生产中,是以主要支承孔作为夹具的定位面(此时毛坯精度较高);当中批量生产中不便以孔为粗基准设计夹具时,也可采用划线方法。

7.3.3 箱体零件的孔系加工

箱体上的一系列有相互位置精度要求的孔称为孔系。孔系可分为平行孔系、同轴孔系和交叉孔系，如图 7-38 所示。

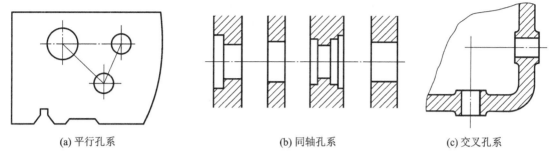

(a) 平行孔系　　　　　　　　(b) 同轴孔系　　　　　　　　(c) 交叉孔系

图 7-38　孔系的分类

孔系加工是箱体加工的关键。根据箱体批量和孔系精度要求的不同，所用的加工方法也不一样，下面分别讨论。

1. 平行孔系的加工

平行孔系的加工主要是考虑如何保证各孔间的位置精度的问题，包括各孔轴线之间、轴线与基准之间的位置尺寸精度和平行度等，其加工方法如下。

1) 找正法

找正法是工人在通用机床（镗床、铣床）上利用辅助工具来找正要加工孔的正确位置的加工方法。这种方法加工效率低，一般只适用于单件小批量生产。常见的方法有以下几种。

(1) 划线找正法。加工前按零件图在箱体毛坯上划出各孔的加工位置线，然后按划线找正加工。首先将箱体用千斤顶安放在平台上，如图 7-39（a）所示，调整千斤顶，使主轴孔 I 与台面基准平行，D 面与台面基本垂直，再根据毛坯的主轴孔划出主轴孔的水平轴线 I—I，且在四个面上均要划出，作为第一校正线。划此线时，应检查所有的加工部位在水平方向是否留有加工余量。若加工余量不合格，则需要重新校正水平轴线 I—I 的位置。水平轴线 I—I 确定后，同时划出 A 面和 C 面的加工线。接着将箱体翻转 90°，把 D 面置于三个千斤顶上，调整千斤顶，使水平轴线 I—I 与台面垂直，再根据毛坯的主轴孔，并考虑各个部位在垂直方向的加工余量，按照上述相同的方法划出主轴孔的垂直轴心线 II—II，作为第二校正线，如图 7-39（b）所示，也在四个面上划出。然后根据垂直轴心线 II—II 划出 D 面加工线。最后再将箱体翻转 90°，如图 7-39（c）所示，将箱体正面置于三个千斤顶上，调整千斤顶，使水平轴线 I—I、垂直轴心线 II—II 与台面垂直，再根据凸台高度尺寸，先划出 F 面加工线，然后再划出正面加工线。划线找正花费时间长、生产率低，而且加工出的孔距精度也较低，一般为 0.5～1 mm。为了提高划线找正的精度，加工时往往需要结合试切法同时进行。

(2) 心轴和量规找正法。如图 7-40（a）所示，镗第一排孔时，将心轴插入主轴孔内（或直接利用镗床主轴插入主轴孔内），然后根据孔和定位基准的距离，组合一定尺寸的量规来校正主轴位置。校正时用塞尺测定量规与心轴之间的间隙，以避免量规与心轴直接接触而损伤量规；如图 7-40（b）所示，镗第二排孔时，分别在机床主轴和已加工孔中插入心轴，采用同样的方法来校正主轴轴线的位置，以保证孔距的精度。这种找正法的孔距精度可达±0.03 mm。

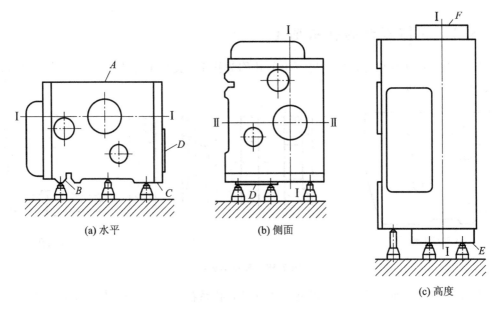

(a) 水平　　　　　　(b) 侧面

(c) 高度

图 7-39　箱体的划线找正

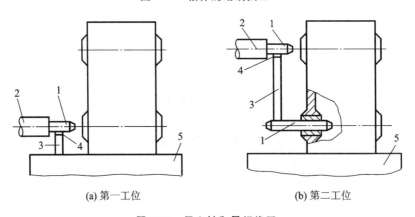

(a) 第一工位　　　　　　(b) 第二工位

图 7-40　用心轴和量规找正

1—心轴；2—镗床主轴；3—量规；4—塞尺；5—镗床工作台

（3）样板找正法。如图 7-41 所示，用 10～20 mm
厚的钢板制成样板 1，装在垂直于各孔的端面上（或
固定于机床工作台上）。样板上的孔距精度（一般为
±0.01～±0.03 mm）较箱体孔系的孔距精度高，样
板上的孔径较工件的孔径大，以便于镗杆通过。样
板上孔的直径精度要求不高，但要有较高的形状精
度和较小的表面粗糙度。当样板准确地装到工件上
后，在机床主轴上装一个千分表（或千分表定心器）
2，按样板找正机床主轴，找正后即换上镗刀加工。
此方法加工孔系不易出错，且找正方便，孔距精度可
达±0.05 mm。这种样板的成本低，仅为镗模成本的

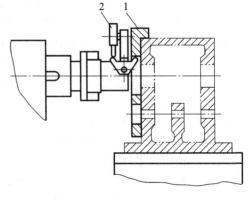

图 7-41　样板找正法

1—样板；2—千分表

1/9～1/3,单件小批量生产大型箱体时常用此方法。

2)镗模法

用镗模加工孔系时,工件装夹在镗模上,镗杆被支承在镗模的导套里,增加了系统的刚性。这样,镗杆便通过模板上的孔将工件上相应的孔加工出来,如图 7-42(a)所示。当用两个或两个以上的支承来引导镗杆时,镗杆与机床主轴必须采用浮动连接。图 7-42(b)所示为一种常用的镗杆活动连接形式。采用浮动连接时,机床主轴的回转误差对孔系加工精度的影响很小,因而可以在精度较低的机床上加工出精度较高的平行孔。加工的孔距精度主要取决于镗模制造精度、镗杆导套与镗杆的配合精度。当从一端加工,镗杆两端均有导向支承时,孔与孔之间的同轴度和平行度可达 0.02～0.03 mm;当分别从两端加工时,孔与孔之间的同轴度和平行度可达 0.04～0.06 mm。

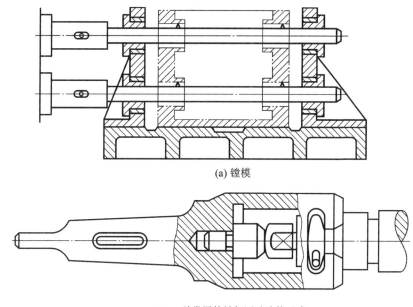

(a) 镗模

(b) 一种常用的镗杆活动连接形式

图 7-42 用镗模加工孔系

3)坐标法

坐标法镗孔是在普通卧式铣镗床、坐标镗床等设备上,借助于测量装置,调整机床主轴与工件间在水平和垂直方向的相对位置,以保证孔距精度的一种镗孔方法。图 7-43 所示是在卧式镗床上用百分表 1 和量规 2 来调整主轴的垂直和水平坐标位置。

采用坐标法镗孔之前,必须先把各孔距尺寸及公差换算成以主轴孔中心为原点的相互垂直的坐标尺寸及公差。孔系坐标尺寸(平面尺寸链)换算可参看工艺设计的其他有关内容。

坐标法镗孔的孔距精度取决于坐标的移动精度,也就是取决于机床坐标测量装置的精度。这类坐标测量装置的形式有很多,有普通刻线尺与游标卡尺加放大镜测量装置(精度为 0.1～0.3 mm)、精密刻线尺与光学读数头测量装置(读数精度为 0.01 mm),还有光栅数字显示装置、感应同步器测量装置(精度可达 0.002 5～0.01 mm)、磁栅和激光干涉仪等。

采用坐标法加工孔系时,要特别注意选择基准孔和镗孔顺序,否则坐标尺寸的累积误差会

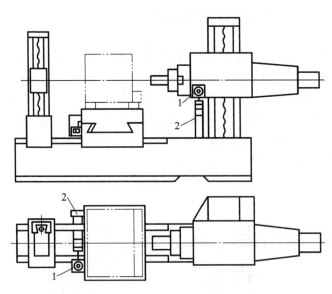

图 7-43　在卧式镗床上用坐标法加工孔系
1—百分表;2—量规

影响孔距精度。基准孔应尽量选择本身尺寸精度高、表面粗糙度小的孔(一般为主轴孔),以便于在加工过程中检验其坐标尺寸。有孔距精度要求的两孔应连在一起加工,加工时应尽量使工作台朝同一方向移动,以减小机床传动元件反向间隙对坐标精度的影响。

2. 同轴孔系的加工

成批生产中,箱体同轴孔系的同轴度几乎都由镗模保证。大批量生产中,可采用组合机床从箱体两边同时加工,孔系的同轴度由机床两端主轴间的同轴精度保证;而单件小批量生产中,其同轴度可用下面几种方法来保证。

1)利用已加工孔作为支承导向

如图 7-44 所示,当箱体前壁上的孔加工好后,在孔内装一导向套,用来支承和引导镗杆加工后壁上的孔,以保证两孔的同轴度要求。这种方法只适用于加工箱壁较近的孔。

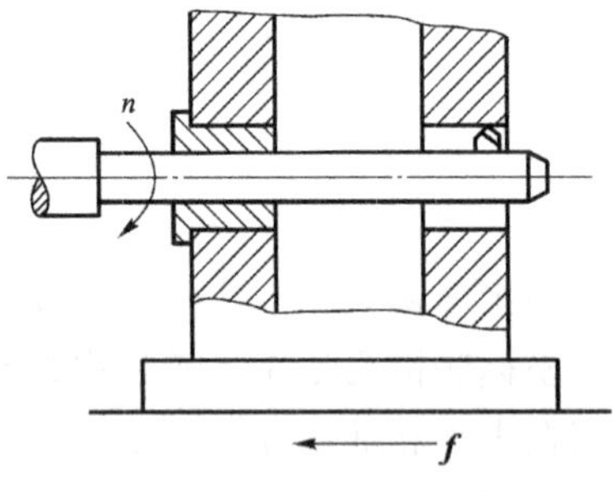

2)利用镗床后立柱上的导向套支承导向

镗杆由两端支承,刚性好。但此方法调整麻烦,镗杆要长,且很笨重,故只适用于大型箱体的加工。

图 7-44　利用已加工孔作为支承导向

3)采用调头镗

当箱体的箱壁相距较远时,可采用调头镗,工件在一次装夹下镗好一端孔后,将镗床工作台回转 180°,调整工作台位置,使已加工孔与镗床主轴同轴,然后再加工另一端孔。

当箱体上有一较长且与所镗孔轴线有平行度要求的平面时,镗孔前应先用装在镗杆上的百分表对此平面进行校正(见图 7-45(a)),使其和镗杆轴线平行,校正后加工孔 B;孔 B 加工后,工作台回转 180°,并用镗杆上的百分表沿此平面重新校正,以保证工作台准确地回转 180°(见图 7-45(b)),然后再加工孔 A,这样就可保证 A、B 两孔同轴。若箱体上无长的加工好的工艺基面,也可用直尺置于工作台上,借助直尺使其表面与待加工的孔轴线平行后再固定,调整方法同上,也可达到两孔同轴的目的。

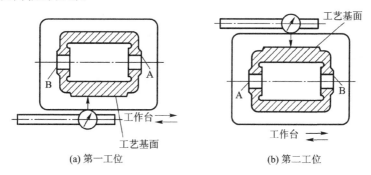

(a) 第一工位   (b) 第二工位

图 7-45 调头镗孔时工件的校正

3. 交叉孔系的加工

交叉孔系的主要技术要求是控制有关孔的垂直度,在卧式镗床上主要依靠机床工作台上的 90°对准装置。90°对准装置是挡铁装置,其结构简单,对准精度低(T68镗床的出厂精度为 0.04 mm/900 mm,相当于 8″)。目前国内有些镗床,如 TM617 采用了端面齿定位装置,90°对准装置的定位精度达 5″,有的还用了光学瞄准仪。

当有些镗床工作台上的 90°对准装置的定位精度很低时,可用心棒与百分表找

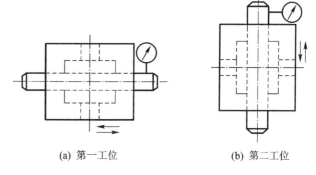

(a) 第一工位   (b) 第二工位

图 7-46 找正法加工交叉孔系

正来帮助提高其定位精度,即在加工好的孔中插入心棒,工作台转位 90°,用百分表找正(转动工作台),如图 7-46 所示。

【习题】

7-1 简述轴类零件的结构特点和技术要求。

7-2 轴类零件常用的材料有哪些? 对于不同的毛坯材料,在加工过程中的各个阶段所安排的热处理工序有什么不同?

7-3 主轴加工中,常以中心孔作为定位基准,试分析其特点。若工件是空心的,如何实现加工过程中的定位?

7-4 轴类零件常用的装夹方法有哪些? 简述各种装夹方法的特点和适用范围。

7-5 中心孔的质量对加工精度有什么影响? 中心孔的修研方法有哪些? 各有何特点?

7-6 编写图 7-47 所示的组合机床动力头钻轴的工艺过程。生产类型属于小批量生产,材料为 40Cr,并说明所制订的工艺过程中采用什么方法来保证钻轴的技术要求。

7-7 套类零件的装夹方法有哪些? 各有什么特点?

7-8 保证套类零件位置精度的方法有哪些? 如何防止套类零件变形?

7-9 编写图 7-48 所示的 C620 型车床尾座套筒的工艺过程。生产类型为小批量生产,毛坯材料为 45 钢,毛坯为 $\phi60 \times 288$ mm 的棒料。

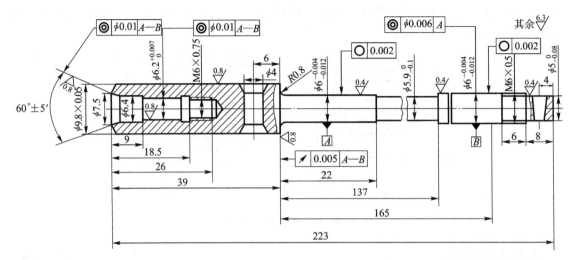

技术要求：165 mm 范围内高频淬火 46~51 HRC。

图 7-47　题 7-6 图

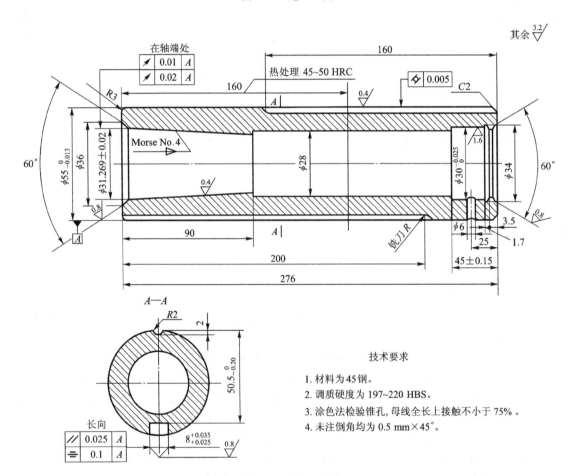

技术要求

1. 材料为 45 钢。

2. 调质硬度为 197~220 HBS。

3. 涂色法检验锥孔，母线全长上接触不小于 75%。

4. 未注倒角均为 0.5 mm×45°。

图 7-48　题 7-9 图

7-10 安排箱体零件的加工顺序时应遵循哪些基本原则？简述加工箱体孔系的方法和各自的特点。

7-11 在镗床上镗削直径较大的箱体时，影响孔在纵、横截面内的形状精度的主要因素是什么？镗削长度较长的气缸时，为什么粗镗常采用双向加工，而精镗则采用单向加工？

7-12 在卧式镗床上加工箱体内孔时，可采用图 7-49 所示的几种方案：图(a)为工件进给，图(b)为镗杆进给，图(c)为工件进给、镗杆加支承，图(d)为镗杆进给并加后支承，图(e)为采用镗模夹具、工件进给。若只考虑镗杆受切削力变形的影响，试分析各种方案加工后箱体孔的加工误差。

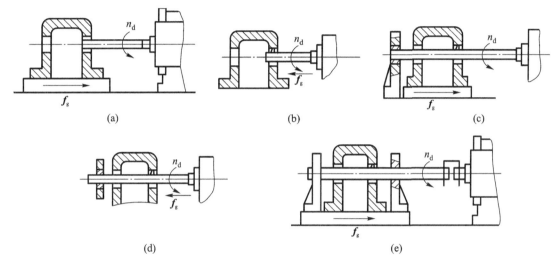

图 7-49 题 7-12 图

7-13 试编制图 7-50 所示的中型外圆磨床尾座的机械加工工艺规程。生产类型为中批量生产，材料为 HT200。

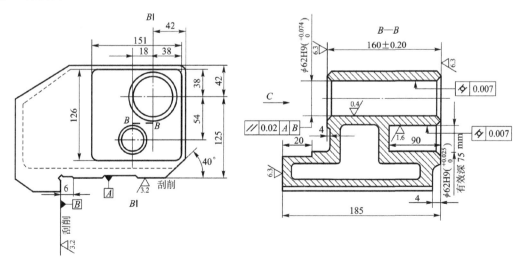

图 7-50 题 7-13 图

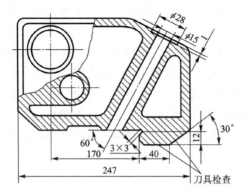

技术要求：材料为 HT200；内壁涂黄漆，非加工面涂底漆。

续图 7-50

第 8 章
装配工艺规程设计

◀ **知识目标**

（1）掌握装配及装配精度的概念、装配精度与零件加工精度的关系。

（2）熟悉装配的方法。

（3）熟悉编制装配工艺规程的步骤和方法。

◀ **能力目标**

（1）会解算装配工艺尺寸链。

（2）会编制装配工艺规程。

装配工艺规程不仅是指导生产的主要技术文件，而且是工厂组织生产、管理计划及新建、扩建装配车间的主要依据。装配工艺规程对保证装配质量、提高装配生产效率、缩短装配周期、减轻工人的劳动强度、缩小占地面积和降低生产成本都有重要影响。

装配工艺规程的设计步骤如下。

（1）分析产品的装配图和验收标准。

（2）确定装配组织形式。

（3）选择装配方法。

（4）划分装配单元，规定合理的装配顺序。

（5）划分装配工序。

（6）编制装配工艺文件。

◄ **8.1 装配基础** ►

8.1.1 装配的概念

机械产品一般是由许多零件和部件组成的。根据规定的技术要求,将若干个零件结合成部件或将若干个零件和部件结合成产品的过程,称为装配。前者称为部件装配,后者称为总装配。

为了制造合格的产品,必须抓住三个主要环节:第一,产品结构设计的正确性,它是保证产品质量的先决条件;第二,组成产品的各零件的加工质量,它是产品质量的基础;第三,装配质量和装配精度,它是产品质量的保证。

装配过程并不是将合格的零件简单地连接起来的过程,而是根据各级部件装配和总装配的技术要求,通过校正、调整、平衡、配作及反复检验来保证产品质量的复杂过程。若装配不当,即使零件质量都合格,也不一定能装配出合格的产品;反之,当零件质量不良好,只要在装配中采取合适的工艺措施,也能使产品达到或基本达到规定的质量要求。

8.1.2 装配的基本内容

1. 清洗

清洗的目的:去除制造、贮藏、运输过程中所黏附的切屑、油脂和灰尘。

清洗的方法:擦洗、浸洗、喷洗和超声波清洗等。

清洗的工艺要点:清洗液(煤油、汽油、碱液及各种化学清洗液)及其工艺参数(温度、时间、压力等)。

2. 连接

连接即将两个或两个以上的零件结合在一起。在装配过程中有大量的连接工作。连接可分为可拆连接(相互连接的零件在拆卸时不损坏任何零件)和不可拆连接(相互连接的零件在使用过程中是不可拆卸的,如果要拆卸,必损坏某些零件)。

3. 校正、调整和配作

在产品的装配过程中,特别是在单件小批量生产的条件下,为了保证装配精度,往往需要进行一些校正、调整和配作工作。这是因为完全靠零件的互换装配法来保证装配精度往往是不经济的,有时甚至是不可能的。

校正是指各零件间相互位置的找正、找平及相应的调整工作。常用的校正方法有平尺校正、角尺校正、水平仪校正、拉钢丝校正、光学校正和激光校正等。

调整是指相关零件间相互位置的调节工作。它除了配合校正工作来调节零件的相互位置精度外,运动副的间隙调节也是调整的主要内容。

配作是指在装配中零件与零件之间或部件与零件之间的配钻、配铰、配刮和配磨等。它们是装配工作中附加的一些钳工和机械加工工作。

应当指出,配作是和校正、调整工作结合进行的,只有经过认真地校正、调整之后,才能进行配作。但在大批量生产中不宜过多利用配作,否则会影响生产效率。

4. 平衡

对于转速较高、运动平稳性要求较高的机器,为了防止出现振动,对其有关旋转零、部件(有时包括整机)需进行平衡试验。部件和整机的平衡要以旋转零件的平衡为基础。

旋转体的不平衡是由旋转体内部质量分布不均匀引起的。对旋转零、部件进行消除不平衡的工作叫作平衡。平衡的方法有静平衡和动平衡两种。有关不平衡质量的大小、方位的计算和试验方法可参阅相关文献。

不平衡质量的校正方法有:

(1)用补焊、铆接、胶结或螺纹连接等方法加配质量;

(2)用钻、铣等机械加工方法去除不平衡质量;

(3)在预制的平衡槽内改变平衡块的位置和数量等。

5. 验收试验

机械产品完成装配后,应根据有关技术标准的规定,对产品进行较全面的验收和试验工作,产品合格后才能出厂。

此外,装配的基本工作还包括涂装、包装等。

8.1.3　装配精度

机械产品是由若干个零、部件按确定的相互位置关系装配而成的。

机械产品的质量除了受结构设计的正确性、零件加工质量的影响外,主要是由设计时确定的产品零、部件之间的装配精度等来保证的。

装配精度,即装配后实际达到的精度,是装配工艺的质量指标。装配精度应根据产品的工作性能和要求确定。正确规定产品的装配精度是产品设计的重要环节之一,它不仅关系到产品的质量,也影响着产品的经济性。同时,它是装配工艺规程设计的主要依据,也是合理确定零件的尺寸公差和技术要求的主要依据。

1. 装配精度的内容

1)相对位置精度

相对位置精度包括机械产品中相关运动的零、部件之间的距离精度和位置精度。位置精度主要指相关零、部件之间的平行度、垂直度、同轴度和各种跳动。

2)相对运动精度

相对运动精度是指相对运动的零、部件之间的运动方向、运动轨迹和运动速度的精度。

运动方向精度表现为运动的零、部件之间的相对运动的平行度和垂直度,运动轨迹精度表现为回转精度和移动精度等,运动速度精度即传动精度。

3)配合精度

配合精度包括配合表面之间的配合质量和接触质量。配合质量是指零、部件的配合表面之间的配合性质和精度与规定的配合性质和精度间的符合程度,接触质量是指两配合或连接表面之间达到规定的接触面积和接触点的分布情况。

2.装配精度的确定原则

(1)对于一些标准化、通用化和系列化的产品,如通用机床和减速器等,它们的装配精度可根据国家标准、部颁标准或行业标准来确定。

(2)对于没有标准可循的产品,可根据用户的使用要求,参照经过试验过的类似产品或部件的已有数据,采用类比法确定。

(3)对于一些重要产品,要经过分析计算和试验研究后才能确定。

8.1.4 装配精度与零件加工精度的关系

机械产品是由许多零件组成的。零件的加工精度,特别是关键零件的加工精度,对整机的装配精度将有直接的影响。要保证整机的装配精度,就必须控制相关零件的加工精度。一般来说,装配精度要求越高,与此项装配精度有关的零件的加工精度要求就越高。

(1)在有些情况下,产品的某一项装配精度只与一个零件的加工精度有关,如车床大拖板的直线度只与导轨的加工精度有关。

(2)在大多数情况下,产品的装配精度与多个零件的相关精度有关,相关零件的加工误差的累积将影响装配精度。图 8-1 所示为卧式车床床头与尾座顶尖等高度要求的示意图。等高度要求 A_0 与主轴箱(A_1)、尾座(A_3)、底板(A_2)的加工精度有关,并且是这些零件加工误差的累积。但等高度要求是很高的,一般小于 0.03 mm。为了保证装配精度的要求,必须合理地确定有关零件的加工精度,使它们的累积误差小于装配精度所规定的范围,从而简化装配过程。但是在实际生产中,往往由于工艺技术水平和经济性的限制,按装配精度要求所确定的零件的加工精度难以达到,这就需要先按经济加工精度来确定各零件的加工精度,然后通过一定的工艺措施(选配法、修配法、调整法)来保证装配精度。

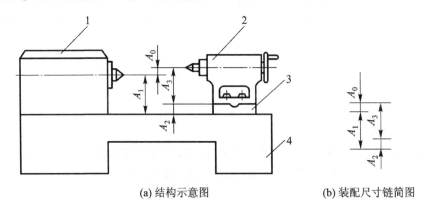

(a) 结构示意图   (b) 装配尺寸链简图

图 8-1 卧式车床床头与尾座顶尖等高度要求的示意图
1—主轴箱;2—尾座;3—底板;4—床身

由以上分析可知:产品的装配精度与零件的加工精度密切相关。零件的加工精度是保证装配精度的基础,但装配精度并不完全取决于零件的加工精度。装配精度的合理保证应从产品结构、机械加工和装配工艺等方面综合考虑。装配尺寸链的分析是进行综合考虑的有效手段。

8.1.5　装配尺寸链

1. 装配尺寸链的基本概念

在机器的装配关系中,由相关零、部件的尺寸(表面或轴线距离)或相互位置(平行度、垂直度、同轴度和各种跳动)关系所组成的尺寸链称为装配尺寸链。

在装配尺寸链中,对装配精度有直接影响的零、部件的尺寸或位置关系都是装配尺寸链组成环。封闭环是装配所要保证的装配精度或装配技术要求,是零、部件装配后才能形成的尺寸或位置关系。与工艺尺寸链一样,根据组成环对封闭环影响的不同,组成环也可分为增环和减环。

2. 装配尺寸链的分类

装配尺寸链按各环的几何特征和所处空间的位置可分为如下几种。

1)直线尺寸链

直线尺寸链是由长度尺寸组成,且各尺寸相互平行的尺寸链,所涉及的一般为距离尺寸的精度问题,如图 8-1(b)所示。

2)角度尺寸链

角度尺寸链是由角度、平行度、垂直度等尺寸组成的尺寸链,所涉及的一般为相互位置的角度问题。

3)平面尺寸链

平面尺寸链是由呈角度关系布置的长度尺寸构成,且各环处于同一平面或彼此平行的平面内的尺寸链。

4)空间尺寸链

空间尺寸链由位于三维空间的尺寸构成。

本章重点讨论直线尺寸链。

3. 装配尺寸链的建立步骤

装配尺寸链是装配过程中影响装配精度的因素的本质表述。正确地建立装配尺寸链是解决装配精度问题的基础。装配尺寸链的建立步骤如下。

(1)判别封闭环。封闭环一般是装配精度或装配技术要求。

(2)查找组成环。组成环是对装配精度有直接影响的有关零、部件的尺寸。因此,在查找组成环时,一般从封闭环的两端开始,沿装配精度要求的位置方向,以装配基准面为联系线索,从相邻零、部件开始,由近及远查找相关零、部件,直到找到同一零、部件或同一装配基准面为止。注意,整个尺寸链要正确封闭。

(3)画出装配尺寸链。画出尺寸链,判别增环、减环。

装配尺寸链建立以后,尺寸链的计算方法与工艺尺寸链的相同。

4. 装配尺寸链建立的基本原则

图 8-2 所示为车床主轴锥孔中心线和尾座顶尖套筒锥孔中心线对床身导轨的等高度要求的装配尺寸链的组成示例。对于图示的高度方向上的装配关系,主轴方面为:主轴以其轴颈装

在滚动轴承内环的内表面上,轴承内环通过滚子装在轴承外环的内滚道上,轴承外环装在主轴箱的主轴孔内,主轴箱装在车床床身的平导轨面上;尾座方面为:尾座顶尖套筒以其外圆柱面装在尾座的导向孔内,尾座以其底面装在尾座底板上,尾座底板装在床身的平导轨面上。通过同一个装配基准件——床身将装配关系最后联系和确定下来。因此,影响该项装配精度的因素有:

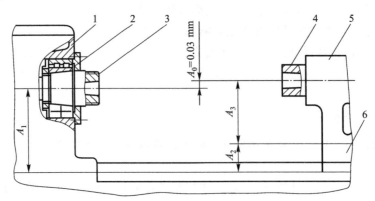

图 8-2　车床主轴锥孔中心线和尾座顶尖套筒锥孔中心线对
床身导轨的等高度要求的装配尺寸链的组成示例

1—主轴箱;2—滚动轴承;3—主轴;4—顶尖套;5—尾座体;6—底板

A_1—主轴锥孔中心线至车床平导轨的距离;

A_2—尾座底板厚度;

A_3—尾座顶尖套筒锥孔中心线至尾座底板距离;

e_1—主轴箱体孔轴线与主轴前锥孔轴线的同轴度;

e_2—尾座套筒锥孔与外圆的同轴度;

e_3—尾座套筒外圆与尾座孔内圆的同轴度;

e—床身上安装主轴箱的平导轨面和安装尾座的导轨面之间的等高度偏差。

车床主轴锥孔中心线和尾座顶尖套筒锥孔中心线对床身导轨的等高度要求的装配尺寸链组成如图 8-3 所示。

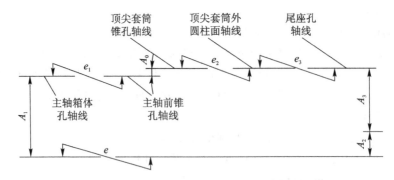

图 8-3　车床主轴锥孔中心线和尾座顶尖套筒锥孔中心
线对床身导轨的等高度要求的装配尺寸链组成

在确定和查找装配尺寸链时应注意以下原则。

1）简化原则

机械产品中影响装配精度的因素有很多，应通过对装配精度的分析，在保证装配精度的条件下，尽量简化组成环的构成，只保留对装配精度有直接影响、影响较大的组成环。故图 8-3 所示的装配尺寸链可简化为图 8-1（b）所示的装配尺寸链。

2）最短路线原则

为了便于零件的加工，在装配精度（封闭环公差）既定的条件下，应尽量简化结构。组成环的数目越少，则各组成环的公差值就越大，零件加工就越容易、越经济。

为了达到这一要求，在产品结构既定的情况下组成装配尺寸链时，应使每一个有关零、部件仅以一个组成环来列入尺寸链中，即将连接两个装配基准面的位置尺寸直接标注在零件图上。这样，组成环的数量就等于有关零、部件的数量，即一件一环，这就是装配尺寸链的最短路线（环数最少）原则。

图 8-4 所示为车床尾座顶尖套筒的装配图。尾座顶尖套筒装配时，要求后盖 3 装入后，螺母 2 在尾座顶尖套筒 1 内的轴向窜动不大于某一数值。由于后盖的尺寸标注不同，因此可建立两个装配尺寸链，如图 8-4（b）、图 8-4（c）所示。由图可知，图 8-4（c）所示的装配尺寸链比图 8-4（b）所示的装配尺寸链多了一个组成环，其原因是和封闭环 A_0 直接相关的凸台高度 A_3 由尺寸 B_1 和 B_2 间接获得，这是不合理的，而图 8-4（b）所示的装配尺寸链体现了一件一环的原则，是合理的。

通过以上实例可以看出，为了使装配尺寸链的环数最少，应仔细分析各有关零件装配基准的连接情况，选取对装配精度有直接影响，且把前后相邻零件联系起来的尺寸或位置关系作为组成环，这样，与装配精度有关的零件仅以一个组成环列入尺寸链，组成环的数目仅等于有关零件的数目，装配尺寸链组成环的数目就最少。

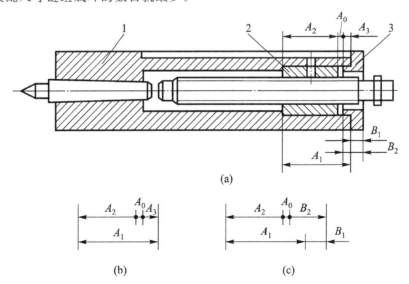

图 8-4　车床尾座顶尖套筒的装配图

1—尾座顶尖套筒；2—螺母；3—后盖

3）方向性原则

一个装配精度要求只在其所在的位置方向上形成尺寸链。同一装配结构在不同方向上有装配要求时，应在各自的方向上分别建立装配尺寸链。

5. 在求解装配尺寸链时应注意的问题

在进行装配尺寸链计算时，若已知封闭环的公差（装配精度）为 T_0，求各有关零件（各组成环）的公差 T_i。此时，应按下列原则和方法确定各有关零件的公差 T_i。

（1）按等公差原则确定各有关零件的平均极值公差 T_{av}，作为确定各组成环的极值公差的基础。

$$T_{av} = \frac{T_0}{m+n} \quad （极值法）$$

$$T_{av} = \frac{T_0}{\sqrt{m+n}} \quad （概率法）$$

（2）组成环是标准件（如轴承环、弹性挡圈等）的尺寸，其公差值及其分布在相应标准中已有规定，应视为已定值。

（3）当组成环是几个尺寸链的公共环时，其公差值及其分布由对其要求最严的尺寸链先行确定，其余尺寸链则视为已定值。

（4）对于尺寸相近、加工方法相同的组成环，其公差值相等。

（5）难加工或难测量的组成环，其公差值可取大些；易加工或易测量的组成环，其公差值可取小些。

（6）在确定各组成环的极限偏差时，仍然按最小实体原则，即对于相当于轴的被包容尺寸，可将公称尺寸标注成单向负偏差；对于相当于孔的包容尺寸，可将公称尺寸标注成单向正偏差；而对于孔中心距的极限偏差，仍按对称分布选取。

（7）若各组成环都按上述原则确定其公差值，则按公式计算的公差累积值常不符合封闭环的要求，因而需要选择一个组成环，它的公差与分布要经过计算确定，以便与其他组成环协调，最后满足封闭环公差大小和位置的要求。这个组成环称为协调环。在选择协调环时，不能选择标准件或公共环为协调环，因为它们的公差和极限偏差是已定值。

6. 实例

图 8-5（a）所示为一主轴部件，为了保证弹性挡圈能顺利装入，要求保证轴向间隙 $A_0 = 0^{+0.42}_{+0.05}$ mm。已知 $A_1 = 32.5$ mm，$A_2 = 35$ mm，$A_3 = 2.5$ mm（标准件为 $2.5^{\ 0}_{-0.05}$ mm），各组成环均成正态分布，且分布中心与公差中心重合，试求各组成环的上、下偏差。

解　（1）用极值法计算该装配尺寸链。

①画出装配尺寸链图，校核各环的基本尺寸。

依题意画出装配尺寸链图，如图 8-5（b）所示。A_0 为封闭环，$A_0 = 0^{+0.42}_{+0.05}$ mm，$T_0 = (0.42 - 0.05)$ mm $= 0.37$ mm。A_2 为增环，A_1、A_3 为减环。

$$A_0 = \sum_{i=1}^{m} \vec{A}_i - \sum_{j=1}^{n} \overleftarrow{A}_j = A_2 - (A_1 + A_3) = [35 - (32.5 + 2.5)]\ mm = 0\ mm$$

由计算可知，各环的基本尺寸正确。

②确定各组成环的公差和极限偏差。

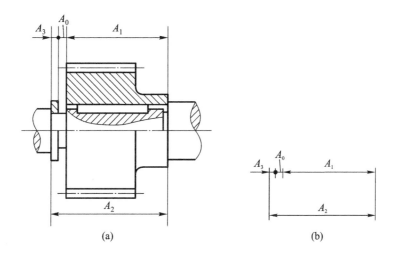

图 8-5　主轴部件装配示意图

各组成环的平均公差为

$$T_{av} = \frac{T_0}{m+n} = \frac{0.37}{3} \text{ mm} = 0.123 \text{ mm}$$

根据各组成环基本尺寸的大小及零件加工的难易程度,以平均公差值为基础确定各组成环的公差,但各组成环的公差之和不得超过 0.37 mm,即须满足

$$T_0 \geqslant \sum_{i=1}^{m} T_i + \sum_{j=1}^{n} T_j = T_1 + T_2 + T_3$$

尺寸 A_3 是标准件的尺寸,可查手册确定;尺寸 A_1 可用平面磨削加工来保证,其公差可以规定得较小,但还得符合国家标准;尺寸 A_2 由车削加工来保证,其公差应给得大些。故选择 A_2 为协调环。由此确定

$$T_1 = 0.1 \text{ mm}, \quad T_3 = 0.05 \text{ mm}$$

$$A_1 = 32.5_{-0.10}^{0} \text{ mm}, \quad A_3 = 2.5_{-0.05}^{0} \text{ mm}$$

③确定协调环的公差和极限偏差。

显然,协调环 A_2 的公差值 T_2 应为

$$T_2 = T_0 - (T_1 + T_3) = [0.37 - (0.10 + 0.05)] \text{ mm} = 0.22 \text{ mm}$$

协调环 A_2 的上、下偏差可根据相应的公式来计算,即

$$\text{ES}(A_0) = \sum_{i=1}^{m} \text{ES}(\vec{A}_i) - \sum_{j=1}^{n} \text{EI}(\overleftarrow{A}_j) = \text{ES}(A_2) - [\text{EI}(A_1) + \text{EI}(A_3)]$$

即

$$0.42 = \text{ES}(A_2) - [-0.10 + (-0.05)] = \text{ES}(A_2) + 0.15$$

则

$$\text{ES}(A_2) = (0.42 - 0.15) \text{ mm} = 0.27 \text{ mm}$$

$$\text{EI}(A_2) = \text{ES}(A_2) - T_2 = (0.27 - 0.22) \text{ mm} = 0.05 \text{ mm}$$

故 $A_2 = 35_{+0.05}^{+0.27}$ mm。

（2）用概率法计算该装配尺寸链。

①画出装配尺寸链图，校核各环的基本尺寸。

同上。

②确定各组成环的公差和极限偏差。

各组成环的平均公差为

$$T_{av} = \frac{T_0}{\sqrt{m+n}} = \frac{0.37}{\sqrt{3}} \text{ mm} = 0.214 \text{ mm}$$

根据各组成环基本尺寸的大小及零件加工的难易程度，以平均公差值为基础确定各组成环的公差，但各组成环的公差之和不得超过 0.37 mm，即须满足

$$T_0 \geqslant \sqrt{\sum_{i=1}^{m} T_i^2 + \sum_{j=1}^{n} T_j^2} = \sqrt{T_1^2 + T_2^2 + T_3^2}$$

尺寸 A_3 是标准件的尺寸，可查手册确定；尺寸 A_1 可用平面磨削加工来保证，其公差可以规定得较小，但还得符合国家标准；尺寸 A_2 由车削加工来保证，其公差应给得大些。故选择 A_2 为协调环。由此确定

$$T_1 = 0.2 \text{ mm}, \quad T_3 = 0.05 \text{ mm}$$

$$A_1 = 32.5_{-0.20}^{0} \text{ mm}, \quad A_3 = 2.5_{-0.05}^{0} \text{ mm}$$

③确定协调环的公差和极限偏差。

显然，协调环 A_2 的公差值 T_2 应为

$$T_2 = \sqrt{T_0^2 - (T_1^2 + T_3^2)} = \sqrt{0.37^2 - (0.2^2 + 0.05^2)} \text{ mm} = 0.31 \text{ mm}$$

协调环 A_2 的上、下偏差可根据相应的公式来计算，即

$$\Delta_0 = \sum_{i=1}^{m} \Delta(\vec{A}_i) - \sum_{j=1}^{n} \Delta(\overleftarrow{A}_j) = \Delta_2 - (\Delta_1 + \Delta_3)$$

即

$$\Delta_2 = \Delta_0 + \Delta_1 + \Delta_3 = [0.235 + (-0.1) + (-0.025)] \text{ mm} = 0.11 \text{ mm}$$

则

$$ES(A_2) = \Delta_2 + \frac{T_2}{2} = (0.11 + 0.31/2) \text{ mm} = 0.27 \text{ mm}$$

$$EI(A_2) = \Delta_2 - \frac{T_2}{2} = (0.11 - 0.31/2) \text{ mm} = -0.05 \text{ mm}$$

故 $A_2 = 35_{-0.05}^{+0.27}$ mm。

◀ 8.2　分析产品图 ▶

1. 分析产品的装配图及验收技术标准

产品的装配图应包括总装图和部件装配图，并能清楚地表示出所有零件的相互连接关系和必要的剖视图、零件的编号、装配时应保证的尺寸、配合件的配合性质及精度、装配的技术要求、零件的明细表。分析产品的验收技术条件，包括检查验收的内容和方法。通过对它们的研究，

深入了解产品及部件的具体结构、装配技术要求和检查验收的内容和方法。

2. 分析产品结构的工艺性

产品结构的工艺性是指所设计的产品在满足使用要求的前提下制造、维修的可行性和经济性。显然,制造的可行性和经济性应当包含制造过程的各个阶段,包括毛坯制造、机械加工和装配等。此处重点分析产品结构的装配工艺性。

产品结构的装配工艺性可以从以下几个方面来分析。

(1)独立的装配单元。所谓独立的装配单元,就是指机器结构能够划分成独立的部件、组件,这些独立的部件和组件可以各自独立地进行装配,最后再将它们总装成一台机器。这样就可以组织平行流水装配,使装配工作专业化,有利于提高装配质量,最大限度地缩短装配周期,提高装配的生产率。

(2)便于装配和拆卸。

(3)尽量减少装配时的机械加工和修配工作。

应当指出,评定结构工艺性的好坏时,还要同生产批量相联系。评定不同生产批量的结构工艺性的标准是不同的。

结构的装配工艺性分析实例如表 8-1 所示。

表 8-1　结构的装配工艺性分析实例

序号	结构工艺性内容	不　　好	好
1	孔内加工环形槽不方便	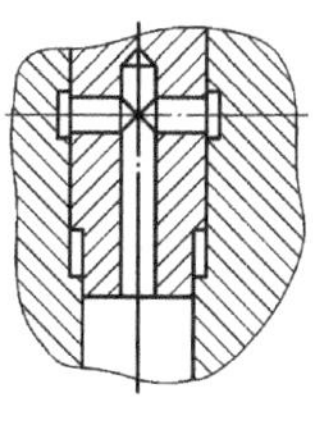	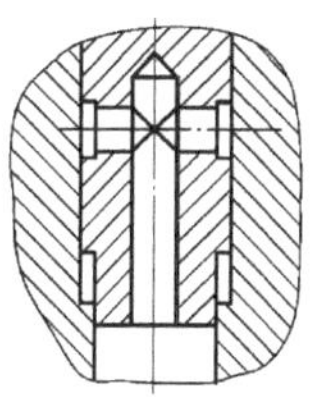
2	同一组件上的几个配合表面应依次进入装配	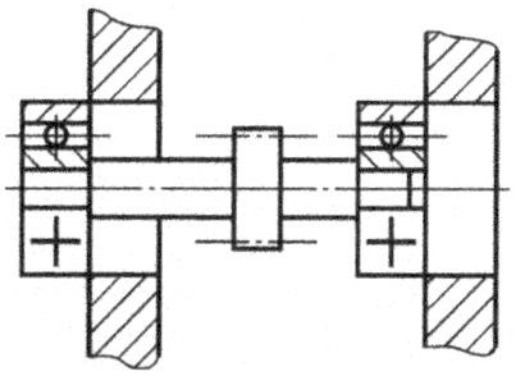	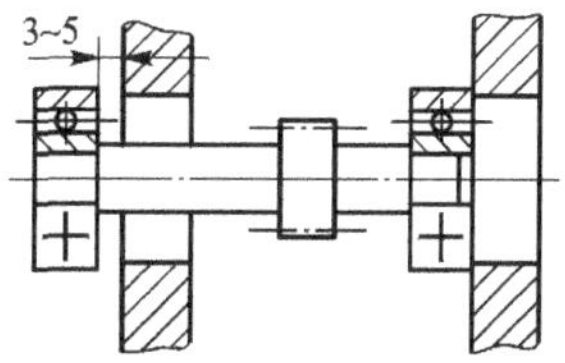
3	轴上零件单独组装成组件后,一次装入箱体内	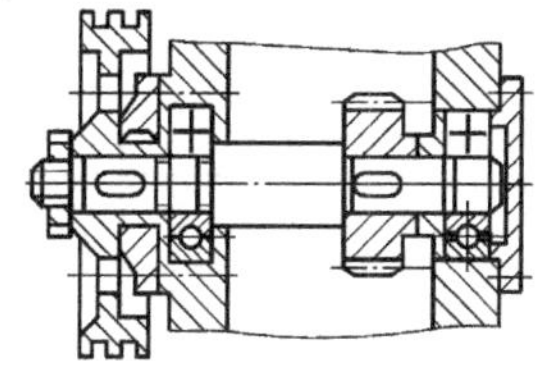	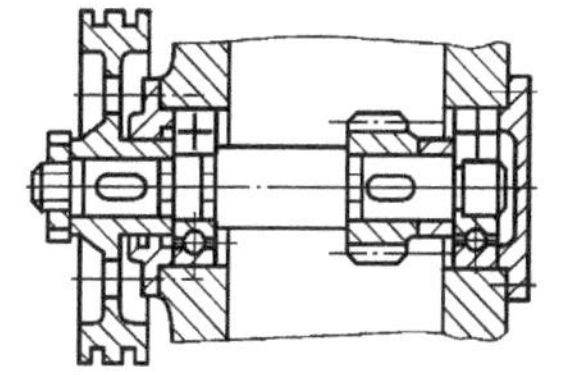

续表

序号	结构工艺性内容	不　　好	好
4	床身和油盘连接螺钉应在容易装配的地方		
5	箱体内搭子上加工油孔不方便		
6	轴承内圈方便拆卸		
7	轴承外圈方便拆卸		
8	螺钉要有足够的装配空间		
9	圆锥销方便拆卸		

8.3 确定装配方法

机械产品的精度要求最终是靠装配实现的。确定装配方法的实质就是研究以何种方式来保证装配精度问题。根据生产批量、装配精度要求,在不同生产条件下,选择不同的装配方法。常用的方法有:互换法(完全互换法和不完全互换法)、分组装配法(选配法)、修配装配法和调整装配法等。

8.3.1 互换装配法

互换装配法是指在装配过程中,各零件不需挑选、修配和调整即可达到装配精度要求的一种方法。互换装配法的实质是通过控制零件的加工精度来保证产品的装配精度。

根据互换程度的不同,互换装配法可分为两种。

1. 完全互换法

完全互换法是指零件按图纸公差加工,装配时不需要进行任何挑选、修配和调整,就能完全达到装配精度的一种方法。为了保证装配精度要求,各组成环(零件)的制造公差之和应小于或等于封闭环的公差(装配精度),即满足

$$T_0 \geqslant \sum_{i=1}^{m} T_i + \sum_{j=1}^{n} T_j$$

因此,只要制造公差能满足机械加工的经济精度要求,则无论何种生产类型,均应优先采用完全互换法。完全互换法的装配尺寸链用极值法进行计算。

当装配精度要求较高,零件加工困难或不经济时,在大批量生产条件下可考虑不完全互换法。

2. 不完全互换法

不完全互换法是指把零件的制造公差适当放大,使加工容易而且经济,装配时不需要进行挑选、修配和调整,就能使绝大多数产品达到装配精度要求的一种方法。各组成环(零件)的制造公差和封闭环的公差(装配精度)应满足

$$T_0 \geqslant \sqrt{\sum_{i=1}^{m} T_i^2 + \sum_{j=1}^{n} T_j^2}$$

采用不完全互换法装配时,装配尺寸链用概率法进行计算。

当生产条件比较稳定、组成环尺寸分布也比较稳定时,也能达到完全互换的效果。否则,将有极少部分产品达不到装配精度要求,须采取必要的工艺措施。显然,概率法适用于大批量生产。

互换法装配的优点是装配工作简单、生产率高、维修方便,有利于流水线生产。因此,在条件允许时应优先采用互换法。

8.3.2 分组装配法(选配法)

分组装配法也称为分组互换法。这种方法就是当装配精度要求极高,零件制造公差限制很

严,致使零件几乎无法加工时,可将零件的公差放大到经济可行的程度,然后按实测尺寸将零件分组,按对应组分别进行装配,以达到装配精度要求的一种装配方法。

现以汽车发动机中活塞销与活塞销孔的装配为例,说明分组装配法的原理及装配过程。

图 8-6 所示为活塞销与活塞销孔的装配关系,按装配技术要求,活塞销直径 d 和销孔直径 D 在冷态装配时应有 $0.0025 \sim 0.0075$ mm 的过盈量,即

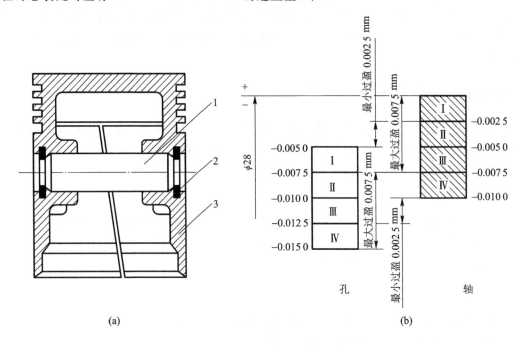

图 8-6 活塞销与活塞销孔的装配关系

1—活塞销;2—挡圈;3—活塞

$$Y_{min} = d_{min} - D_{max} = 0.0025 \text{ mm}$$
$$Y_{max} = d_{max} - D_{min} = 0.0075 \text{ mm}$$

因此,封闭环的公差为

$$T_0 = Y_{max} - Y_{min} = (0.0075 - 0.0025) \text{ mm} = 0.0050 \text{ mm}$$

若采用完全互换法装配,则活塞销和活塞销孔的平均公差 T_{av} 仅为 0.0025 mm。如取销子公差带的分布位置为单向负偏差,则其尺寸为

$$d = \phi 28^{0}_{-0.0025} \text{ mm}$$

相应地,可求得活塞销孔尺寸应为

$$D = \phi 28^{-0.0050}_{-0.0075} \text{ mm}$$

显然,制造如此精确的活塞销和活塞销孔是很困难的,也很不经济。在实际生产中,采用的方法是将活塞销和活塞销孔的上述公差值按同方向放大四倍,即

$$d = \phi 28^{0}_{-0.0025} \text{ mm} \rightarrow d = \phi 28^{0}_{-0.01} \text{ mm}$$
$$D = \phi 28^{-0.0050}_{-0.0075} \text{ mm} \rightarrow D = \phi 28^{-0.005}_{-0.015} \text{ mm}$$

这样,活塞销可用无心磨,活塞销孔可用金刚镗加工来分别达到精度要求,然后用精密量具测量,并按尺寸大小分成四组,涂上不同颜色加以区别,以便采用分组装配法进行装配。具体分

组情况如表 8-2 所示。

表 8-2　活塞销与活塞销孔的分组尺寸

组　别	标志颜色	活塞销直径 $d = \phi 28^{\ 0}_{-0.01}$ mm	活塞销孔直径 $D = \phi 28^{-0.005}_{-0.015}$ mm	配　合　情　况	
				最小过盈/mm	最大过盈/mm
Ⅰ	红	$\phi 28^{\ 0}_{-0.0025}$ mm	$\phi 28^{-0.0050}_{-0.0075}$ mm		
Ⅱ	白	$\phi 28^{-0.0025}_{-0.0050}$ mm	$\phi 28^{-0.0075}_{-0.0100}$ mm	-0.0025	-0.0075
Ⅲ	黄	$\phi 28^{-0.0050}_{-0.0075}$ mm	$\phi 28^{-0.0100}_{-0.0125}$ mm		
Ⅳ	绿	$\phi 28^{-0.0075}_{-0.0100}$ mm	$\phi 28^{-0.0125}_{-0.0150}$ mm		

由表 8-2 可以看出,各组的公差和配合性质与原来的要求相同。

采用分组装配法的关键是保证分组后各对应组的配合性质和配合精度满足装配精度的要求,同时,对应组内的配合件的数量要配套。为此,应注意以下几点。

(1)配合件的公差应相等,公差要向同方向增大,增大的倍数应等于分组数,如图 8-6(b)所示。

(2)配合件的表面粗糙度、形位公差必须保持原设计要求,不能随着公差的放大而降低表面粗糙度要求和放大形位公差。

(3)为了保证零件分组后在装配时各组配合件的数量相匹配,应使配合件的尺寸分布为相同的对称分布(如正态分布)。如果分布曲线不相同或为不对称分布曲线,将造成各组配合件数量不等,使一些零件积压浪费,如图 8-7 所示。图中第一组和第四组中的活塞销与活塞销孔零件数量相差较大,将使零件过剩。在实际生产中,常常专门加工一批与剩余件相配的零件,以解决零件配套问题。

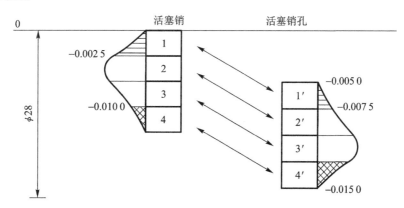

图 8-7　活塞销与活塞销孔尺寸分布不同时产生剩余件的情况

(4)分组数不宜过多,零件尺寸公差只要放大到经济加工精度即可,否则会因零件的测量、分类、保管工作量的增加而使生产组织工作复杂,甚至造成生产过程的混乱。

分组装配法适用于装配精度要求很高和相关零件较少的大批量生产。

与分组装配法有着选配共性的装配方法还有直接选配法和复合选配法。直接选配法是由装配工人从许多待装配的零件中凭经验挑选合格的零件,通过试凑进行装配的方法。复合装配法是将零件预先测量分组,装配时再在各对应组内凭工人经验直接选配的方法。这一方法的特点是配合件公差可以不等,装配质量高,且装配速度较快,能满足一定的节拍要求。发动机装配中,气缸与活塞的装配多采用这种方法。

8.3.3　修配装配法

修配装配法是将各组成环按经济精度加工,装配时通过改变尺寸链中某一预定的组成环(修配环)的尺寸来保证装配精度的方法。由于对这一组成环的修配是为了补偿其他组成环的累积误差,故又将这一组成环称为补偿环。这种方法的关键问题是确定修配环在加工中的实际尺寸,使修配环有足够的而且是最小的修配量。

修配装配法适用于成批生产中封闭环公差要求较严、组成环较多或单件小批量生产中封闭环公差要求较严、组成环较少的场合。

采用修配装配法时,装配尺寸链一般用极值法计算。

1. 选择补偿环和确定其尺寸及极限偏差

1)选择修配环

采用修配装配法时,应正确选择修配环。修配环一般应满足以下要求。

(1)便于装拆,易于修配。一般应选形状比较简单、修配面积较小的零件。

(2)尽量不选公共环。公共环是指那些同属于几个尺寸链的组成环,它的变化会引起几个尺寸链中封闭环的变化。若选公共环为补偿环,则可能出现保证了一个尺寸链的精度,而又破坏了另一个尺寸链精度的情况。

2)确定补偿环尺寸及极限偏差

补偿环被修配后对封闭环尺寸的影响有两种情况:一是使封闭环尺寸变大,二是使封闭环尺寸变小。因此,用修配装配法求解装配尺寸链时,应分别根据以上两种情况来进行计算。

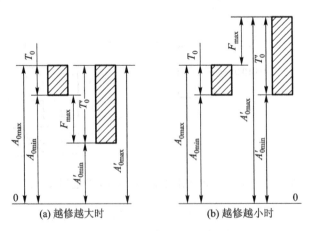

(a) 越修越大时　　　　　(b) 越修越小时

图 8-8　封闭环的实际公差带和设计要求的公差带之间的对应关系图

图 8-8 为组成环公差按经济精度加工后,封闭环的实际公差带和设计要求的公差带之间的

对应关系图。图中 T_0、A_{0max}、A_{0min} 分别表示封闭环设计要求的公差、最大极限尺寸和最小极限尺寸，T_0'、A_{0max}'、A_{0min}' 分别表示放大组成环公差后封闭环的实际公差、最大极限尺寸和最小极限尺寸，F_{max} 表示最大修配量。

（1）修配补偿环，封闭环尺寸变大（简称"越修越大"）。如图 8-8（a）所示，此时为了有足够的、最小的修配量，应使

$$A_{0max}' = A_{0max}$$

（2）修配补偿环，封闭环尺寸变小（简称"越修越小"）。如图 8-8（b）所示，此时为了有足够的、最小的修配量，应使

$$A_{0min}' = A_{0min}$$

在上述两种情况下，可能出现最大修配量 $F_{max} = T_0' - T_0$，也可能出现最小修配量 $F_{min} = 0$。此时，修配环不需要修配加工就能保证装配精度。但有时为了提高接触刚度，修配环还要进行必要的加工，即最小修配量为某一数值。这样，就要在修配环尺寸上加上（若修配环为被包容尺寸）或减去（若修配环为包容尺寸）最小修配量。

2. 尺寸链的计算方法和步骤

如图 8-1（a）所示，卧式车床床头和尾座顶尖等高度要求为 $0 \sim 0.06$ mm（只许尾座高）。已知 $A_1 = 202$ mm，$A_2 = 46$ mm，$A_3 = 156$ mm，现采用修配装配法，试确定各组成环的公差及其分布。

解 计算步骤如下。

（1）建立装配尺寸链。装配尺寸链如图 8-1（b）所示。实际生产中因尾座和尾座底板的接触面配刮好而将两者作为一个整体，以尾座底板的底面作为定位基准精镗尾座上的顶尖套筒孔，并控制其尺寸精度为 0.1 mm。这样，尾座和尾座底板是成为配对件后进入总装的。因此，原组成环 A_2 和 A_3 合并成为 A_{23}，原四环尺寸链变成三环尺寸链。

（2）选择补偿环。按合并后的三环尺寸链，选择 A_{23} 为补偿环。补偿环 A_{23} 的基本尺寸为
$$A_{23} = A_2 + A_3 = (46 + 156) \text{ mm} = 202 \text{ mm}$$

（3）确定各组成环的公差。根据各组成环的加工方法，按经济精度确定各组成环的公差为
$$T_1 = T_{23} = 0.1 \text{ mm}$$

（4）计算补偿环 A_{23} 的最大补偿量，即
$$F_{max} = T_0' - T_0 = \sum T_i' - T_0 = T_1 + T_{23} - T_0 = (0.1 + 0.1 - 0.06) \text{ mm} = 0.14 \text{ mm}$$

（5）确定各组成环（除补偿环外）的极限偏差。A_1 表示孔的位置尺寸，公差常选为对称分布，即
$$A_1 = (202 \pm 0.05) \text{ mm}$$

（6）计算补偿环 A_{23} 的极限尺寸。由于修配补偿环 A_{23} 会使封闭环尺寸变小，属于"越修越小"的情况，应满足
$$A_{0min}' = A_{0min}$$
即
$$A_{23min} - A_{1max} = 0, \quad A_{23min} - 202.05 = 0$$

所以

$$A_{23\min}=202.05\ \mathrm{mm}$$

又有

$$A_{23\max}=A_{23\min}+T_{23}=(202.05+0.1)\ \mathrm{mm}=202.15\ \mathrm{mm}$$

故

$$A_{23}=202^{+0.15}_{+0.05}\ \mathrm{mm}$$

实际生产中,为了提高接触精度,底板的底面与床身配合的导轨面还需配刮,而按式 $A'_{0\min}=A_{0\min}$ 计算的最小修刮量为零,无修刮量,故需将求得的 A_{23} 尺寸放大一些,留以必要的修刮量。取最小刮研量为 0.15 mm,则合并加工后的尺寸,可得

$$A_{23}=(202^{+0.15}_{+0.05}+0.15)\ \mathrm{mm}=202^{+0.30}_{+0.20}\ \mathrm{mm}$$

3. 修配的方法

修配的方法主要有三种。

1)单件修配法

在多环尺寸链中,选定某一固定的零件作为修配件,装配时用去除金属层的方法改变其尺寸,以达到装配精度要求。此方法在生产中应用最广泛。

2)合并加工修配法

合并加工修配法就是将两个或更多个零件合并在一起进行加工修配的方法。将合并后的零件作为一个组成环,从而减少组成环数,有利于减少修配量。

例如上例中,若不将组成环 A_2 和 A_3 合并,而按四环尺寸链计算,则当最小刮研量取 0.15 mm 时,底板的最大修刮量可达 0.44 mm(计算过程略);而将组成环 A_2 和 A_3 合并成一个组成环 A_{23} 后,仍取最小刮研量为 0.15 mm,则底板的最大修刮量只有 0.29 mm,故减少了装配时的修刮劳动量。

虽然合并加工修配法有上述优点,但是由于要合并零件、对号入座,会给加工、装配和生产组织工作带来不便,因此这种方法多用于单件小批量生产。

3)自身加工修配法

在机床制造中,有一些装配精度要求总装时用自己加工自己的方法来达到,这种方法称为自身加工修配法。如图 8-9 所示的转塔车床,在总装时利用安装在车床主轴上的镗刀作切削运动、转塔作纵向进给运动来镗削转塔上的六个孔,这样能方便地保证主轴轴线与转塔各孔轴线的等高度要求。

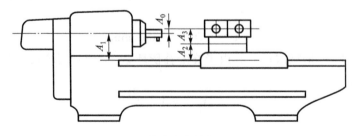

图 8-9　转塔车床的自身加工

8.3.4 调整装配法

调整装配法与修配装配法相似,即各零件的公差仍可按经济精度的原则来确定,并且仍选择一个组成环作为补偿环(又称为调整环),但两者在改变补偿环尺寸的方法上有所不同。修配装配法采用机械加工的方法来去除补偿环零件上的金属层,改变其尺寸,以补偿因各组成环公差扩大而产生的累积误差;调整装配法采用改变补偿环零件的位置或更换补偿环(改变调整环的尺寸)的方法来补偿其累积误差,以保证装配精度。常见的调整装配法有可动调整法、固定调整法和误差抵消调整法三种。

1. 可动调整法

通过调整零件的位置来保证装配精度的方法称为可动调整法。常用的调整件有螺栓、斜面件、挡环等。在调整过程中不需拆卸零件,应用方便,能获得比较高的精度。同时,在产品使用过程中,由于某些零件的磨损而使装配精度下降时,应用此法有时还能使产品恢复到原来的精度。因此,可动调整法在实际生产中应用较广。

如图 8-10 所示,卧式车床横刀架采用楔块 5 调整丝杠 3 和前、后螺母 1、4 间隙的装置就是应用可动调整法。该装置中的前螺母 1 的右端做成斜面,在前螺母 1 和后螺母 4 之间装入一个左端也做成斜面(与前螺母 1 右端的斜面配合)的楔块 5。调整间隙时,先将前螺母 1 的固定螺钉放松,然后拧紧楔块的调节螺钉 2,将楔块向上拉。由于斜面的作用,前螺母 1 向左移动,从而消除丝杠和螺母之间的间隙。调整完毕后,再拧紧前螺母 1 的固定螺钉。

图 8-11 所示为车床主轴箱中调整轴承间隙的装置。调整时,先将螺母 2 放松,再转动调节螺钉 1,即可调节轴承内圈、滚动体、轴承外圈之间的间隙,以保证轴承在转动时既有足够的刚性,又不至于过分发热。间隙调整好后,仍需将螺母 2 拧紧。

可动调整法的缺点是会削弱机构的刚性,因而对于刚性要求较高的机构,不宜用可动调整法。

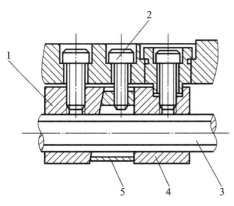

图 8-10 采用楔块调整丝杠和螺母间隙的装置

1—前螺母;2—调节螺钉;3—丝杠;4—后螺母;5—楔块

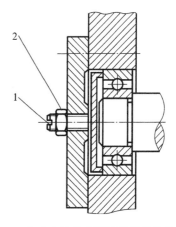

图 8-11 车床主轴箱中调整轴承间隙的装置

1—调节螺钉;2—螺母

2. 固定调整法

在装配尺寸链中,选择某一组成环为调节环,将作为调节环的零件按一定尺寸间隔级别制成一组专门零件。产品装配时,根据各组成环所形成的累积误差的大小,在调节环中选定一个尺寸等级合适的调整件进行装配,以保证装配精度。这种方法称为固定调整法。常用的调整件有轴套、垫片、垫圈等。

现以图 8-12 所示的齿轮与轴的装配关系为例,说明应用固定调整法的方法和步骤。

已知 $A_1 = 30$ mm,$A_2 = 5$ mm,$A_3 = 43$ mm,$A_4 = 3_{-0.05}^{0}$ mm(标准件),$A_5 = 5$ mm,装配后齿轮轴向间隙为 $0.1 \sim 0.35$ mm。现采用固定调整法装配,试确定各组成环的尺寸偏差,并求调整件的分组数及尺寸系列。

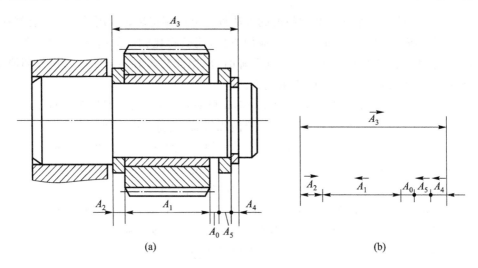

(a)   (b)

图 8-12 齿轮与轴的装配关系

解 计算步骤如下

(1)画尺寸链图,如图 8-12(b)所示。

(2)选择调整件。由图 8-12(a)可见,A_5 为一垫圈,其加工、装卸比较方便,故选 A_5 为调整件。

(3)确定各组成环的公差。按经济精度加工分配各组成环的公差,即 $T_1 = T_3 = 0.20$ mm,$T_2 = T_5 = 0.10$ mm,A_4 为标准件,则 $T_4 = 0.05$ mm。

(4)确定各组成环的极限偏差。按"入体"原则确定各组成环的极限偏差,即

$$A_1 = 30_{-0.20}^{0} \text{ mm}, \quad A_2 = 5_{-0.10}^{0} \text{ mm}, \quad A_3 = 43_{0}^{+0.20} \text{ mm}, \quad A_4 = 3_{-0.05}^{0} \text{ mm}$$

(5)计算调整件(A_5)的调整量 F,即

$$F = \sum T_i' - T_5 = T_1 + T_2 + T_3 + T_4 = (0.20 + 0.10 + 0.20 + 0.05) \text{ mm} = 0.55 \text{ mm}$$

(6)确定调整件的分组数 Z。取封闭环的公差与调整件的公差之差作为调整件各组之间的尺寸差 S,则

$$S = T_0 - T_5 = (0.25 - 0.10) \text{ mm} = 0.15 \text{ mm}$$

调整件的分组数为

$$Z = \frac{F}{T_0 - T_5} = \frac{0.55}{0.25 - 0.10} = 3.67 \approx 4$$

分组数 Z 不能为小数,应圆整为邻近的较大整数,取 $Z=4$。当计算的 Z 值与圆整数相差较大时,可通过改变各组成环的公差或调整件的公差,使 Z 值接近整数。另外,分组数不宜过多,否则将给生产组织工作带来困难。一般分组数 $Z=3\sim4$。

(7)计算调整件(A_5)的极限偏差。先计算调整件的中间偏差。求出调整件的中间偏差,就可求出它的极限偏差。

因为

$$\Delta_0 = \sum_{i=1}^{m} \Delta(\vec{A_i}) - \sum_{j=1}^{n} \Delta(\overleftarrow{A_j}) = \Delta_3 - (\Delta_1 + \Delta_2 + \Delta_4 + \Delta_5)$$

所以

$$\Delta_5 = \Delta_3 - \Delta_0 - (\Delta_1 + \Delta_2 + \Delta_4) = [0.10 - 0.225 - (-0.10 - 0.05 - 0.025)] \text{ mm} = 0.05 \text{ mm}$$

调整件(A_5)的极限偏差为

$$\text{ES}(A_5) = \Delta_5 + T_5/2 = 0.10 \text{ mm}$$

$$\text{EI}(A_5) = \Delta_5 - T_5/2 = 0 \text{ mm}$$

(8)确定各组调整件的尺寸。在确定各组调整件尺寸时,可根据以下原则来计算。

当调整件的分组数 Z 为奇数时,第(7)步计算的调整件尺寸是中间的一组尺寸,其余各组尺寸相应增加或减少各组之间的尺寸差 S。

当调整件的分组数 Z 为偶数时,则以第(7)步计算的调整件尺寸为对称中心,再根据尺寸差 S 安排各组尺寸。

本例中 $Z=4$ 为偶数,故 $A_5 = 5^{+0.10}_{0}$ mm 为对称中心,各组之间的尺寸差 $S=0.15$ mm,其余各组尺寸为

$$A_{5-1} = (5 - 0.075 - 0.15)^{+0.10}_{0} \text{ mm}, \quad A_{5-2} = (5 - 0.075)^{+0.10}_{0} \text{ mm}$$

$$A_{5-3} = (5 + 0.075)^{+0.10}_{0} \text{ mm}, \quad A_{5-4} = (5 + 0.075 + 0.15)^{+0.10}_{0} \text{ mm}$$

即

$$A_{5-1} = 5^{-0.125}_{-0.225} \text{ mm}, \quad A_{5-2} = 5^{+0.025}_{-0.075} \text{ mm}, \quad A_{5-3} = 5^{+0.175}_{+0.075} \text{ mm}, \quad A_{5-4} = 5^{+0.325}_{+0.225} \text{ mm}$$

固定调整法多用于大批量生产。当产量大、装配精度要求高时,固定调整件还可以采用多件组合的方式。如预先将调整垫片做成不同的厚度(如 1 mm、2 mm、3 mm、5 mm、10 mm 等),再制作一些薄金属片(如 0.01 mm、0.02 mm、0.05 mm、0.10 mm 等),装配时根据尺寸组合原理把不同厚度的垫片组成不同的尺寸,以满足装配精度的要求。这种方法更为简便,它在汽车、拖拉机生产中广泛应用。

3. 误差抵消调整法

在产品或部件装配时,根据尺寸链中某些组成环误差的方向作定向装配,使其误差互相抵消一部分,以提高装配精度,这种方法叫作误差抵消调整法,其实质与可动调整法的类似。这种方法在机床装配时应用较多。如车床主轴装配时,通过调整主轴前后轴承的径向圆跳动方向来控制主轴的径向圆跳动;在滚齿机工作台与分度蜗轮的装配中,通过调整二者偏心方向来抵消误差,以提高二者的同轴度。

上述各种装配方法各有其特点。在选择装配方法时,要认真研究产品的结构和精度要求,

深入分析产品及其相关零件之间的尺寸联系,建立整个产品及各级部件的装配尺寸链。装配尺寸链建立后,即可根据各级装配尺寸链的特点,结合产品的生产纲领和生产条件来确定产品的装配方法。

选择装配方法的原则是:一般来说,当组成环的加工经济可行时,优先选用完全互换法;成批生产而组成环又较多时,可考虑不完全互换法;当封闭环精度较高,组成环较少时,可考虑采用分组装配法;当组成环较多时,采用调整装配法;当单件小批量生产时,采用修配装配法。

值得注意的是,一种产品究竟采用何种装配方法来保证装配精度通常在设计阶段确定。因为只有在装配方法确定之后,才能进行尺寸链的计算。同一产品的同一装配精度要求在不同的生产类型和生产条件下,可能采用不同的装配方法。同时,同一产品的不同部件也可采用不同的装配方法。

根据生产纲领和现有的生产条件,综合考虑加工和装配之间的关系来确定装配方法。

装配方法包括两个方面:一方面是指手工装配还是机械装配,另一方面是指保证装配精度的工艺方法。前者的选择取决于生产纲领、产品的装配工艺性,以及产品的尺寸、质量的大小和结构的复杂程度;后者的选择主要取决于生产纲领、装配精度,以及装配尺寸链中组成环的多少。各种装配方法的适用范围和应用实例如表 8-3 所示。

表 8-3 各种装配方法的适用范围和应用实例

装配方法	适用范围	应用实例
完全互换法	适用于零件数较少、批量很大、零件可采用经济精度加工的场合	汽车、拖拉机、缝纫机及小型电动机的部分部件
不完全互换法	适用于零件数稍多、批量大、零件加工精度可适当放宽的场合	机床、仪器仪表中的部分部件
分组装配法	适用于成批或大批量生产中,装配精度很高、零件数量很少、不便于采用调整装配法的场合	中小型柴油机的活塞与缸套,活塞与活塞销,滚动轴承的内、外圈与滚子
修配装配法	单件小批量生产中,装配精度要求高且零件较多的场合	车床尾座垫板、滚齿机分度蜗轮与工作台装配后精加工齿形、平面磨床砂轮对工作台的自磨
调整装配法	除了必须采用分组装配法外,调整装配法可适用于各种装配场合	机床导轨的楔形镶条,内燃机气门间隙的调整螺钉,滚动轴承调整间隙的间隔套、垫片、垫圈

◀ 8.4 确定装配组织形式 ▶

根据产品的结构特点和生产纲领的不同,装配的组织形式可分为固定式和移动式两种。

1. 固定式装配

固定式装配是指全部装配工作在一固定地点完成的装配。装配过程中产品位置不变,装配所需零、部件都汇集在工作地附近。固定式装配多用于单件小批量生产,或用于重量大、体积大而不便移动的产品的批量生产,以及用于因机体刚性差,移动会影响装配精度的情况。

2. 移动式装配

移动式装配是将零、部件用输送带或小车按装配顺序从一个装配地点移动到下一个装配地点,各装配地点分别完成一部分装配工作,用各装配地点工作总和来完成产品的全部装配工作的装配。根据零、部件移动方式的不同,移动式装配又可分为连续移动、间歇移动和变节奏移动三种方式。移动式装配多用于大批量生产,以组成装配流水作业线和自动作业线。

由于生产类型的不同,装配的组织形式、工艺方法、工艺过程的划分,工艺装备的使用情况及手工劳动的比例均有不同。各种生产类型的装配特点如表 8-4 所示。

表 8-4　各种生产类型的装配特点

生产类型		大批量生产	成批生产	单件小批量生产
基本特征		产品固定,生产活动长期重复,生产周期一般较短	产品在系列化范围内变动,分批交替投产或多品种同时投产,生产活动在一定时期内重复	产品经常变换,不定期重复生产,生产周期一般较长
装配特点	组织形式	多采用流水装配线,有连续移动、间歇移动和变节奏移动等方式,可采用自动装配和自动装配线	产品笨重、批量不大时,多采用固定流水作业线装配;批量较大时,采用流水作业线装配;多品种平行投产时,采用多种变节奏流水作业线装配	以修配装配法和调整装配法为主,互换件比例小
	工艺过程	工艺过程划分较细,力求达到最高的均衡性	工艺过程的划分必须符合批量的大小,尽量使生产均衡	一般不制订详细的工艺文件,工序可适当调整,工艺也可灵活掌握
	工艺装备	专业化程度高,宜采用专用、高效的工艺装备,实现机械化和自动化	通用设备较多,但也采用一定数量的专用工具、夹具、量具,以保证装配质量和提高工效	一般为通用设备和专用工具、夹具、量具
	手工操作要求	手工操作比重小,熟练程度容易提高,便于培养新工人	手工操作比重大,技术水平要求较高	手工操作比重大,技术工人应有较高的技术水平和多方面的工艺知识
应用实例		汽车、内燃机、滚动轴承、电器开关等	机床、机车车辆、中小型锅炉、矿山采掘机等	重型机床、重型机器、汽轮机、大型内燃机、大型锅炉等

◀ 8.5 划分装配单元并确定装配顺序 ▶

1. 划分装配单元

将产品划分为装配单元是制订装配工艺规程的最重要的一个步骤,这对大批量生产结构复杂的产品尤为重要。只有将产品合理地分解为可以进行独立装配的单元后,才能合理地安排装配顺序,划分装配工序和组织装配工作的平行、流水作业。

产品或机器是由零件、合件、组件、部件等独立装配单元经过总装而成的。零件是组成机器的基本单元,一般都预先将零件装成合件、组件和部件后,再安装到机器上,直接进入总装的零件并不太多。

合件由若干个零件永久连接(铆、焊)而成,或连接后再经加工而成,如装配式齿轮、发动机连杆小头孔压入衬套后再经精镗孔等。

组件是指一个或几个合件及零件的组合体,如主轴箱中轴与其上的齿轮、套、垫片、键及轴承的组合体即为组件。

部件是若干个组件、合件及零件的组合体,它在机器中能完成一定的、完整的功用,如卧式车床中的主轴箱、溜板箱、走刀箱等。

因此,完整装配包括四级,由大到小依次分为总装、部装、组装和合装。为了简化,把部装、组装和合装统称为部装。

2. 选择装配基准件

无论哪一级装配单元,都要选定某一零件或比它低一级的装配单元作为装配基准件。装配基准件通常应是产品的基体或主干零、部件。装配基准件应有较大的体积和重量,有足够的支承面,以满足陆续装入零、部件时的作业要求和稳定性要求。例如,床身是床身组件的装配基准零件,床身组件是床身部件的装配基准组件,床身部件又是整台机床的装配基准部件。

选择装配基准件时,应考虑装配基准件的补充加工量要最少,尽可能不再有后续加工工序,同时应有利于装配过程中的检测、工序间的传递、运输、翻转和移位等作业。

3. 确定装配顺序,绘制装配工艺系统图

在划分好装配单元,并确定了装配基准件后,即可安排装配顺序。

在确定装配顺序时,应考虑以下原则。

(1)预处理工序先行,如零件的倒角、去毛刺与毛边、清洗、防锈、防腐、涂装、干燥等。

(2)先进行基础零、部件的装配,使机器的重心在装配过程中处于最稳状态。

(3)先进行复杂件、精密件和难装配件的装配,因为开始装配时,装配基准件上有较开阔的安装、调整、检测空间,有利于较难零、部件的装配。

(4)先进行易破坏后续工序装配质量的工序,如冲击性质的装配、压力装配、加热装配等,配作加工工序应尽量安排在装配初期进行,以保证整个产品的装配质量。

(5)集中安排使用相同工装、设备和具有共同特殊环境的工序,以减少装配工装、设备的重复使用,避免产品在装配地迂回。

(6)处于装配基准件同一方位的装配工序应尽可能集中连续安排,以防止装配基准件的多次翻转。

(7)电线、油(气)管路的安装应与相应工序同时进行,以防止零、部件的反复拆装。

(8)易燃、易爆、易碎的零、部件或有毒物质的安装尽可能放在最后,以减少安全防护工作量,保证装配工作顺利进行。

为了清晰地表示装配顺序,常用装配工艺系统图来表示,如图 6-1 所示。对于结构比较简单,组成的零、部件较少的产品,可只绘制产品装配工艺系统图;对于结构复杂,组成的零、部件较多的产品,则还需绘制各装配单元的装配工艺系统图。

装配工艺系统图的画法是:首先画一条较粗的横线,横线的右端为装配单元的长方格,横线的左端为装配基准件的长方格,然后按装配顺序由左向右依次填入装配基准件的零件、合件、组件和部件。表示零件的长方格画在横线上方,表示合件、组件和部件的长方格画在横线下方。每一长方格内,上方注明装配单元名称,左下方填写装配单元的编号,右下方填写装配单元的件数。

在装配单元系统图上加注所需的工艺说明(如焊接、配钻、配刮、冷压、热压、攻螺纹、铰孔及检验等),就形成装配工艺系统图。此图较全面地反映了装配单元的划分、装配顺序和装配工艺方法,它是装配工艺规程中的主要文件之一,也是划分装配工序的依据。图 8-13 所示为床身部件的装配工艺系统图。

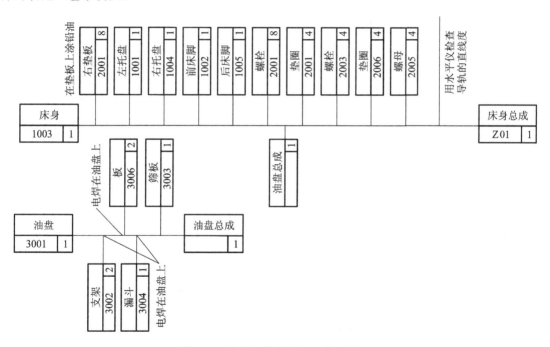

图 8-13 床身部件的装配工艺系统图

◀ 8.6 划分装配工序 ▶

装配顺序确定后,还要将装配工艺过程划分为若干工序,并确定工序内容、所用设备和工装、时间定额等,制订各工序装配操作范围和规范(如过盈配合的压入方法、变温装配的温度值、紧固螺栓连接的预紧扭矩、配作要求等），制订各工序装配质量要求及检测方法、检测项目等。

◀ 8.7 制订装配工艺卡或装配工序卡 ▶

单件小批量生产时，通常不制订装配工艺卡，工人按装配图和装配工艺系统图进行装配。

成批生产时，通常制订部件及总装的装配工艺卡。在工艺卡上只写明工序顺序、简要工序内容、所需设备、工夹具名称及编号、工人技术等级及时间定额即可。

大批量生产时，不仅要制订装配工艺卡，还要为每一工序单独制订装配工序卡，详细说明工序的工艺内容，直接指导工人进行装配。成批生产的关键工序也需制订相应的装配工序卡。

◀ 8.8 减速器装配工艺编制实例 ▶

图 8-14 所示为蜗轮与圆锥齿轮减速器，它具有结构紧凑、工作平稳、噪声小、传动比大等特点。

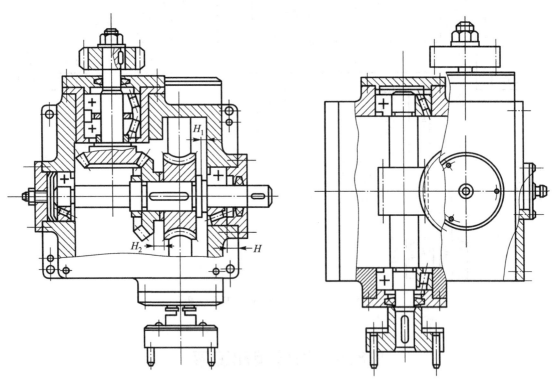

图 8-14　蜗轮与圆锥齿轮减速器

减速器的运动由联轴器传来，经蜗杆轴传至蜗轮。蜗轮安装在装有圆锥齿轮、调整垫圈的轴上。蜗轮的运动通过轴上的平键传给圆锥齿轮副,最后由安装在圆锥齿轮轴上的圆柱齿轮输出。

轴承套组件的装配工艺卡如表 8-5 所示,减速器总装配工艺卡如表 8-6 所示。

表 8-5　轴承套组件的装配工艺卡

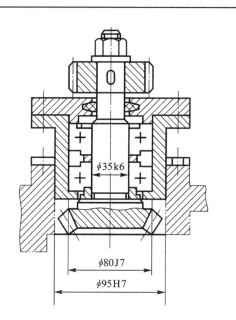

装配技术要求

（1）组装时,各装入零件应符合图纸要求;

（2）组装后圆锥齿轮应转动灵活,无轴向窜动

（工厂名）	装配 工艺卡	产品型号		零、部件图号		共　　页	
		产品名称		零、部件名称	轴承套	第　　页	
零、部件重量		外形尺寸		工人技术等级			

工序号	工序名称	工序内容	装配部门	设备名称及编号	工艺装备及编号			辅助材料	工时定额
					夹具	刀具	量具		
1		分组件装配:圆锥齿轮与衬垫的装配以圆锥齿轮为基准,将衬垫套装在轴上							
2		分组件装配:轴承盖与毛毡装配时,将已剪好的毛毡塞入轴承盖槽内							
3		分组件装配: ①轴承套与轴承外圈装配时,用专用量具分别检查轴承套孔及轴承外圈的尺寸; ②在配合面上涂润滑油; ③以轴承套为基准,将轴承外圈压入孔内至底面		压力机					

工序号	工序名称	工序内容	装配部门	设备名称及编号	工艺装备及编号			辅助材料	工时定额
					夹具	刀具	量具		
4		轴承套组件装配： ①以圆锥齿轮组件为基准，将轴承套分组件套装在轴上； ②在配合面上加润滑油，将轴承内圈压装在轴上，并紧贴衬垫； ③套上隔圈，将另一轴承内圈压装在轴上，直至与隔圈接触； ④将另一轴承外圈涂上润滑油，轻压至轴承套内； ⑤装入轴承盖分组件，调整端面高度，使轴承间隙符合要求后，拧紧三个螺钉； ⑥安装平键，套装齿轮、垫圈，拧紧螺母，注意配合面加润滑油； ⑦检查圆锥齿轮转动的灵活性及轴向窜动		压力机					
			编制	会签	审核		批准		
标记	处记	更改文件号	签字	日期	标记	处记	更改文件号	签字	日期

表 8-6　减速器总装配工艺卡

		装配技术要求
	见图 8-14	(1)零、组件必须正确安装，不得装入图纸未规定的垫圈； (2)固定连接件必须保证零、组件紧固在一起； (3)旋转机构必须转动灵活，轴承间隙合适； (4)啮合零件的啮合必须符合图纸要求； (5)各轴线之间应有正确的相对位置

（工厂名）	装配工艺卡	产品型号		零、部件图号		共　页
		产品名称		零、部件名称		第　页
零、部件重量		外形尺寸		工人技术等级		

续表

工序号	工序名称	工序内容	装配部门	设备名称及编号	工艺装备及编号			辅助材料	工时定额
					夹具	刀具	量具		
1		①将蜗杆组件装入箱体; ②用专用量具分别检查箱体孔和轴承外圈尺寸; ③从箱体孔两端装入轴承外圈; ④装入调整垫圈和左端轴承盖,并用螺钉拧紧,调整蜗杆轴端,使右端轴承消除间隙; ⑤装入调整垫圈和右端轴承盖,并用百分表测量间隙,确定垫圈厚度,最后将上述零件装入,用螺钉拧紧。保证蜗杆轴向间隙为 0.01~0.02 mm		压力机					
2		①试装:用专用量具测量轴承、轴等相配零件的外圈及孔尺寸; ②将轴承装入蜗轮轴两端; ③将蜗轮轴通过箱体孔,装上蜗轮、圆锥齿轮、轴承外圈、轴承套、轴承盖组件; ④移动蜗轮轴,调整蜗杆与蜗轮的正确啮合位置,测量轴承端面至箱体孔端面的距离 H,并调整轴承盖台肩尺寸; ⑤装上轴承套组件,调整两圆锥齿轮啮合的位置(使齿背平齐); ⑥分别测量台肩面与孔端的距离 H_1,以及圆锥齿轮端面与蜗轮端面的距离 H_2,并调整好垫圈尺寸,然后卸下各零件		压力机					
3		最后装配: ①从大轴孔方向装入蜗轮轴,同时依次将键、蜗轮、垫圈、圆锥齿轮、带翅垫圈和圆螺母装在轴上,然后箱体轴承孔两端分别装入滚动轴承及轴承盖,用螺钉拧紧并调整好间隙,装好后,用手转动蜗杆时,应灵活无阻。 ②将轴承套组件与调整垫圈一起装入箱体,并用螺钉紧固		压力机					
4		装配联轴器及箱盖零件							
5		清理内腔,注入润滑油,连电动机,接电源,进行空转试车。运转 30 min 左右后,要求齿轮无明显噪声,轴承温度不超过规定要求及符合装配后各项技术要求							

					编制	会签	审核	批准	
标记	处记	更改文件号	签字	日期	标记	处记	更改文件号	签字	日期

【习题】

8-1　产品装配精度的内容有哪些？确定装配精度的原则是什么？

8-2　装配的基本内容有哪些？

8-3　举例说明装配精度与零件加工精度的关系。

8-4　什么是装配尺寸链？简述建立装配尺寸链的基本原则。

8-5　保证产品装配精度的方法有哪些？如何选择装配方法？

8-6　如图 8-9 所示，车床床头和尾座顶尖等高度要求为 $0 \sim 0.06$ mm（只许尾座高）。已知 $A_1 = 202$ mm，$A_2 = 46$ mm，$A_3 = 156$ mm，现采用修配装配法，并选定 A_3 为修配环，试计算各组成环公差及其上、下偏差。

8-7　图 8-15 所示为 CA6140 车床离合器齿轮轴的装配图，装配后要求齿轮轴向窜动量为 $0.06 \sim 0.4$ mm，试验算各有关零件的公差及偏差制订得是否合理？若不合理，应如何更改？已知 $A_1 = 34^{+0.10}_{+0.05}$ mm，$A_2 = 22^{-0.10}_{-0.20}$ mm，$A_3 = (12 \pm 0.10)$ mm。

8-8　图 8-16 所示为车床主轴上一双联齿轮的部分装配图。为了使双联齿轮正常工作，需保证轴向间隙量 $A_0 = 0.05 \sim 0.2$ mm。现采用垫片 A_4 作为调整件来保证间隙要求，试计算调整垫片的组数及各组垫片尺寸。已知 $A_1 = 115^{+0.12}_{0}$ mm，$A_2 = 2.5^{0}_{-0.12}$ mm，$A_3 = 104^{0}_{-0.12}$ mm，$A_4 = 8.5$ mm，$T_4 = 0.02$ mm。

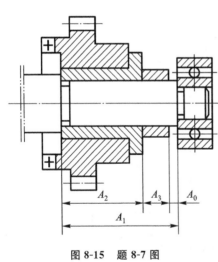

图 8-15　题 8-7 图

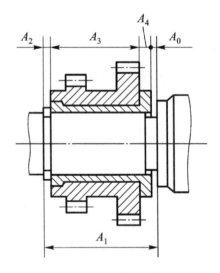

图 8-16　题 8-8 图

第 9 章
机械产品质量及加工误差分析

◀ **知识目标**

（1）了解零件加工质量的构成因素及其保证措施。

（2）了解工件的加工精度和加工误差的关系。

（3）了解工艺系统的几何误差、工艺系统的受力变形和工艺系统的热变形等导致加工误差的因素。

◀ **能力目标**

会对工件的加工误差进行综合分析。

◀ 9.1 机械零件加工质量 ▶

机械产品质量与机械零件的加工质量和装配质量有着非常密切的关系,它直接影响产品的工作性能和使用寿命。如前所述,机械制造过程是机械零件制造过程和机械产品装配过程的总和。机械零件制造过程是被加工零件的形状、结构、精度、表面质量及其他技术要求(加工质量)实现的过程,机械产品装配过程是产品装配精度和其他技术要求(装配质量)实现的过程。机械加工工艺过程和机械装配工艺过程正是依据这些技术要求、生产纲领和装备条件制订的,而产品质量要求对机械制造过程中的机械加工工艺规程和机械装配工艺规程的编制起着决定性的作用。

机械零件的制造过程包括毛坯制造、机械加工、热处理、表面处理、检验等多个环节。其中,毛坯制造、热处理等环节主要取决于被加工零件的材料以及对零件使用性能和加工性能的要求,而机械加工过程主要取决于零件的结构形状、表面质量要求和精度要求。在根据零件的结构形状特征、表面质量要求和精度要求确定了相应的最终加工方法后,机械加工工艺规程主要是根据零件的精度要求来制订的。因而,分析零件的精度要求和其他技术要求是确定合理的机械加工工艺规程的关键。

9.1.1　机械零件加工质量的构成

我们知道,零件是由各种形状的表面组合而成的,多数情况下,这些表面是简单表面,如平面、圆柱面、圆锥面、球面、螺旋面、齿形面等。机械零件的加工质量包括下列两个方面。

1. 加工精度

1)表面本身的精度

(1)表面本身的尺寸及其精度,简称定形尺寸精度,如圆柱面的直径、圆锥面的锥角等。

(2)表面本身的形状精度,简称形状精度,如平面度、圆度、轮廓度等。

2)不同表面之间的相互位置精度

(1)表面之间的位置尺寸及其精度,简称定位尺寸精度,如平面之间的距离、孔间距、孔到平面的距离等。

(2)表面之间的相互位置精度,简称位置精度,如平行度、垂直度、对称度等。

因此,加工精度包括尺寸精度(定形尺寸精度和定位尺寸精度)、形状精度和位置精度(合称为形位公差)。

2. 表面质量

机械加工后的零件表面并非理想的光滑表面,它存在着不同程度的表面粗糙度、冷硬、裂纹等表面缺陷,虽然只有极薄的一层(几微米到几百微米),但对零件的使用性能却有极大的影响。据统计,约有80%的零件失效的原因归咎于表面质量所带来的影响,如磨损、疲劳、腐蚀、振动等,所以必须加以足够的重视。表面质量包含以下两个方面。

1)表面粗糙度及波度

根据加工表面不平度(波距 L 与波高 H 的比值)的特性,可将不平度分为以下三种类型,如

图 9-1 所示。

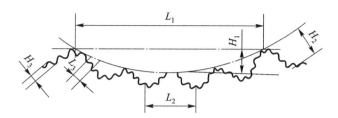

图 9-1 表面粗糙度与波度的关系

$L_1/H_1 > 1\,000$，称为宏观几何形状误差，如圆度误差、圆柱度误差等，它们属于加工精度的范畴。

$L_2/H_2 = 50 \sim 1\,000$，称为波度，它是由机械加工过程中的振动引起的。

$L_3/H_3 < 50$，称为微观几何形状误差，常称为表面粗糙度。

2）表面层物理力学性能

机械零件在加工过程中由于受切削力和切削热的综合作用，表面层金属的物理力学性能和基体金属的大不相同，主要有以下三个方面的内容：

（1）表面层因塑性变形引起的冷作硬化；

（2）表面层因切削热引起的金相组织变化；

（3）表面层中的残余应力。

9.1.2 获得机械零件加工质量的方法

1. 获得加工精度的方法

机械加工是为了使工件获得一定的尺寸精度、形状精度、位置精度及表面质量要求。零件被加工表面的几何形状是由根据成形理论确定的加工方法来保证的；几何形状精度和相互位置精度则是根据具体情况的不同，采用不同的加工方法获得的。

1）获得尺寸精度的方法

试切法、调整法、定尺寸刀具法、自动控制法。

2）获得形状精度的方法

轨迹法、成形法、展成法。

3）获得位置精度的方法

直接找正装夹法、划线找正装夹法和夹具装夹法三种。

2. 获得表面质量的方法

1）降低表面粗糙度

从工艺角度考虑，影响表面粗糙度的因素可分为与刀具有关的因素、与工件材料有关的因素和与加工条件有关的因素。现就切削加工和磨削加工分别予以介绍。

（1）切削加工表面。

①刀具的几何形状、材料及刃磨质量对表面粗糙度的影响。

从几何角度分析，减小刀具的主、副偏角，增大刀尖圆弧半径均能有效地降低表面粗糙度。

刀具的前角适当增大,刀具易于切入工件,且塑性变形小,有利于减小表面粗糙度。但前角太大,刀刃有嵌入工件的倾向,反而会使表面变粗糙。图9-2所示为在一定条件下加工钢件时刀具前角与加工表面粗糙度的关系曲线。

当前角一定时,后角越大,切削刃钝圆半径越小,刀刃越锋利;同时,还能减小后刀面与加工表面间的摩擦和挤压,有利于减小表面粗糙度。但后角太大会削弱刀具的强度,容易产生振动,使表面粗糙度增大。图9-3所示为在一定条件下加工钢体时刀具后角与加工表面粗糙度的关系曲线。

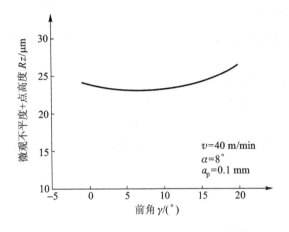

图9-2 在一定条件下加工钢体时刀具前角与加工表面粗糙度的关系曲线

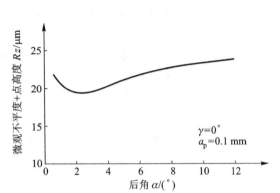

图9-3 在一定条件下加工钢体时刀具后角与加工表面粗糙度的关系曲线

刀具的材料及刃磨质量影响积屑瘤、鳞刺的产生。如用金刚石车刀精车铝合金时,由于摩擦系数小,刀面上就不会产生切屑的黏附、冷焊现象,因此能降低工件加工表面的粗糙度。

②工件材料对表面粗糙度的影响。

与工件材料相关的因素包括材料的塑性、韧性及金相组织等。一般,韧性较大的塑性材料易产生塑性变形,与刀具的黏结作用也较大,加工后表面粗糙度较大;相反,脆性材料则易于得到较小的表面粗糙度。

③加工条件对表面粗糙度的影响。

a.切削速度v。一般情况下,低速或高速切削时,因不会产生积屑瘤,故表面粗糙度较小,如图9-4所示;但在中等速度下,由于塑性材料容易产生积屑瘤,因此其表面粗糙度大。

b.背吃刀量a_p。背吃刀量对表面粗糙度的影响不明显,一般可忽略。但当$a_p < 0.02$ mm时,刀尖与工件表面发生挤压与摩擦,从而使表面质量恶化。

c.进给量f。减小进给量f可以减小切削残留面积高度R_{max},从而减小表面粗糙度。但进给量太小,刀刃不能切削而形成挤压,增大了工件的塑性变形,反而使表面粗糙度增大。

另外,合理选择润滑液、提高冷却润滑效果、减小切削过程中的摩擦,能抑制积屑瘤和鳞刺的生成,有利于减小表面粗糙度,如选用含有硫、氯等表面活性物质的冷却润滑液,润滑性能增强,作用更加显著。

(2)磨削加工表面。

磨削加工是通过表面具有随机分布的磨粒的砂轮和工件的相对运动来实现的。在磨削过

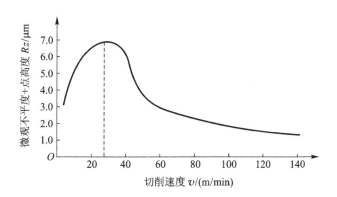

图 9-4　切削速度与表面粗糙度的关系

程中,磨粒在工件表面滑擦、耕犁和切下切屑,把加工表面刻划出无数微细的沟槽,沟槽两边伴随着塑性隆起,形成表面粗糙度。

①磨削用量对表面粗糙度的影响。

提高砂轮速度可以增加工件单位面积上的刻痕,同时,塑性变形造成的隆起量随着砂轮速度的增大而减小,所以表面粗糙度减小。

在其他条件不变的情况下,提高工件速度,磨粒在单位时间内在工件表面上的刻痕数减少,因而会增大表面粗糙度。

磨削深度增加,磨削过程中磨削力及磨削温度都增加,磨削表面塑性变形增大,从而增大表面粗糙度。

②砂轮对表面粗糙度的影响。

a.砂轮的粒度。砂轮的粒度越细,单位面积上的磨粒数越多,工件表面的刻痕越密而细,则表面粗糙度越小。但磨粒过细时,砂轮易堵塞,磨削性能下降,反而使表面粗糙度增大。

b.砂轮的硬度。砂轮硬度的大小应合适。砂轮太硬,磨粒钝化后仍不能脱落,使工件表面受到强烈摩擦和挤压作用,塑性变形程度增加,表面粗糙度增大或使磨削表面烧伤;砂轮太软,磨粒易脱落,常会产生磨损不均匀现象,使表面粗糙度增大。

c.砂轮的修整。砂轮修整的目的是去除外层已钝化的或被磨屑堵塞的磨粒,保证砂轮具有足够的等高微刃。微刃等高性越好,磨出的工件的表面粗糙度越小。

③工件材料对表面粗糙度的影响。

工件材料硬度太大,砂轮易磨钝,故表面粗糙度变大;工件材料太软,砂轮易堵塞,磨削热增大,也得不到较小的表面粗糙度。塑性、韧性大的工件材料,其塑性变形程度大,导热性差,不易得到较小的表面粗糙度。

2)防止加工硬化

在机械加工过程中,工件表层金属受到切削力的作用而产生强烈的塑性变形,使晶体间产生剪切滑移,晶粒严重扭曲,并产生晶粒的拉长、破碎和纤维化,这时工件表面的强度和硬度提高,塑性降低,这种现象称为加工硬化,又称为冷作硬化。

影响表面层加工硬化的因素包括以下几个方面。

(1)切削力。切削力越大,塑性变形越大,则硬化程度和硬化层深度就越大。例如,当进给

量 f、背吃刀量 a_p 增大或刀具前角 γ 减小时,都会增大切削力,使加工硬化严重。

(2)切削温度。切削温度升高时,回复作用增大,使得加工硬化程度减小。如切削速度很高或刀具钝化后切削,都会使切削温度不断上升,部分地消除加工硬化,使得硬化程度减小。

(3)工件材料。被加工工件的硬度越低,塑性越大,则切削后的冷硬现象越严重。

3)防止金相组织变化和磨削烧伤

机械加工时,切削所消耗的能量大部分转化为切削热,导致加工表面温度升高。当工件表面温度超过金相组织变化的临界点时,金相组织就会发生变化。一般的切削加工,由于单位切削截面所消耗的功率不是太大,所以金相组织发生变化的现象很少。但对于磨削加工来说,由于单位面积上产生的切削热比一般切削方法的大几十倍,易使工件表面层的金相组织发生变化,引起表面层的强度和硬度下降,产生残余应力,甚至引起显微裂纹,这种现象称为磨削烧伤。

影响磨削烧伤的因素如下。

(1)磨削用量。当背吃刀量 a_p 增大时,工件表面及表面下不同深度的温度都将升高,容易造成烧伤。增大砂轮速度 v,会加重磨削烧伤的程度。当工件纵向进给量 f 增大时,磨削区温度升高,但热源作用时间减少,因而可减轻烧伤。但提高工件速度会导致其表面粗糙度变大。为弥补此不足,可提高砂轮速度。实践证明,同时提高工件速度和砂轮速度可减轻工件表面的磨削烧伤。

(2)砂轮材料。对于硬度太高的砂轮,钝化的磨粒不易脱落,砂轮容易被切屑堵塞。因此,一般用软砂轮好。砂轮结合剂最好采用具有一定弹性的材料,以保证磨粒受到过大的切削力时会自动退让,如树脂、橡胶等。一般来讲,粗粒度不容易引起磨削烧伤。

(3)冷却方式。用切削液带走磨削区热量可避免烧伤。然而,现有的冷却方式效果却不理想。这是由于旋转的砂轮表面产生强大的气流层,以致没有多少切削液能进入磨削区。因此,必须改进冷却方式,以提高冷却效果。

◀ 9.2 机械加工误差分析概述 ▶

在实际生产中,任何一种机械加工方法都不可能把零件加工得绝对准确,因为在机械加工中存在着各种产生误差的因素。因此,加工误差是无法避免的。从使用角度来看,也没有必要把零件加工得绝对准确,可允许有一定的误差。保证零件的加工精度,就是设法使加工误差控制在许可的范围内。

零件的机械加工是在由机床、刀具、夹具和工件组成的工艺系统中完成的。因此,工艺系统的各种误差就会以不同的程度和方式反映为零件的加工误差,从而影响零件的加工精度。

1.加工精度与加工误差

1)加工精度和加工误差的概念

加工精度是指零件加工后的实际几何参数(尺寸、几何形状和相互位置)与理想几何参数的符合程度,而加工误差是指零件加工后的实际几何参数(尺寸、几何形状和相互位置)与理想几何参数之间的偏差(偏离程度)。符合程度越高,加工精度就越高;偏离程度越大,加工误差就越大。

2)加工精度与加工误差的关系

在评定零件几何参数准确程度这一问题上,加工精度和加工误差从两个不同的方面说明了同一问题。加工误差的大小由零件加工后实际测量的偏差值 Δ 来衡量;而加工精度的高低则以公差等级或公差值 T 来表示,并由加工误差的大小来控制。一般来说,只有当 $\Delta < T$ 时,才能保证零件的加工精度。

在生产过程中,任何一种加工方法不可能也没有必要把一批零件做得绝对准确和完全一致,它们与理想零件相比总有一定的差异,只要把这种差异控制在所规定的范围内就可以了。

2. 原始误差

1)原始误差的概念

广义上讲,凡是直接引起加工误差的因素都称为原始误差。由于零件的机械加工是在"机床—工件—刀具—夹具"所组成的工艺系统中完成的,所以把引起工艺系统各组成部分之间的正确几何关系发生改变的各种因素称为工艺系统误差。工艺系统误差必将在不同的工艺条件下,以不同的程度和方式反映为零件的加工误差。

因为工艺系统误差是根源,而零件的加工误差是结果,即工艺系统误差是直接导致零件加工误差的"原始因素",所以通常将工艺系统误差称为原始误差。根据原始误差的性质、状态的不同,可将其归纳为四个方面。

(1)加工原理误差。

(2)工艺系统的几何误差,包括机床、夹具、刀具的制造误差、磨损及调整误差。

(3)工艺系统受力变形所引起的误差,包括切削力、夹紧力、惯性力、传动力、内应力等引起的误差。

(4)工艺系统受热变形引起的误差,包括机床、夹具、刀具热变形引起的误差。

2)原始误差与加工误差的关系

当工艺系统存在原始误差时,该误差可能原样、缩小或放大地反映给工件,造成工件的加工误差。

如图 9-5 所示,工件的回转中心在 O 点,刀尖的正确位置在 A 点。设某一瞬时由于各种原始误差的影响,刀具由 A 点移到 A',则原始误差为 $AA' = \delta$,AA' 与 OA 的夹角为 φ,加工后工件半径产生了加工误差 ΔR,由图中几何关系知

$$\Delta R = R - R_0 = OA' - OA$$
$$= \sqrt{R_0^2 + \delta^2 - 2R_0\delta\cos\varphi} - R_0$$

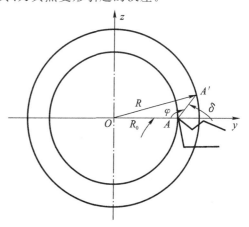

图 9-5　原始误差与加工误差的关系

当 $\varphi = 0$,即原始误差方向在工件被加工表面的法线上时,所引起的加工误差最大($\Delta R = \delta$),此方向称为误差敏感方向;当 $\varphi = 90°$,即原始误差方向在工件被加工表面的切线上时,所引起的加工误差最小($\Delta R \approx \dfrac{\delta^2}{2R_0}$),此方向称为非误差敏感方向,一般可以忽略不计。

3. 加工原理误差

加工原理误差是指由于采用了近似的成形运动或近似的切削刃轮廓进行加工而产生的误差,又称为理论误差。

1)采用近似的成形运动所造成的误差

(1)用展成法加工渐开线齿轮。

在利用展成法原理加工渐开线齿轮时,理论上要求加工出来的齿形是一个光滑的渐开线表面,但因为滚刀或插刀一周内只能由有限个切削刃构成,所以被加工齿轮的齿形是由刀具上有限条切削刃在一系列顺序位置上所切出的折线包络而成的。这样,由折线代替理论上的渐开线,必将造成误差。

(2)用近似传动比加工模数螺纹。

在车削或磨削模数螺纹时(螺距 $P=\pi m$),理论上要求主轴与丝杆之间的传动比应满足关系式 $u=P/t=\pi m/t$(式中,t 为丝杆螺距,m 为模数)。由于 π 是无理数,采用任何挂轮组合都只能得到其近似值,所以加工后必将存在螺距误差和螺距累积误差。

(3)数控加工的以折代曲方式。

数控加工从其加工原理上来说是一种以折代曲的加工方式,它通过插补运算,控制机床的各个坐标轴在相应的方向上产生位移来合成加工的曲线(曲面)轮廓。这样,工件的实际加工轮廓与理想轮廓之间就存在着误差,该误差为加工原理误差。

2)采用近似的切削刃轮廓所造成的误差

(1)用模数铣刀加工渐开线齿轮。

由于渐开线齿轮的齿形完全取决于基圆的半径($r_b=\dfrac{mz}{2}\cos\alpha$),当模数 m 和压力角 α 一定时,其齿形随着齿数 z 的不同而不同。所以,在采用盘形齿轮铣刀或指状齿轮铣刀加工齿轮时,理论上要求对于同一模数、同一压力角而齿数不同的齿轮,应该采用相应齿数的铣刀来加工。因此,就必须制造很多把铣刀,这样既不经济又难以管理。实际加工中,是将加工同一模数和同一压力角的齿轮的铣刀制作八把(或十五把)作为一套,每一号铣刀加工一定范围齿数的多种齿轮。

例如,3 号铣刀可用于加工齿数为 $17\sim20$ 的齿轮,但其切削刃轮廓是按本组最小齿数 17 的齿形来设计的,那么用它来加工本组其他齿数的齿轮时必定会产生齿形误差。

(2)用齿轮滚刀加工渐开线齿轮。

理论上要求加工渐开线齿轮的齿轮滚刀应该采用渐开线蜗杆滚刀,但由于制造困难,实际上是采用阿基米德蜗杆滚刀代替渐开线蜗杆滚刀,这样将不可避免地产生加工误差。

3)加工原理误差对加工精度的影响

由上述分析可知,加工原理误差是在加工以前就已经存在的,并且不可避免地影响到工件的加工精度,但在实际生产中又为什么要采用呢? 有以下三个原因。

(1)理论上完全准确的加工原理不能实现,如挂轮选配计算中的 π 值。

(2)理论上完全准确的加工原理虽然可以实现,却导致机床和夹具的结构复杂、制造困难,或使得理论切削刃轮廓的精度下降、误差过大,或使得整个刀具的数量增加、成本太高。

(3)采用理论上完全准确的加工原理之后,可能会导致中间环节太多,增加机构运动中的误差,不仅得不到高的加工精度,反而比采用近似加工方法所得到的加工精度还低。

综上所述,采用近似加工方法进行加工是保证质量、提高生产率的有效工艺措施,往往还可以使工艺过程更为经济,特别适用于形状复杂的表面加工。因此,绝不能认为某加工方法有了加工原理误差就不算是一种完善的加工方法。

9.3 工艺系统的几何误差

工艺系统的几何误差主要是指机床、刀具和夹具本身在制造时所产生的误差,以及在使用中产生的磨损和调整误差等。这类误差在刀具与工件发生关系(切削)之前就已客观存在。从某种意义上讲,它们是一种先天性的几何关系的偏差,并在加工过程中反映到工件上去。

9.3.1 机床的几何误差

现代制造技术的发展表明:高精度的零件要依赖高精度的设备与工艺装备来生产,其中最重要的是机床的精度。机床的精度可以分为:①静态精度,即机床在非切削状态(无切削力作用)下的精度;②动态精度,即机床在切削状态和振动状态下的精度;③热态精度,即机床在温度场变化情况下的精度。

本节所讲的内容主要是静态精度,它是由制造、安装和使用中的磨损造成的,其中对加工精度影响较大的是主轴回转运动误差、导轨直线运动误差和传动链传动误差。

1. 主轴回转运动误差

1)基本概念

机床主轴是工件或刀具的安装基准和运动基准,其理想状态是主轴回转轴线的空间位置固定不变。但由于各种误差因素的影响,实际上主轴回转轴线在每一瞬时的空间位置都是变化的。所谓主轴回转运动误差,就是主轴的实际回转轴线相对于平均回转轴线(实际回转轴线的对称中心线)的变动量。

主轴回转运动误差可分为图9-6所示的三种基本形式。

(1)轴向窜动(又称为轴向漂移):主轴瞬时回转轴线沿平均回转轴线方向的漂移运动,如图9-6(a)所示。

(2)径向圆跳动(又称为径向漂移):主轴瞬时回转轴线始终作平行于平均回转轴线的径向漂移运动,如图9-6(b)所示。

(3)角度摆动(又称为角向漂移):主轴瞬时回转

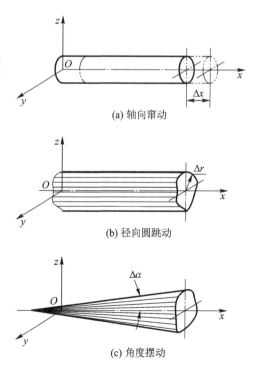

(a) 轴向窜动

(b) 径向圆跳动

(c) 角度摆动

图 9-6 主轴回转运动误差的三种基本形式

轴线与平均回转轴线成一倾斜角,其交点位置固定不变的漂移运动,如图 9-6(c)所示。

应该指出,实际的主轴回转误差是上述三种漂移运动误差的合成。

2)主轴回转运动误差产生的原因

主轴回转运动误差产生的原因主要有主轴的制造误差、轴承的误差、轴承配合件的误差及配合间隙、主轴系统的径向不等刚度和热变形等。

为了提高主轴的回转精度,可提高主轴部件的制造精度;采用高精度的滚动轴承或高精度的多油楔动压轴承和静压轴承,或对滚动轴承进行预紧,以消除间隙;提高箱体支承孔、主轴轴颈的加工精度;使主轴回转运动误差不反映到工件上去,如在外圆磨床上,前后顶尖都是不转的,这样就可避免主轴回转运动误差对加工精度的影响。

3)主轴回转运动误差对加工精度的影响

主轴回转运动误差对加工精度的影响对不同类型的机床和不同的加工内容将产生不同性质的加工误差,其影响比较复杂,尤其对于主轴回转运动误差所表现出来的那种随机性和综合性,更是难以从理论上定量地加以描述。在表 9-1 中仅列出主轴回转运动误差的三种基本形式对车削和镗削加工的影响。

表 9-1　主轴回转运动误差的三种基本形式对车削和镗削加工的影响

主轴回转运动误差的基本形式	车床上车削			镗床上镗削	
	内孔和外圆	端面	螺纹	内孔	端面
径向圆跳动	近似为真圆（理论上为心脏线形）	无影响	—	椭圆孔（每转跳动一次）	无影响
轴向窜动	无影响（内圆锥面有影响）	平面度、垂直度（端面凸轮形）	螺距误差	无影响	平面度、垂直度
角度摆动	近似为圆柱（理论上为锥形）	影响极小	—	椭圆柱孔（每转摆动一次）	平面度（马鞍形）

4)主轴回转精度的测量

(1)千分表测量法(径向、轴向)。这是生产中常用的一种传统测量法,其方法是:将精密检验心棒插入主轴锥孔,用千分表测量两处外圆表面和端面的跳动量(见图 9-7)。这种方法简单易行,但存在下述两个缺点。

①难以区分两种性质不同的主轴误差。例如,当所测量的主轴出现径向圆跳动时,可能既存在由主轴回转运动误差所引起的跳动,又存在由主轴几何偏心所引起的跳动,但采用千分表测量是无法区分的。

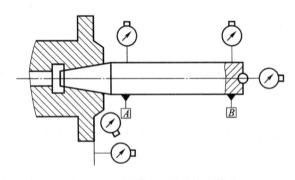

图 9-7　主轴回转精度的千分表测量法

②不能反映主轴在工作转速下的动态误差。由于千分表测量法是在主轴慢速回转的情况下进行的,所以主轴运转的动态情况没有反映出来。

（2）传感器测量法。因加工误差是在误差敏感方向上测量的，故不同类型的机床的主轴回转精度的测量方法有所不同。对于车床、磨床类机床，主轴回转精度应在与刀具位置相同的、固定的方向上测量；对于镗床、铣床类机床，由于工作时刀具是旋转的，则主轴回转精度必须在随主轴一起回转的误差敏感方向上测量。

图 9-8 所示是镗床主轴回转精度的传感器测量法，其测量原理如下。主轴端部安装一个精密测量球 3，且球 3 的中心与主轴回转轴线略有偏心，并可用调整盘 1 调节偏心量 e。在球 3 相互垂直的两侧安装两个位移传感器（电流式或涡流式）2、4，并保持一定的间隙。当主轴旋转时，主轴回转轴线的漂移会引起间隙产生微小的变化，这种间隙的变化经两个传感器 2、4 拾取信号后，由放大器 5 分别输入到示波器 6 的水平和垂直的偏置板上，从而在光屏上显示出图形来。该图形是由不重合的每转回转误差曲线叠加而成的。由于测量时，示波器光屏上的光点是随主轴回转而描绘出的图形，所以它直接反映了镗刀刀尖的真实轨迹。在图 9-9 所示的李沙育图形中，包容该图形且半径差为最小的两个同心圆的半径差为 $\Delta R_{\min}$，即为主轴回转轴线的径向圆跳动量，它反映了该测量截面上的圆度误差；图形轮廓线的径向宽度 B 表示随机径向漂移，它影响着工件的表面粗糙度。

2. 导轨直线运动误差

机床导轨副是实现直线运动的主要部件，其制造误差、装配误差及磨损是影响直线运动的主要因素。

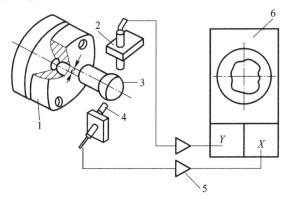
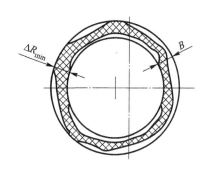

图 9-8　镗床主轴回转精度的传感器测量法　　　图 9-9　实测的李沙育图形

1）导轨直线运动误差的表现形式

导轨直线运动误差的表现形式为：导轨在水平面内的直线度（弯曲）、导轨在垂直面内的直线度（弯曲）、前后导轨的平行度（扭曲）、导轨与主轴回转轴线的平行度。

2）导轨直线运动误差对加工精度的影响

导轨直线运动误差对加工精度的影响应根据不同的机床类型以及制造与磨损所造成的变形情况进行具体分析。下面以外圆磨床及卧式车床为例进行讨论。

（1）导轨在水平面内弯曲（见图 9-10）。这时处在误差敏感方向上，导轨的直线度误差将直接反映到工件上去，使刀尖的成形运动不呈直线，从而造成工件加工表面的轴向形状误差。相对于操作者而言，导轨前凸时，工件产生鼓形；导轨后凸时，工件产生鞍形。

（2）导轨在垂直面内弯曲（见图 9-11）。这同样使刀尖的成形运动不呈直线，但由于是处在

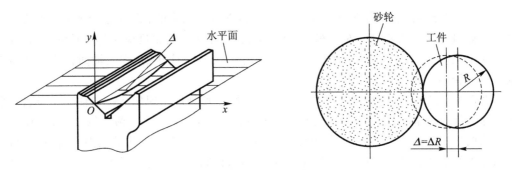

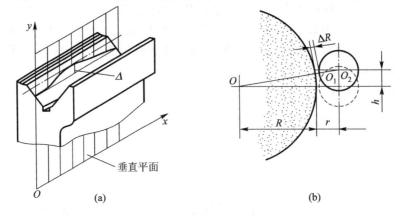

图 9-10　导轨在水平面内弯曲

非误差敏感方向上,所以导轨的直线度误差对工件半径的影响极小,可忽略不计。

图 9-11　导轨在垂直面内弯曲

必须指出,上述两种情况若发生在龙门刨床、平面磨床上则恰好相反,因为两者的误差敏感方向与车床的不同。

(3)导轨扭曲。如果前后导轨在垂直方向存在平行度误差(见图 9-12),刀具在直线进给运动中将产生摆动,刀尖的成形运动将变成一条空间曲线。若前后导轨在某一长度上的平行度误差(即高度差)为 δ,则该平行度误差对零件加工表面所造成的形状误差(半径误差)可由图示几何关系得到,即

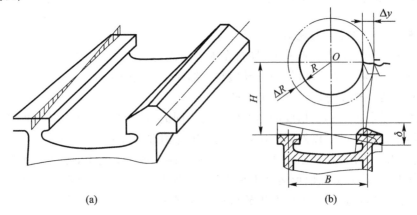

图 9-12　导轨扭曲引起的加工误差

$$\Delta R = \Delta y = \delta H / B$$

对于一般卧式车床，$H/B \approx 2/3$；对于外圆磨床，$H/B \approx 1$。可见，这一原始误差对加工精度的影响很大，不可忽视。

（4）导轨与主轴回转轴线的平行度。理论上要求刀尖的直线运动轨迹与主轴回转轴线在水平面内和垂直面内都应相互平行，但实际上有下述两种误差情况。

①在水平面内不平行：两者处于同一平面，即为两相交直线，这会使工件产生锥度。

②在垂直方向不平行：两者不在同一平面内，即为两空间交叉直线。该项误差与导轨在垂直面内的直线度误差相似，均处于非误差敏感方向，故对工件的加工精度影响很小。

同样是导轨与主轴回转轴线的平行度误差，但给镗床带来的加工误差却不同。如图 9-13 所示，镗孔加工时，当工作台进给（即工件进给）时，镗杆与导轨不平行会使镗出的孔呈椭圆形，但不会引起孔轴线的位置误差；当镗杆进给时，镗杆与导轨不平行会使镗出的孔的轴线位置发生偏移，但不会引起孔的形状误差。

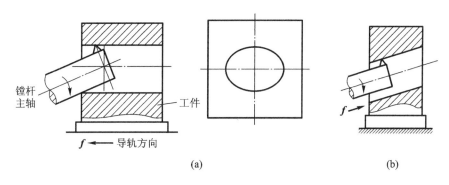

图 9-13　不同镗孔方式的加工误差

3. 传动链传动误差

对于某些加工方式，如车螺纹、滚齿、插齿等，为了保证工件的精度，要求工件和刀具间必须有准确的速比关系。车削螺纹时，要求工件转一转，刀具走一个导程；滚齿时，要求滚刀的转速和工件的转速之比恒定不变，保持下列关系

$$\frac{n_{\text{d}}}{n_{\text{g}}} = \frac{z_{\text{g}}}{k} \tag{9-1}$$

式中：k 为滚刀头数；n_{d} 为滚刀转速，r/min；n_{g} 为工件转速，r/min；z_{g} 为工件齿数。

因此，刀具与工件间必须采用内联系传动链才能保证传动速比关系。当传动链中的传动元件有制造误差和装配误差，以及在使用过程中有磨损时，就会破坏正确的运动关系，产生传动链传动误差，从而影响加工精度。各传动元件的转角误差是通过该元件至末端元件的传动比反映到工件上的，因此传动链中的各元件，如齿轮、蜗轮、蜗杆、丝杠、螺母等因在传动链中的位置不同，其对加工精度的影响程度也不一样。在升速传动中，传动元件的转角误差将被扩大；在降速传动中，传动元件的转角误差将被缩小。在滚齿传动链中，从滚刀到分度蜗轮，中间有许多对传动齿轮，对传动链传动误差影响最大的是末端元件——分度蜗轮，它的转角误差直接反映到工作台（工件）上，而所有中间的传动齿轮副的误差，在最后经过蜗轮副的大降速比后，对齿轮的加工误差的影响就很小了。因此，传动链末端元件的设计、制造精度应最高。

9.3.2　刀具误差

机械加工中常用的刀具有一般刀具、定尺寸刀具和成形刀具。一般刀具(如普通车刀、单刃镗刀和平面铣刀等)的制造误差对加工精度没有直接影响。

定尺寸刀具(如钻头、铰刀、拉刀等)的尺寸误差直接影响工件的尺寸精度。刀具的安装和使用不当会产生跳动,也将影响加工精度。

成形刀具(如成形车刀、成形铣刀及齿轮刀具等)的制造和磨损误差主要影响工件的形状精度。

9.3.3　夹具误差

夹具误差主要包括:
(1)定位元件、刀具引导元件、分度机构、夹具体等的制造误差;
(2)夹具装配后,以上各种元件工作面间的位置误差;
(3)夹具在使用过程中工作表面的磨损;
(4)夹具使用过程中工件定位基面与定位元件工作表面间的位置误差。

夹具误差将直接影响加工表面的位置精度或尺寸精度。例如,各定位支承板或支承钉的等高性误差将直接影响加工表面的位置精度,钻模上各钻套间的尺寸误差和平行度(或垂直度)误差将直接影响所加工孔系的尺寸精度和位置精度,镗模导向套的形状误差将直接影响所加工孔的形状精度等。

夹具误差引起的加工误差在设计夹具时可以进行分析计算。对于已制成的夹具,可以进行检测后再计算出其可能造成的加工误差大小。一般来说,夹具误差对加工表面的位置误差影响最大。

9.3.4　测量误差

工件在加工过程中要用各种量具、量仪等进行检验测量,再根据测量结果对工件进行试切和调整机床。量具本身的制造误差、测量时的接触力、温度、目测正确程度等都将直接影响加工精度。因此,要正确地选择和使用量具,以保证测量精度。

9.3.5　调整误差

在机械加工的每一道工序中,应对机床、夹具和刀具进行调整。调整误差的来源视不同的加工方式而异。

1.试切法加工误差

单件小批量生产中,通常采用试切法加工,其方法是:对工件进行试切—测量—调整—再试切,直到达到要求的精度为止。引起调整误差的因素如下。

(1)测量误差。测量误差是由测量工具本身和测量方法、环境条件(温度和振动)、测量者的主观因素(视力、判断能力、测量经验等)造成的误差。

（2）进给机构的位移误差。试切时总是要微量调整刀具的进给量。在低速微量进给中,常会出现进给机构的"爬行"现象,使得刀具的实际进给量与刻度盘上的数值不符,造成加工误差。

（3）试切与正式切削时,因切削层厚度不同而产生的误差。精加工时,试切的最后一刀往往很薄,切削刃只起挤压作用,而不起切削作用,但正式切削时的深度较大,切削刃不打滑,就会多切下一点。因此,工件尺寸就与试切时的不同,从而产生尺寸误差。

2. 调整法加工误差

影响调整法加工精度的因素有测量精度、调整精度、重复定位精度等。用定程机构调整时,调整精度取决于行程挡块、靠模及凸轮等机构的制造精度和刚度,以及与其配合使用的离合器、控制阀等的灵敏度;用样件或样板调整时,调整精度取决于样件或样板的制造、安装和对刀精度。

◀ 9.4　工艺系统的受力变形 ▶

在机械加工中,工艺系统在切削力、夹紧力、传动力、重力、惯性力及内应力等内、外力作用下都会产生弹性变形,当超过弹性极限时就会产生塑性变形,严重时还会引起系统振动,从而破坏已经调整好的工件与刀具间的相对位置,使工件产生加工误差。

工艺系统的受力变形是机械加工精度中的一项很重要的原始误差,它不仅严重地影响着工件的加工精度,还影响着工件的表面质量,同时也限制了切削用量和生产率的提高。

9.4.1　基本概念

1. 工艺系统的刚度

刚度的一般概念是:加到物体上的作用力 F 与沿此力作用方向上产生的位移(变形)y 的比值,即

$$k = \frac{F}{y} \tag{9-2}$$

与此类似,工艺系统的刚度就是指系统受外力作用时抵抗变形的能力。工艺系统抵抗变形的能力越强,则零件的加工精度就越高。

工艺系统的刚度有以下特点。

（1）工艺系统是由多个零、部件组成的一个复杂系统,除了零、部件本身的变形之外,零件之间的间隙、零件接触面的形状误差都有可能使零、部件在受外力作用时产生移动或转动。显然,这不完全是变形问题,应不属于刚度讨论的范畴,但就效果而言,同样都会导致工件与刀具之间的相对位置发生变化。所以,从广义上说,工艺系统的刚度是指系统抵抗外力保持原有位置不变的能力,即从"系统的位移"这个角度来理解工艺系统的刚度。

（2）工艺系统的受力往往比较复杂,可能一个方向的外力同时产生几个方向的位移,或者一个方向的位移同时由几个方向上的外力所引起,这就是位移的复合性,而我们主要研究的是工艺系统在误差敏感方向上的位移。

根据工艺系统刚度的两个特点,可以将工艺系统的刚度定义为:垂直于工件加工表面的切

削分力 F_p 与在此方向上刀具相对于工件的位移 y_{xt} 的比值,即

$$k_{xt} = \frac{F_p}{y_{xt}}$$

式中:F_p 为切削力沿加工平面法线方向的分力,N;k_{xt} 为工艺系统在总切削力的作用下沿加工平面法线方向的变形,mm。

切削加工中,机床的有关零、部件,夹具,刀具和工件在切削力的作用下会产生不同程度的变形。因此,工艺系统在某一方向的总变形是各组成部分在该处的法线方向的变形的叠加,即

$$y_{xt} = y_{jc} + y_{jj} + y_{dj} + y_{gj}$$

式中,脚标 jc、jj、dj、gj 分别表示机床、夹具、刀具和工件。

各组成部分的刚度为

$$k_{xt} = \frac{F_p}{y_{xt}}, \quad k_{jc} = \frac{F_p}{y_{jc}}, \quad k_{jj} = \frac{F_p}{y_{jj}}, \quad k_{dj} = \frac{F_p}{y_{dj}}, \quad k_{gj} = \frac{F_p}{y_{gj}}$$

因此,工艺系统刚度的一般计算式为

$$k_{xt} = \frac{1}{\dfrac{1}{y_{jc}} + \dfrac{1}{y_{jj}} + \dfrac{1}{y_{dj}} + \dfrac{1}{y_{gj}}} \tag{9-3}$$

上式给出了工艺系统的局部刚度与整体刚度之间的数量关系。它表明整个工艺系统的刚度比各组成部分中刚度最小的那部分的刚度还要小。必须注意的是,上式是在工艺系统各组成部分的受力都相等的条件下得到的。实际上,各组成部分的受力不一定相等,因而变形也不一定相同。所以,上式的具体形式应按加工中的受力和变形关系来推导。

2. 静刚度与动刚度

上述所说的刚度是当工艺系统处于静态时得到的,所以 k_{xt} 也称为静刚度 k_j,其倒数称为静柔度 C_j。

$$k_j = \frac{1}{C_j} \tag{9-4}$$

工艺系统在交变载荷作用下将产生振动,其振幅(变形)大小不仅与激振力有关,而且还与激振频率有关。这与稳定加工状态时的受力变形有着原则上的区别。我们把某个激振频率下产生的单位振幅所需的激振力幅值称为该频率下工艺系统的动刚度 k_d,其倒数称为动柔度 C_d。

$$k_d = \frac{1}{C_d}$$

3. 负刚度

如图 9-14 所示,当 $\boldsymbol{F}_z$ 引起的 y 向位移量 y_{F_z} 超出 $\boldsymbol{F}_y$ 引起的 y 向位移量 y_{F_y} 时,总的位移量就与 y 方向相反而呈负值,此时刀架处于负刚度状态。负刚度会使刀尖扎入工件表面(俗称扎刀或啃刀),还会使系统产生振动。

4. 接触刚度

工艺系统是由许多零、部件构成的,它们相互间的接触表面并非理想的几何表面,零件经机械加工后总是存在着许多宏观的和微观的表面缺陷,所以表面实际接触的仅是表面上的一些凸

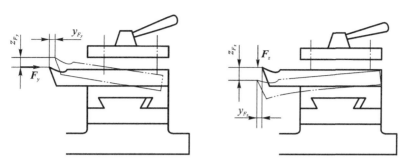

图 9-14 刀架在切削力作用下的变形

峰(见图 9-15(a))。在外力的作用下,这些接触点产生较大的接触应力,发生较大的接触变形,其中既有表面层的弹性变形,又有局部的塑性变形。我们把互相接触的两表面抵抗接触变形的能力称为接触刚度。加载初期,接触刚度很小;随着接触变形的增加,接触点增多,接触面积增大,应力和变形逐渐减小,接触刚度提高,如图 9-15(b)所示。

影响接触刚度的主要因素有:①表面几何形状误差与表面粗糙度;②材料及其硬度。

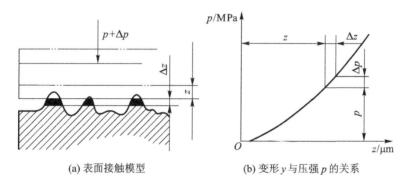

(a) 表面接触模型 (b) 变形 y 与压强 p 的关系

图 9-15 表面接触情况

9.4.2 工艺系统受力变形对加工精度的影响

1. 切削力引起的变形对加工精度的影响

实际加工中,切削力的大小及其作用点的位置总是变化的,有时力的方向也会变化。下面我们着重讨论切削力的大小和作用点位置的变化所带来的影响。

1)切削力作用点位置的变化引起的加工误差

切削过程中,如果总切削力的大小不变,但由于其作用点位置的变化而使工艺系统的变形量随之变化,将会引起工件轴向剖面中的形状误差。下面以机床顶尖间加工光轴为例进行分析。

(1)机床的变形。

假设工件短而粗,车刀悬伸长度很短,它们的受力变形均忽略不计,只考虑机床的变形,如图 9-16(a)所示。当车刀走到图示位置时,在背向切削力 F_p 的作用下,车床主轴箱受力 F_A 作用,由原来的位置 A 位移到 A',产生的变形为 y_{tj};尾座受力 F_B 作用,由 B 位移到 B',产生的变

形为 y_{wz}；刀架由 C 位移到 C'，产生的变形为 y_{dj}。这时工件的轴线由 AB 位移到 $A'B'$，则在切削点处工件轴线的位移为

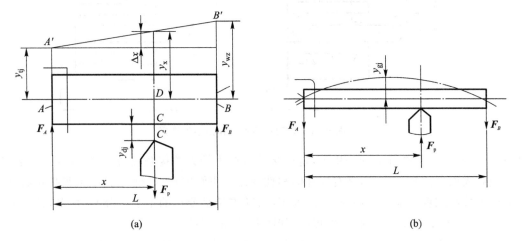

图 9-16 切削力作用点位置变化引起的变形

$$y_x = y_{tj} + \Delta x = y_{tj} + (y_{wz} - y_{tj})x/L$$

式中，L 为工件长度，x 为车刀至主轴箱的距离。

考虑到刀架的变形，所以机床的总位移为

$$y_{jc} = y_x + y_{dj}$$

当车刀在任意位置 x 处时，由刚度定义可知

$$y_{dj} = \frac{F_p}{k_{dj}}, \qquad y_{tj} = \frac{F_A}{k_{tj}} = \frac{F_p}{k_{tj}}\frac{L-x}{L}, \qquad y_{wz} = \frac{F_B}{k_{wz}} = \frac{F_p}{k_{wz}}\frac{x}{L}$$

式中，k_{tj}、k_{wz}、k_{dj} 分别表示主轴箱、尾座、刀架的刚度。

故机床的总变形为

$$y_{jc} = y_{dj} + y_x = y_{dj} + y_{tj} + (y_{wz} - y_{tj})\frac{x}{L}$$

即

$$y_{jc} = F_p \left[\frac{1}{k_{dj}} + \frac{1}{k_{tj}}\left(\frac{L-x}{L}\right)^2 + \frac{1}{k_{wz}}\left(\frac{x}{L}\right)^2 \right]$$

当 $x = 0$ 时，$y_{jc} = F_p \left(\dfrac{1}{k_{dj}} + \dfrac{1}{k_{tj}} \right)$。

当 $x = L/2$ 时，$y_{jc} = F_p \left(\dfrac{1}{k_{dj}} + \dfrac{1}{4k_{tj}} + \dfrac{1}{4k_{wz}} \right)$。

当 $x = L$ 时，$y_{jc} = F_p \left(\dfrac{1}{k_{dj}} + \dfrac{1}{k_{wz}} \right) = y_{max}$。

可以看出，随着总切削力作用点位置的变化，工艺系统的变形量也是变化的，这是其刚度随总切削力作用点变化所致。变形大的地方切去的金属薄，变形小的地方切去的金属厚，最后加工出来的工件呈两端粗、中间细的鞍形形状误差。

（2）工件的变形。

若在两顶尖间车削细长轴，机床和刀具的变形忽略不计。如图 9-16（b）所示，当车刀走到图

示位置时,在背向切削分力的作用下,工件的轴线产生弯曲。

由材料力学计算公式可得,在切削点处工件的变形为

$$y_{gj} = \frac{F_p}{3EI} \frac{(L-x)^2 x^2}{L} \tag{9-5}$$

式中:L 为工件长度,mm;E 为材料的弹性模量,N/mm^2;I 为工件的截面惯性矩,mm^4。

当 $x=0$ 时,$y_{gj}=0$。

当 $x=L/2$ 时,$y_{gj}=\dfrac{F_p L^3}{48EI}=y_{max}$。

当 $x=L$ 时,$y_{gj}=0$。

由此可见,加工后的工件呈鼓形形状误差。

(3)工艺系统的总变形。

若同时考虑机床和工件的变形,则工艺系统的总变形为

$$y_{xt} = y_{jc} + y_{gj} = F_p \left[\frac{1}{k_{dj}} + \frac{1}{k_{tj}} \left(\frac{L-x}{L} \right)^2 + \frac{1}{k_{wz}} \left(\frac{x}{L} \right)^2 + \frac{(L-x)^2 x^2}{3EIL} \right]$$

工艺系统的刚度为

$$k_{xt} = \frac{F_p}{y_{xt}} = \left[\frac{1}{k_{dj}} + \frac{1}{k_{tj}} \left(\frac{L-x}{L} \right)^2 + \frac{1}{k_{wz}} \left(\frac{x}{L} \right)^2 + \frac{(L-x)^2 x^2}{3EIL} \right]^{-1}$$

由此可知,工艺系统的刚度沿工件轴向的各个位置是不同的,所以加工后工件各个截面的直径尺寸也不同,造成加工后工件的形状误差。

工艺系统的刚度随总切削力作用点位置的变化而变化的例子有很多,如图 9-17 所示。在分析加工误差时,应了解工艺系统各组成部分刚度的大小、低刚度部分的受力点位置是否变化、其受力变形量是否为常值等。读者可自行分析图 9-17 所示的各例加工后的形状误差。

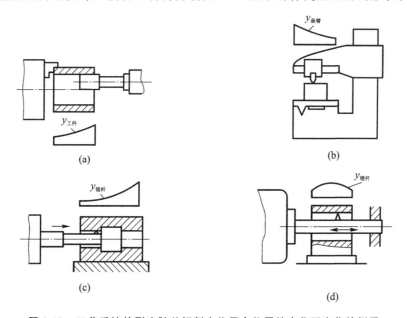

图 9-17 工艺系统的刚度随总切削力作用点位置的变化而变化的例子

2）总切削力大小的变化对加工精度的影响

机械加工时，工艺系统在总切削力的作用下会产生变形，使得实际切削余量发生变化，从而影响加工后的尺寸精度。如果在加工过程中总切削力的大小不变，这一误差是可以通过适当的调整来消除的。但是机械加工时，由毛坯形状误差较大而导致的加工余量不均或材料硬度的变化，都会引起总切削力的大小发生变化，工艺系统的变形也就随着总切削力大小的变化而变化，从而产生加工误差。

如图 9-18 所示，设车削时毛坯有圆度误差，车削前将车刀调整到图中双点画线位置。由于毛坯的形状误差，工件在每一转中的背吃刀量会发生变化，最大背吃刀量为 a_{p1}，最小背吃刀量为 a_{p2}。假设毛坯材料硬度均匀，那么背吃刀量的变化会引起背向切削力的变化，相应的变形也在变化。a_{p1} 处的切削力 F_{p1} 最大，相应的变形 y_1 也最大；a_{p2} 处的切削力 F_{p2} 最小，相应的变形 y_2 也最小。车削后得到的工件仍然具有圆度误差。

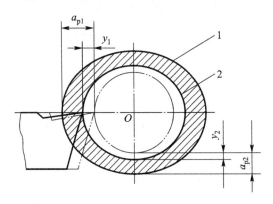

图 9-18　毛坯的误差复映

1—毛坯；2—加工后的工件

由此可见，当车削具有圆度误差 $\Delta_{mp}=a_{p1}-a_{p2}$ 的毛坯时，由于工艺系统受力的变化而使工件产生相应的圆度误差 $\Delta_{gj}=y_1-y_2$，这种现象称为误差复映。

设工艺系统的刚度为 k_{xt}，则工件的圆度误差为

$$\Delta_{gj}=y_1-y_2=\frac{1}{k}(F_{p1}-F_{p2})$$

把工件的圆度误差 Δ_{gj} 与毛坯的圆度误差 Δ_{mp} 的比值定义为误差复映系数 ε，则

$$\varepsilon=\frac{\Delta_{gj}}{\Delta_{mp}}=\frac{y_1-y_2}{a_{p1}-a_{p2}}=\frac{C}{k_{xt}} \tag{9-6}$$

式中，C 为与刀具几何参数及切削条件有关的系数，k_{xt} 为工艺系统的刚度。

误差复映系数定量地反映了毛坯的圆度误差经过加工后减小的程度，且工艺系统的刚度越大，ε 就越小，即复映到工件上的毛坯的圆度误差就越小。

由于误差复映系数是远小于 1 的正数，所以，当一次走刀不能满足精度要求时，可以用多次走刀的方法来降低误差复映系数。当 n 次走刀的误差复映系数分别为 ε_1，ε_2，ε_3，$\cdots$，ε_n 时，总的误差复映系数为

$$\varepsilon_z=\varepsilon_1\times\varepsilon_2\times\varepsilon_3\times\cdots\times\varepsilon_n\ll1$$

根据已知的毛坯的圆度误差 Δ_{mp}，可以估算工件加工后的圆度误差，也可根据工件的公差

值来确定走刀次数。

2. 传动力、惯性力、夹紧力和重力引起的变形对加工精度的影响

1）传动力和惯性力的影响

传动力和惯性力对加工精度的影响就其本质而言都是相同的，均是由切削加工中传动力和惯性力的方向不断变化所引起的。

（1）传动力的影响。

在车床或磨床类机床上加工轴类零件时，常用两顶尖支承和单爪拨盘（或鸡心夹头）带动工件旋转。由图 9-19 分析可知：

① 切削力 F 使工件的几何中心由 O 点移到 O' 点，只要 F 的大小不变，O' 点的位置就固定不变，显然，O' 为平均回转轴线；

② 在力 F_c 的作用下 O' 点移动到 O'' 点，因 F_c 的方向是不断变化的，因此 O'' 点的位置会随之变化，从而形成了一个以 O' 点为圆心、$O'O''$ 为半径的轨迹圆，显然，O'' 点是瞬时回转中心。

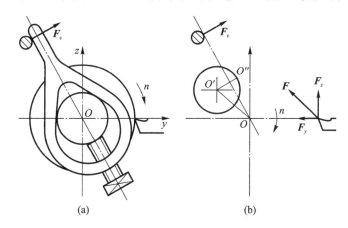

图 9-19　由传动力引起的加工误差

由此可见，工件表面是在瞬时回转轴线 O'' 相对于平均回转轴线 O' 及以后顶尖为锥角顶点所形成的圆锥轨迹中加工出来的。因此，加工后的工件在圆度仪上测量时，由于 O' 到刀尖的距离在一转中始终不变，所以工件仍为圆形；而在两顶尖支承下测量时，由于 O' 到刀尖的距离在一转中是变化的，所以工件为心脏形。

为了减小传动力的影响，在精密加工中，常常改用双销拨盘或柔性连接装置来带动工件转动。

（2）惯性力的影响。

切削加工中高速旋转的零、部件（含夹具、刀具和工件等）的不平衡将产生惯性力。此力的方向在每一转中不断改变，正如单爪拨盘传动力的影响一样，产生了瞬时回转轴线绕平均回转轴线的转动。

为了减小惯性力的影响，常常采用配重的方法来消除这种不平衡的现象，必要时适当降低转速，以减小离心力的影响。

2）夹紧力的影响

刚性较差的工件若夹紧力施力不当，常常会引起变形而造成工件的几何形状误差。即使是刚度较大的工件,也不应忽视这一影响。图 9-20 和图 9-21 表示了夹紧力所带来的形状误差,并附有相应的改进措施。

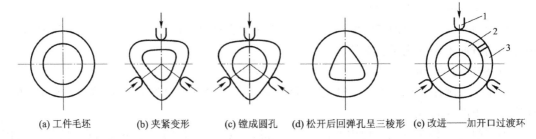

(a) 工件毛坯　　(b) 夹紧变形　　(c) 镗成圆孔　　(d) 松开后回弹孔呈三棱形　　(e) 改进——加开口过渡环

图 9-20　套筒零件夹紧变形误差及改进措施
1—三爪自定心卡盘;2—工件;3—开口过渡环

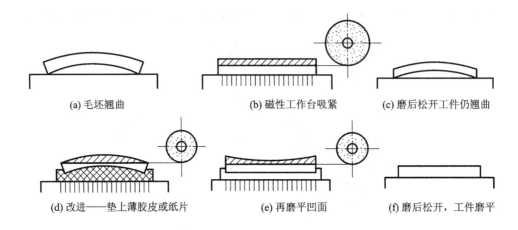

(a) 毛坯翘曲　　(b) 磁性工作台吸紧　　(c) 磨后松开工件仍翘曲

(d) 改进——垫上薄胶皮或纸片　　(e) 再磨平凹面　　(f) 磨后松开,工件磨平

图 9-21　薄片零件磨削的夹紧变形误差及改进措施

3)重力的影响

大型机床中的某些部件作进给运动时,本身自重对支承件的作用点位置不断变动,使得部件本身或支承件的受力变形随之改变而产生加工误差,例如大型立车、龙门刨床、龙门铣床中刀架横梁的变形,摇臂钻床中摇臂的变形,镗床中镗杆的变形等。

对于这种由重力产生的误差,可以根据挠性零件自重变形规律,采取相应的措施来消除或降低其影响。例如对于大型立车横梁,可以人为地使其上凸来抵消其在刀架重力作用下的下沉量。

3. 工件内应力引起的变形对加工精度的影响

1)内应力的概念及产生的原因

当外部载荷去除后,仍残存在工件内部的应力称为内应力(或残余应力)。它是因为工件在冷、热加工中,金属内部的宏观或微观组织发生了不均匀的变化而产生的。

具有内应力的零件,其内部组织处于一种极不稳定的暂时平衡状态,它有强烈的倾向要恢复到一个稳定的没有应力的状态,只要外界条件发生变化(例如切削加工、环境温度变化、受到撞击等),这种暂时的平衡就会遭到破坏,直到内应力重新分布,达到新的平衡为止。即使在常温下,零件也会缓慢地、不断地进行这种变化,直至内应力消失。在这一变化过程中,零件的形状和原有的加工精度必将受到影响。

下面就内应力产生的原因做一些讨论。

(1)毛坯制造中的内应力。工件在铸、锻、焊等热加工过程中,各部分由于冷却速度和收缩程度不一致而产生内应力。毛坯的结构愈复杂,各部分厚度愈不均匀,散热条件相差愈大,则在毛坯内部产生的内应力就愈大。

(2)冷校直时的内应力。在对细长轴类零件进行冷校直时,工件由于冷态受力较大而发生局部的塑性变形,在外力消失、变形回复过程中,塑性变形区与弹性变形区互相牵制而带来了内应力。

(3)热处理中的内应力。工件在进行热处理时,由于温度已超过金属的相变温度,在随后的冷却过程中,组织转化而使金属内部相邻组织发生不同的体积变化,从而带来了内应力。

(4)切削和磨削过程中的内应力。工件在切削和磨削加工过程中,其表面层受到了力和热的双重作用,此时必将产生内应力。

此外,工件在切削力的作用下也会有冷态塑性变形并产生相应的内应力。

2)消除内应力的措施

(1)合理设计零件结构,如铸、锻件应使壁厚均匀,焊接件应使焊缝均匀布置等。

(2)良好的时效处理。毛坯铸、锻、焊后都应进行时效处理;精密零件在加工过程中应安排多次时效处理;对于精度稳定性要求高的零件,还要增加液氮深冷处理工序,以消除残余奥氏体。

(3)合理安排工艺过程。对于精密零件(如IT6级以上的丝杆),严禁冷校直,可以采用热校直、加大余量或多次切削来消除弯曲变形;粗、精加工分开进行。

9.4.3 减小工艺系统受力变形的措施

减小工艺系统的受力变形是保证加工精度的有效途径之一。在生产实际中,主要从两个方面采取措施予以解决:一是提高工艺系统的刚度,二是减小载荷及其变化。

1. 提高工艺系统的刚度

1)合理设计结构

在设计机床或夹具时,尽量减少其组成零件数,以减小总的接触变形量,注意刚度匹配,防止低刚度环节出现。

2)提高零件连接表面的接触刚度

(1)提高机床部件中零件间连接表面的质量。影响连接表面接触刚度的因素主要是表面的粗糙度和形状精度。生产中常采用刮研、研磨、超精加工、超精密磨削等光整加工方法来提高表面质量、降低连接表面的粗糙度、增加实际接触面积、提高接触刚度。

(2)给机床部件预加载荷。装配时对机床部件的有关组成零件预加载荷,消除连接表面间的间隙,如各类轴承、滚珠丝杠螺母副的调整。

(3)合理使用机床。尽量减小尾座套筒、刀杆、刀架滑枕等的悬伸长度,减小运动部件的间隙,锁紧在加工时不需运动的可动部件等。

3）设置辅助支承来提高部件刚度

薄弱环节的刚度对整个系统的刚度影响很大，生产中常采用设置辅助支承的方式来解决。如图 9-22 所示，在转塔车床上加工较短的轴套类零件时，刀架的刚度较低，为明显的薄弱环节，通常用加强杆和导向支承套来提高刀架部件的刚度。

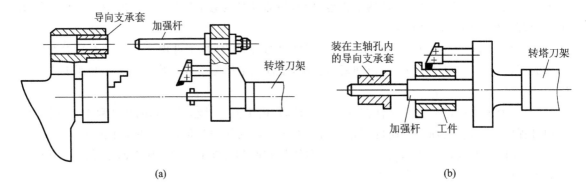

图 9-22　设置辅助支承来提高部件刚度

4）采用合理的装夹和加工方式

图 9-23 所示为卧式铣床上铣削角铁形零件的两种装夹、加工方式。图 9-23（a）中工件的装夹刚度较低，图 9-23（b）中工件的装夹刚度大大提高。

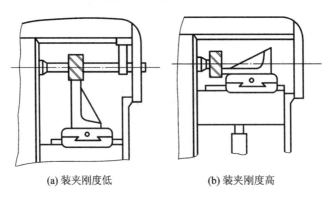

(a) 装夹刚度低　　　　(b) 装夹刚度高

图 9-23　卧式铣床上铣削角铁形零件的两种装夹、加工方式

又如加工细长轴时，除了采用中心架、跟刀架外，常采用反向切削的方法，使工件从原来的轴向受压变为轴向受拉，这样也可提高工件的刚度。

5）采用补偿或转移变形的方法

对于图 9-24 所示的龙门铣床，为了消除铣头和配重对横梁造成的弯曲变形影响，在横梁上增加一个附加梁，使横梁不承受铣头和配重的作用，变形被转移到了不影响加工精度的附加梁上；对于图 9-25 所示的摇臂钻床，为了消除主轴箱自重对摇臂造成的弯曲变形，把主轴箱的导轨做成反向弯曲，在主轴箱自重的作用下变形后的导轨接近于水平，从而实现对变形的补偿。

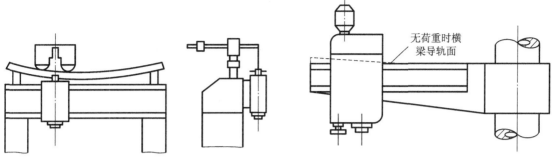

图 9-24　变形转移法　　　　　　　　　图 9-25　变形补偿法

2. 减小载荷及其变化

减小切削用量可减小总切削力对零件加工精度的影响,但同时生产率也会降低。此外,改善工件材料的可加工性、改善刀具材料及刀具几何参数(如增大前角,主偏角接近 $90°$ 等)都可减小受力变形。采用精坯以减小加工余量,可减小毛坯的误差复映。

9.5　工艺系统的热变形

机械加工过程中,由于各种热源的影响,工艺系统将因温度的变化而产生变形,从而引起加工误差。据统计,在精密加工中,由热变形引起的误差占总加工误差的 $40\%\sim70\%$,严重地影响了加工精度。

1. 工艺系统的热源

工艺系统的热源可分为内部热源和外部热源两大类。

内部热源来自切削过程,包括切削热(加工过程中存在于工件、刀具、切屑及切削液中的热)、摩擦热(由相对运动的零、部件间的摩擦产生的热,如机床运动副、动力源、液压系统等)等。

外部热源来自外部环境,包括环境温度(周围环境通过空气对流而传递的热量,如气温、地温、冷热风等)、辐射热(外部热源经辐射而传递的热量,如阳光、照明灯、暖气设备、人体等)。

在上述热源中,切削热对加工精度的影响最为直接,而摩擦热是机床热变形的主要热源,至于外部热源,则主要影响大型和精密工件的加工。

工艺系统受热源影响,温度逐渐升高,与此同时,其热量通过各种传导方式向周围散发。当单位时间内传入与散发的热量相等时,温度不再升高,即达到平衡状态。工艺系统在达到热平衡之前,其热变形是不断变化的,难以控制;而在达到热平衡之后,其热变形逐步趋于相对稳定。因此,热平衡是研究加工精度时必须关心的一个重要问题。

2. 机床热变形对加工精度的影响

由于在达到热平衡之前,机床的几何精度变化不定,其热变形对加工精度的影响毫无规律。

因此,各种精密加工都必须在机床达到热平衡之后才能进行。所以,机床达到热平衡所用的时间及此时所能达到的动态几何精度就成了衡量精加工机床质量的一个重要指标。一般,车床、磨床的热平衡时间为 4~6 小时;中小型机床的热平衡时间为 1~2 小时,大型、精密机床的热平衡时间有时达到 50 小时。图 9-26 所示是几种机床的热变形趋势。

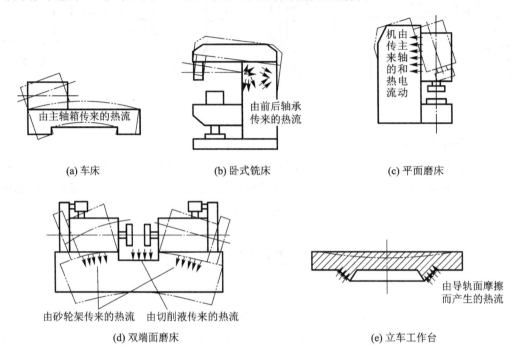

(a) 车床   (b) 卧式铣床   (c) 平面磨床

(d) 双端面磨床   (e) 立车工作台

图 9-26　几种机床的热变形趋势

对于车床、铣床、镗床类机床,其主要热源是主轴箱的发热(轴承的摩擦热和油池的发热),主轴箱及与主轴箱连接的床身温度升高,热变形使主轴上翘、抬高,同时发生水平偏移。若变形发生在非误差敏感方向,则影响不大;反之,对加工精度有很大的影响。

对于龙门刨床、龙门铣床、导轨磨床等机床,其主要热源是导轨副的摩擦热。这类机床的导轨较长,地温与室温的温差大,导致床身发生较大的变形,一般是夏天中凸,冬天中凹。

3. 工件热变形对加工精度的影响

工件主要受切削热影响而产生变形。对于大型或精密工件,外部热源也不可忽视。加工方法不同,工件的材料、结构和尺寸不同,工件的热变形也不同。

1)工件均匀受热

在车削,磨削,镗削轴、套、盘类零件的内、外圆加工中,工件受热均匀,其热变形可按下式计算

$$\Delta L=\alpha L\Delta t \quad 或 \quad \Delta d=\alpha d\Delta t \tag{9-7}$$

式中:ΔL、Δd 为工件长度和直径的变化量,mm;L、d 为工件的长度和直径,mm;α 为工件材料的热膨胀系数(钢:$\alpha=12\times10^{-6}/℃$,铸铁:$\alpha=11\times10^{-6}/℃$)。

工件的热变形对精加工的影响较为突出,特别是细长、高精度的工件。例如在磨削长度为

3 m 的丝杆时,一次走刀后工件温度升高 3 ℃,则丝杆的伸长量为

$$\Delta L = 12 \times 10^{-6} \times 3\,000 \times 3\ \text{mm} = 0.1\ \text{mm}$$

工件在两顶尖间加工时,工件的受热伸长受到顶尖的阻碍,出现压杆失稳的现象,这样不但会使工件弯曲而产生较大的误差,严重时还会有甩出的危险,这时宜采用弹性顶尖或经常松开顶尖,以调整顶尖对工件的压力。

工件的热变形对粗加工的影响不大,但在高生产率的工序集中的场合下,会给后续加工工序带来影响。

2)工件不均匀受热

在铣削、刨削、磨削平面时,上、下表面的温升不等,从而造成加工零件在冷却后表面成凹形。这种现象在加工薄片零件时尤为突出,其变形量可用下式计算

$$\delta = \frac{\alpha \Delta T L^2}{8H} \tag{9-8}$$

式中:δ 为变形量,mm;α 为工件材料的热膨胀系数,1/℃;ΔT 为工件上、下表面的温差,℃;H 为工件厚度,mm;L 为工件长度,mm。

4. 刀具热变形对加工精度的影响

刀具的热变形主要是由切削热引起的。虽然大部分切削热被切屑带走,传给刀具的热量不多,但因刀具体积较小,热容量也小,而热量又集中,所以刀具的切削表面通常会达到很高的温度。如高速钢车刀的切削刃部分的温度可达 600 ℃ 左右,其伸长量可达 0.03～0.05 mm。因此,刀具的热变形不可忽略。

图 9-27 所示为车削时车刀的热变形与切削时间的关系。车刀连续切削时的变形过程为曲线 1,车刀冷却时的变形过程为曲线 3,车刀间断切削(加工一批零件)时的变形过程为曲线 2。由图可见,无论是连续切削还是间断切削,在开始切削时,车刀的热变形显著,经过一段时间后(约 10～20 min)便达到了热平衡状态,热变形趋于稳定,而且刀具的热伸长还可由刀具的磨损来补偿。所以,热平衡后刀具的热变形对工件加工精度的影响不明显。

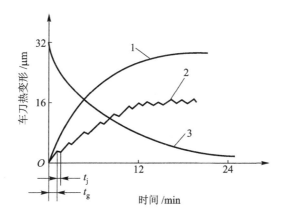

图 9-27 车削时车刀的热变形与切削时间的关系

1—连续切削;2—间断切削;3—冷却;t_g—切削时间;t_j—间断时间

5.减小热变形的主要措施

1)减少发热、隔离热源

(1)减少切削热:合理选择切削用量和刀具几何角度,粗、精加工分开。

(2)减少摩擦热:可从结构和润滑两个方面采取措施来改善摩擦特性,如采用静压轴承、静压导轨、高性能润滑油等。

(3)分离热源:尽可能将机床中能够分离的热源部件,如电动机、变速箱、液压系统等从主机中分离出去。

(4)隔离热源:用隔热材料将发热部件与机床大件(如床身、立柱等)隔离开来。

2)冷却、通风、散热

(1)采用喷雾或大流量冷却:这是减小工件和刀具变形的有力措施。

(2)强制冷却:如螺纹磨床丝杆采用空心结构,并通入恒温油冷却;大型数控机床和加工中心普遍采用冷冻机对润滑油和冷却液进行强制冷却,以提高冷却效果。

(3)加强通风散热:在热源处加电风扇、散热片、通风口等。

3)均衡温度场

将热量有意识地从高温区导向低温区,以补偿温度场的不对称性。图 9-28 所示为立式平面磨床均衡温度场,将磨头电动机风扇排出的热空气引向温升较慢的立柱后壁,从而均衡温度场,减小立柱的弯曲变形。

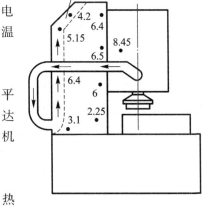

4)加速热平衡

热平衡后,变形趋于稳定,对加工精度影响小。加速热平衡的方法有:一是在加工前高速空转,使机床在较短时间内达到热平衡;二是在机床的适当部位设"控制热源",人为地给机床加热,使其尽快达到热平衡状态。

5)改进机床结构

(1)控制热变形方向。双端面磨床的主轴应用后可起到热补偿作用,如图 9-29 所示,图中 1 为主轴,2 为壳体,3 为过渡套筒。

图 9-28　立式平面磨床均衡温度场

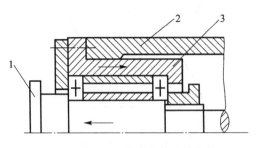

图 9-29　双端面磨床主轴的热补偿

(2)采用热对称结构。牛头刨床的滑枕应用后,弯曲变形从 0.25 mm 下降到 0.02 mm,如图 9-30 所示。

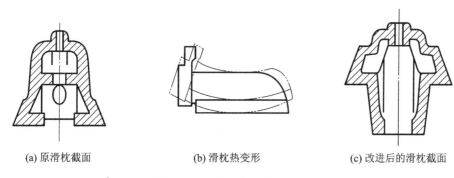

(a) 原滑枕截面　　　　　　(b) 滑枕热变形　　　　　　(c) 改进后的滑枕截面

图 9-30　牛头刨床滑枕的改进

（3）合理安排支承位置，以减小热变形部分的长度。如图 9-31 所示，图 9-31(b)所示的结构比图 9-31(a)所示的结构好，因为 $L_1<L$，热变形造成的螺距累积误差小，砂轮定位精度提高。

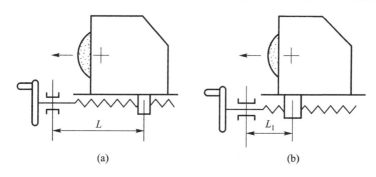

图 9-31　支承位置对砂轮架热变形的影响

6）控制环境温度

（1）根据一昼夜气温变化的规律，晚上 10 点到凌晨 6 点温度变化最小，可将精度要求较高的零件放在这一段时间内进行加工与测量。

（2）精密机床应安排在恒温车间中使用。恒温指标有两项：一是恒温基数 20 ℃；二是恒温精度，普通精度级为 ±1 ℃，精密级为 ±0.5 ℃，超精密级为 ±0.01 ℃。应根据不同地区、不同季节，采用"按季调温"的方式，比如冬天恒温基数为 17 ℃，夏天恒温基数为 23 ℃，春天和秋天恒温基数为 20 ℃。

◀ 9.6　加工误差综合分析 ▶

前面分析了引起加工误差的各种主要因素，也提出了一些解决问题的措施，但从分析方法上讲，还是属于局部的、单因素的。而在实际生产中，影响加工精度的因素往往是错综复杂的，并且常常带有随机性，有时很难用单因素的估算方法来分析其因果关系，也无法凭单个零件去推断整批零件的误差情况。这就要求以整体为对象来进行综合分析，找出影响加工精度的主要原因，提出解决问题的具体方法。

9.6.1　加工误差的性质

各种加工误差根据其在一批零件中出现的规律的不同分为系统性误差和随机误差两大类。

1. 系统性误差

凡是大小和方向已经确定的误差都称为系统性误差。例如机床、夹具、刀具的制造误差、原理误差、调整误差均属于系统性误差。系统性误差又可分为以下两种。

（1）常值系统性误差：误差的大小和方向始终保持不变或基本不变。

（2）变值系统性误差：误差的大小和方向按照一定的规律变化。

变值系统性误差还可细分为线性变值系统性误差和非线性变值系统性误差。如刀具在正常磨损时，其磨损值与时间为线性关系，所以误差是线性变值系统性误差；而刀具受热伸长时，其伸长量与时间为指数关系，所以误差是非线性变值系统性误差。

2. 随机误差（偶然性误差）

凡是大小或方向没有任何规律性的误差都称为随机误差。例如毛坯的误差复映、夹紧误差、内应力引起的变形等都属于随机误差。

必须指出：

（1）同一种误差在不同场合下可能表现为不同性质的误差。如对于一次调整加工的一批工件来说，调整误差是常值系统性误差，但对于多次调整加工的一批工件来说，调整误差却是随机误差；又如刀具在达到热平衡之前，其热变形引起的加工误差是变值系统性误差，而在达到热平衡之后，刀具的热变形基本稳定，热变形引起的加工误差就成了常值系统性误差。

（2）系统性误差与随机误差之间的分界线并非固定不变。随着制造技术的不断进步和人们对误差规律的逐步掌握，随机误差将会向系统性误差转移。

9.6.2　加工误差的统计分析法

统计分析法是以生产现场观察和对工件进行数据检验的结果为基础，用数理统计的方法处理这些结果，从而揭示各种因素对加工精度的综合影响，获得解决问题途径的一种方法。

分布曲线法和点图法是两种常用的统计分析方法。

1. 分布曲线法

1）实际分布曲线图——直方图

某一工序加工出来一批工件，由于存在各种加工误差，必定会引起加工尺寸的变化（即尺寸分散）。为了了解加工误差的变化规律，有必要画出实际加工尺寸的分布曲线图，具体步骤如下。

（1）取样。在一批工件（n 个）中抽取一定数量（不少于 50 件）的工件为样本，测量其尺寸 x_i（$i=1,2,\cdots,n$）。样本中的最大值为 $x_{\max}$，最小值为 $x_{\min}$。

（2）分组。①确定分组数 k，可按表 9-2 进行选择；②计算组距 h，其公式为 $h=(x_{\max}-x_{\min})/k$；③计算各组上、下界限值；④计算各组中心值。

表 9-2　取样件数与分组数

取样件数 n	分 组 数 k
50～100	6～10
100～250	7～12

（3）统计频数，计算频率。统计每个组内的工件数（即频数）$m_j(j=1,2,\cdots,k)$，计算频数与样本总数之比（即频率）m_j/n。

（4）作图。以每个组的中心值为横坐标，以每个组的频数或频率为纵坐标描点，用线将各点依次连接起来，就成了分布折线图；若再以横坐标上的每个组距为底，以每个组内的频数或频率为高，画出一个个连成一体的矩形，就成了直方图。

现以轴套镗孔 $\phi14^{+0.018}_{0}$ 为例。抽样 $n=100$ 件进行测量，测量后发现它们的尺寸各不相同，$x_{max}=14.022$ mm，$x_{min}=14.006$ mm。我们将其分为 $k=8$ 组，组距 $h=\dfrac{14.022-14.006}{8}$ mm $=0.002$ mm，其结果如表 9-3 所示。

表 9-3 外圆直径测量统计表

组别 j	尺寸范围/mm	组中值 $\bar{x}_j$/mm	频数 m_j	频率 m_j/n
1	14.006～14.008	14.007	1	1%
2	14.008～14.010	14.009	6	6%
3	14.010～14.012	14.011	15	15%
4	14.012～14.014	14.013	25	25%
5	14.014～14.016	14.015	27	27%
6	14.016～14.018	14.017	13	13%
7	14.018～14.020	14.019	8	8%
8	14.020～14.022	14.021	2	2%

根据表 9-3 中的数据可以绘出图 9-32 所示的分布折线图和直方图。

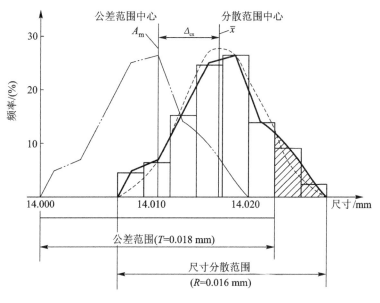

图 9-32 实际分布曲线图（分布折线图、直方图）

由表 9-3 和图 9-32 可知：

(1)零件的尺寸公差范围为

$$T = (14.018 - 14.000)\ \text{mm} = 0.018\ \text{mm}$$

公差范围(带)中心为

$$A_m = (14.000 + 14.018)/2\ \text{mm} = 14.009\ \text{mm}$$

(2)零件实际尺寸分散范围为

$$R = x_{max} - x_{min} = (14.022 - 14.006)\ \text{mm} = 0.016\ \text{mm}$$

(样件平均值)分散范围中心为

$$\bar{x} = \frac{1}{n}\sum_{i=1}^{n}x_i \approx \frac{1}{n}\sum_{j=1}^{k}\bar{x}_j m_j$$
$$= [(14.007 \times 1 + 14.009 \times 6 + \cdots + 14.021 \times 2)/100]\ \text{mm} = 14.013\ 9\ \text{mm}$$

(3)样本标准差(分散度)为

$$S = \sqrt{\frac{1}{n}\sum_{j=1}^{k}(\bar{x}_j - \bar{x})^2 m_j}$$
$$= \sqrt{\frac{(14.007 - 14.013\ 9)^2 \times 1 + \cdots + (14.021 - 14.013\ 9)^2 \times 2}{100}}\ \text{mm} = 0.048\ \text{mm}$$

由上述结果可知：

(1)一部分工件已经超出公差范围,成了不合格零件。但 $R < T$,说明本工序的加工精度能满足公差要求。问题是尺寸分散范围中心与公差范围中心不重合,两者相差 $\Delta_{cx} = \bar{x} - A_m = (14.013\ 9 - 14.009)\ \text{mm} = 0.004\ 9\ \text{mm}$,只要将机床的径向进给量减小 0.004 9 mm,加工的零件就可以全部合格。

在加工误差的统计分析中,由于实际取样不可能很多,一般用样本标准差 S 代表总体标准差 σ。$\bar{x}$ 和 $S(\sigma)$ 可以用来描述工件尺寸的分布情况。

(2)当取样数目很多且组距很小时,分布折线图就非常接近光滑曲线。如将纵坐标改为频率密度(即频率与组距之比),则原曲线就成了频率密度分布曲线,就可用数理统计中的理论分布曲线(概率密度曲线)近似代替实际分布曲线来研究加工误差问题。机械加工中的大量实验、研究成果表明:若加工中没有突出的随机误差的影响,频率密度分布曲线与正态分布曲线十分吻合。

2)理论分布曲线

(1)正态分布曲线。

正态分布曲线的形状如图 9-33 所示,其概率密度函数式为

$$y = \frac{1}{\sigma\sqrt{2\pi}}e^{-\frac{1}{2}\left(\frac{x-\bar{x}}{\sigma}\right)^2} \tag{9-9}$$

式中:y 为分布的概率密度;x 为样件尺寸;$\bar{x}$ 为样件的平均值;n 为一批工件数;σ 为均方根误差

(标准差),$\sigma = \sqrt{\dfrac{\sum\limits_{i=1}^{n}(x_i - \bar{x})^2}{n}}$。 $\tag{9-10}$

(2)正态分布曲线的特点。

①正态分布曲线呈钟形,中间高,两边低,对称于 $x=\bar{x}$,与 x 轴相交于无限远。这表明靠近分散范围中心的工件占大多数,远离分散范围中心的工件占少数,且尺寸大于 $\bar{x}$ 和小于 $\bar{x}$ 的概率是相等的。

②$\bar{x}$ 决定正态分布曲线的位置。若改变 $\bar{x}$ 的位置,则正态分布曲线沿横坐标轴移动而不改变形状,如图 9-34(a)所示。$\bar{x}$ 主要受常值系统性误差的影响。

③σ 决定正态分布曲线的形状。σ 越小,则曲线越陡峭;σ 越大,则曲线越平坦,如图 9-34(b)所示。σ 主要受随机误差的影响。

④正态分布曲线与 x 轴所包围的面积为 1,代表全部工件,而在一定尺寸范围内所围成的面积,就是该范围内工件出现的概率。如图 9-33 中阴影部分的面积即为尺寸在 $\bar{x}$ 到 x 间的工件出现的概率,即

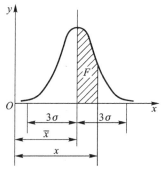

图 9-33　正态分布曲线

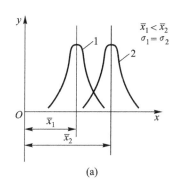

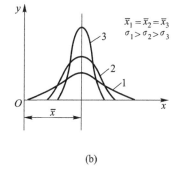

(a)　　　　　　　　　　(b)

图 9-34　不同 $\bar{x}$ 和 σ 的正态分布曲线

$$F = \frac{1}{\sigma\sqrt{2\pi}}\int_{\bar{x}}^{x} e^{-\frac{1}{2}\left(\frac{x-\bar{x}}{\sigma}\right)^2} \mathrm{d}x$$

具体计算时,其值可由概率函数积分表表 9-4 查得。

表 9-4　概率函数积分表

$\dfrac{x-\bar{x}}{\sigma}$	F	$\dfrac{x-\bar{x}}{\sigma}$	F	$\dfrac{x-\bar{x}}{\sigma}$	F	$\dfrac{x-\bar{x}}{\sigma}$	F
0.0	0.000 00	0.9	0.315 94	1.8	0.464 07	2.7	0.496 53
0.1	0.039 83	1.0	0.341 34	1.9	0.471 28	2.8	0.497 44
0.2	0.079 26	1.1	0.364 33	2.0	0.477 25	2.9	0.498 13
0.3	0.117 91	1.2	0.384 93	2.1	0.482 14	3.0	0.498 65
0.4	0.155 42	1.3	0.403 20	2.2	0.486 10	3.1	0.499 03
0.5	0.191 46	1.4	0.419 24	2.3	0.489 28	3.2	0.499 52
0.6	0.225 75	1.5	0.433 19	2.4	0.491 80	3.3	0.499 31
0.7	0.258 04	1.6	0.445 20	2.5	0.497 39	3.4	0.499 66
0.8	0.288 14	1.7	0.445 43	2.6	0.495 34	3.5	0.499 77

⑤当 $\dfrac{x-\bar{x}}{\sigma}=\pm 0.67$ 时,$2F=50\%$;当 $\dfrac{x-\bar{x}}{\sigma}=\pm 2$ 时,$2F=95.45\%$;当 $\dfrac{x-\bar{x}}{\sigma}=\pm 3$ 时,$2F=$

99.73%。通常取等于整批工件加工尺寸的分布范围,这样只有0.27%的废品,可忽略不计。

(3)其他形式的分布曲线。

工件的实际分布有时并不近似于正态分布,也可能出现其他形式的分布。

①双峰分布。将两次调整下加工出来的工件混在一起测量,则其分布曲线为双峰分布,实质上是两组正态分布的叠加,如图9-35(a)所示。

②平顶分布。如果砂轮或刀具磨损较快而无自动补偿时,工件的实际分布将会形成平顶型,如图9-35(b)所示。

③不对称分布(偏态分布)。工艺系统在远未达到热稳定状态而加工时,热变形开始较快,以后较慢,直至稳定为止,工件的实际分布会出现不对称型,如图9-35(c)、图9-35(d)所示。又如在采用试切法加工时,由于主观上不愿出现不可修复的废品,故加工内孔时"宁小勿大"(峰值偏左),加工外圆时"宁大勿小"(峰值偏右),如图9-35(c)所示。

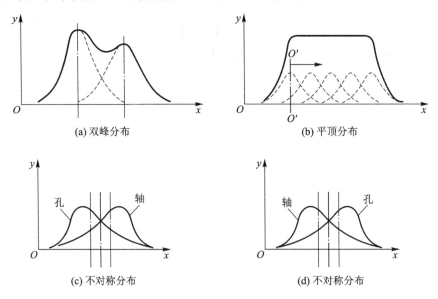

(a) 双峰分布　　　　　　　　(b) 平顶分布

(c) 不对称分布　　　　　　　(d) 不对称分布

图9-35　其他形式的分布曲线

对于非正态分布曲线,其特征参数除了 $\bar{x}$ 和 σ 外,还有以下两个参数。

①相对分布系数 k:正态分布曲线的分布范围与非正态分布曲线的分布范围之比,即

$$k=\frac{R_{正态}}{R_{非正态}}=\frac{6\sigma}{R_{非正态}}$$

②相对不对称系数 e:平均值 $\bar{x}$ 的坐标点到分布中心的距离与分布范围一半($R/2$)之比。

3)分布曲线的应用

(1)判断加工误差的性质。

若加工中没有变值系统性误差,则工件的分布与正态分布基本相符;若分散范围中心与公差范围中心重合,则表明不存在常值系统性误差;若分散范围宽度大于公差范围宽度,则随机误差的影响很大。

(2)测定加工精度。

由于 6σ 的大小代表某一加工方法在规定的条件下所能达到的加工精度,所以我们在大量

统计分析的基础上,求出每一种加工方法的 σ 值。在确定公差时,为了使加工时不出现废品,至少应使公差范围宽度 T 等于分散范围宽度 6σ,再考虑到各种误差因素会使加工过程不稳定,因此应使实际公差带宽度大于分散范围宽度,即

$$T > 6\sigma$$

(3)评估工艺能力。

工艺能力是指加工处于稳定状态时所能加工出产品质量的实际能力,用工艺能力系数 C_P 来衡量。

$$C_P = \frac{T}{6\sigma}$$

根据工艺能力系数的大小,可将工艺系统的能力分为五个等级,如表 9-5 所示。

表 9-5　工艺系统的能力等级

工艺能力系数 C_P	工 艺 等 级	说　　明
$C_P > 1.67$	特级	工艺能力足够,可以有异常波动
$1.33 < C_P \leqslant 1.67$	一级	工艺能力足够,可以有一定的异常波动
$1.00 < C_P \leqslant 1.33$	二级	工艺能力勉强,必须密切注意
$0.67 < C_P \leqslant 1.00$	三级	工艺能力不足,有一定数量的废品
$C_P \leqslant 0.67$	四级	工艺能力极差,不能胜任,必须改进

(4)估算废品率。

【例 9-1】　车削一批外径为 $\phi 20_{-0.1}^{0}$ 的销轴,抽样后测得 $\sigma = 0.025$ mm,分散范围中心与公差范围中心相差 0.02 mm,且偏于量规通端,其尺寸分布符合正态分布,试分析该工序的加工质量。

解　该工序的尺寸分布如图 9-36 所示。

(1)工艺等级。

$$C_P = \frac{T}{6\sigma} = \frac{0.1}{0.15} = 0.67$$

(2)合格率。

根据图 9-36 可以计算出 A、B 两部分的面积,即

A 部分: $\dfrac{x - \bar{x}}{\sigma} = (T/2 + 0.02)/0.025 = 2.8$

B 部分: $\dfrac{x - \bar{x}}{\sigma} = (T/2 - 0.02)/0.025 = 1.2$

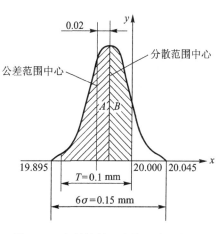

图 9-36　车削销轴工序的尺寸分布

查表 9-4 可得,$F_A = 0.497\,44$,$F_B = 0.384\,93$。所以合格率为

$$F_{合格} = F_A + F_B = 0.497\,44 + 0.384\,93 = 0.882\,37 = 88.24\%$$

(3)废品率。

$$F_{废品} = 1 - F_{合格} = 1 - 0.882\,37 = 0.117\,63 = 11.76\%$$

可以修复的废品率(尺寸大于量规通端)为

$$F_{可修} = 0.5 - F_B = 0.5 - 0.384\,93 = 0.115\,07 = 11.51\%$$

不可以修复的废品率(尺寸小于量规止端)为

$$F_{不可修}=0.5-F_A=0.5-0.497\,44=0.002\,56=0.26\%$$

(5)分布曲线的不足之处。

①必须待一批工件加工完毕后才能得出分布情况,其分析结果也只能对下批工件起指导作用,而对于本批工件,即使出现了废品,也无法挽回。

②没有考虑一批工件的加工顺序,故不能反映出加工误差随时间的发展趋势和变化规律,也难以区分随机误差与变值系统性误差。

2. 点图法

在加工过程中,按工件加工顺序定期对工件进行抽样检测,作出加工尺寸随时间(或加工顺序)变化的图,该图称为点图。

1)点图的形式

(1)个值点图。按加工顺序逐个测量一批工件的尺寸,将其记录在以工件顺序号为横坐标、工件尺寸(或误差)为纵坐标的图中,就成了个值点图,如图9-37(a)所示。该图反映了每个工件的尺寸(或误差)随时间变化的关系,但图幅太长,生产中使用较少。

(2)$\bar{x}$-R 点图(平均值-极差点图)。由 $\bar{x}$ 点图和 R 点图联系在一起组成的 $\bar{x}$-R 点图是目前使用最广泛的一种点图,如图9-37(b)所示。

按加工顺序每隔一段时间抽检一组 n 个工件($n=3\sim10$),每组平均值为 $\bar{x}$,组内最大值与最小值之差为 R(称为极差),则有

$$\bar{x}=\frac{1}{n}\sum_{i=1}^{n}x_i, \quad R=x_{\max}-x_{\min}$$

以组序号为横坐标,分别以各组的 $\bar{x}$ 和 R 为纵坐标即可得到 $\bar{x}$-R 点图。在此图中,曲线位置的高低表示常值系统误差的大小,曲线的变化趋势反映了变值系统误差的影响。R 曲线代表瞬时的尺寸分散范围,反映了随机误差的大小及变化趋势。

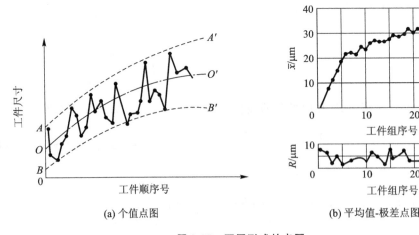

(a) 个值点图　　　　　　　(b) 平均值-极差点图

图9-37　不同形式的点图

2)点图的应用

(1)观察加工过程中常值系统性误差、变值系统性误差和随机误差的大小及变化趋势,根据其变化趋势,或维持工艺过程现状不变,或中止加工并采取相应的补偿与调整措施。

（2）判别工艺过程稳定性。由于加工时存在各种误差，因此点图上的点总是上下波动的。如果加工过程主要受随机误差的影响，则这种波动幅度一般不大，属于正常波动，这时质量稳定，仍是稳定的工艺过程；如果加工过程除了受随机误差的影响外，还受其他误差因素的影响，则点图有明显的上升或下降趋势，或者波动幅度很大，这就属于异常波动，质量不稳定，此时的工艺过程是不稳定的工艺过程。

必须指出，工艺过程是否稳定与零件加工后是否合格并非一回事。工艺过程是否稳定是由工艺过程本身的误差因素决定的，而零件是否合格则是由给定的公差值来衡量的。因此，稳定的工艺过程不一定不出废品（如工艺能力不足时），不稳定的工艺过程不一定非出废品不可（如工艺能力很强时）。

为了判断工艺过程是否稳定，必须在 $\bar{x}$-R 点图上标出中心线及上、下控制线。

在 $\bar{x}$-R 点图中，如果点没有超出控制线，大部分点在中心线上下波动，小部分点在控制线附近，说明生产过程正常，否则应重新检查工艺系统并调整其工作状态。

【习题】

9-1 零件加工质量是由哪些因素构成的？

9-2 获得零件加工精度的方法有哪些？各适用于什么场合？

9-3 提高零件表面粗糙度的措施有哪些？如何防止零件的表面硬化？

9-4 什么是加工误差？它与加工精度、公差有何区别？

9-5 什么是原始误差？它包括哪些内容？它与加工误差有何关系？

9-6 什么是主轴回转运动误差？它可分解成哪几种基本形式？其产生原因是什么？对加工误差有何影响？

9-7 何为误差敏感方向？卧式车床与平面磨床的误差敏感方向有何不同？

9-8 举例说明机床传动链传动误差对哪些加工的加工精度影响大？对哪些加工的加工精度影响小或无影响？

9-9 什么是误差复映？误差复映的大小与哪些因素有关？如何减小误差复映的影响？

9-10 工艺系统的几何误差包括哪些方面？

9-11 如图 9-38 所示，在车床上加工一批光轴的外圆，加工后经测量发现整批工件有下列几何形状误差，试分析说明产生图 9-38(a)、图 9-38(b)、图 9-38(c)、图 9-38(d)所示的几何形状误差的各种因素。

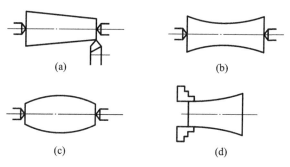

图 9-38 题 9-11 图

9-12　车削加工时,工件的热变形对加工精度有何影响?　如何减小热变形的影响?

9-13　加工误差根据它的统计规律可分为哪些类型?　各有什么特点?　试举例说明。

9-14　在实际生产中,在什么条件下加工一大批工件才能获得加工尺寸的正态分布曲线?该曲线有何特征?　如何根据这些特征去分析加工精度?

9-15　车削一批小轴,其外圆尺寸为 $\phi20_{-0.10}^{0}$。根据测量结果可知,尺寸分布曲线符合正态分布,已求得标准差 $\sigma=0.025\ \mathrm{mm}$,尺寸分散范围中心大于公差范围中心,其偏移量为 $0.03\ \mathrm{mm}$。

(1)试指出该批工件的常值系统性误差及随机误差。

(2)计算废品率及工艺能力系数。

(3)判断这些废品可否修复及工艺能力是否满足生产要求。

9-16　如何利用 $\bar{x}$-R 点图来判断工艺过程是否稳定?

参考文献 CANKAOWENXIAN

[1] 张绪祥,王军.机械制造工艺[M].北京:高等教育出版社,2007.

[2] 张绪祥,李望云.机械制造基础[M].北京:高等教育出版社,2007.

[3] 陈旭东.机床夹具设计[M].北京:清华大学出版社,2010.

[4] 马敏莉.机械制造工艺编制及实施[M].北京:清华大学出版社,2011.

[5] 薛源顺.机床夹具设计[M].3版.北京:机械工业出版社,2011.

[6] 朱正心.机械制造技术[M].北京:机械工业出版社,2009.

[7] 李华.机械制造技术[M].北京:机械工业出版社,1997.

[8] 于大国.机械制造工艺设计指南[M].北京:国防工业出版社,2010.

[9] 崔长华,左会峰,崔雷.机械加工工艺规程设计[M].北京:机械工业出版社,2009.

[10] 杨黎明.机床夹具设计手册[M].北京:国防工业出版社,1996.

[11] 蔡兰.机械零件工艺性手册[M].2版.北京:机械工业出版社,2007.

[12] 龚定安,赵孝昶,高化.机床夹具设计[M].西安:西安交通大学出版社,1992.

[13] 王秀伦,边文义,张运祥.机床夹具设计[M].北京:中国铁道出版社,1984.

[14] 黄鹤汀,吴善元.机械制造技术[M].北京:机械工业出版社,1997.

[15] 顾维邦.金属切削机床概论[M].北京:机械工业出版社,1992.

[16] 贾亚洲.金属切削机床概论[M].北京:机械工业出版社,1996.

[17] 王先逵.机械制造工艺学[M].2版.北京:机械工业出版社,2006.

[18] 陆剑中,孙家宁.金属切削原理与刀具[M].北京:机械工业出版社,1985.

[19] 吴玉华.金属切削加工技术[M].北京:机械工业出版社,1998.

[20] 庞怀玉.机械制造工程学[M].北京:机械工业出版社,1997.

[21] 李旦,王广林,李益民.机械制造工艺学[M].哈尔滨:哈尔滨工业大学出版社,1997.

[22] 张龙勋.机械制造工艺学[M].北京:机械工业出版社,1995.

[23] 吴佳常.机械制造工艺学[M].北京:中国标准出版社,1992.

[24] 郑修本.机械制造工艺学[M].2版.北京:机械工业出版社,2011.

[25] 李云.机械制造工艺学[M].北京:机械工业出版社,1994.

[26] 孙光华.工装设计[M].北京:机械工业出版社,1998.

[27] 柯明扬.机械制造工艺学[M].北京:北京航空航天大学出版社,1996.